U0282525

集成工业软件仿真平台技术与应用实践

刘　盼　达文彬　编著

北京邮电大学出版社
www.buptpress.com

内 容 简 介

集成工业软件在工业 4.0 和高端制造中扮演着至关重要的角色。随着工业 4.0 的发展，传统的制造业正逐渐向智能化、自动化和数字化转型。本书介绍的集成工业软件是一个集成仿真平台，提供了博客、研讨会和案例研究等功能，以促进仿真行业知识交流和用户互动。

本书可以供工程设计专业的研究生参考，也可供工业软件开发、工程设计方面的工程技术人员参考。

图书在版编目（CIP）数据

集成工业软件仿真平台技术与应用实践 / 刘盼，达文彬编著. -- 北京 ：北京邮电大学出版社，2024.

ISBN 978-7-5635-7373-8

Ⅰ. TP311.52

中国国家版本馆 CIP 数据核字第 2024HY1622 号

责任编辑：廖　娟　耿　欢　　**责任校对**：张会良　　**封面设计**：七星博纳

出版发行：北京邮电大学出版社

社　　址：北京市海淀区西土城路 10 号

邮政编码：100876

发 行 部：电话：010-62282185　传真：010-62283578

E-mail：publish@bupt.edu.cn

经　　销：各地新华书店

印　　刷：保定市中画美凯印刷有限公司

开　　本：787 mm×1 092 mm　1/16

印　　张：17.5

字　　数：464 千字

版　　次：2024 年 12 月第 1 版

印　　次：2024 年 12 月第 1 次印刷

ISBN 978-7-5635-7373-8　　定价：88.00 元

前　言

集成工业软件在工业 4.0 和高端制造中扮演着至关重要的角色。随着工业 4.0 的发展，传统的制造业正逐渐向智能化、自动化和数字化转型。而集成工业软件作为连接和优化各个生产环节的关键工具，可以实现生产过程的数字化控制和智能化管理。通过集成工业软件，生产企业可以实现生产过程的数字化监控、数据分析和预测，从而优化生产效率、降低成本、提高产品质量。

集成工业软件平台是一个集成仿真平台，提供了博客、研讨会和案例研究等功能，以促进仿真行业知识交流和用户互动。该平台的核心组成部分包括集成工业软件社区和工作台。社区论坛允许用户提问、分享经验以及访问公共项目库，包含众多可供参考和复用的仿真项目。工作台是仿真实施的主界面，包含几何树、仿真树、设置面板、场景树、查看器工具栏、方向立方体、查看器以及作业状态面板等功能组件，允许用户进行仿真设置和在线后处理操作。工作夹是用户的个人中心，用于组织和管理仿真项目，支持创建新项目、与他人共享项目以及查看活动和账户详情。该平台支持自定义几何体和体积元素的颜色，以增强可视化效果，并提供切割平面过滤器、等值面过滤器和等体积过滤器、粒子追踪过滤器等高级后处理工具。用户可以设置时间步长，包括启用可调时间步长来保证仿真稳定性和准确性，并可选择不同的写入控制策略和处理器数量来进行高效并行计算。集成工业软件还支持势流初始化、特定的拉普拉斯设置优化和表面法线梯度处理，以确保仿真结果的质量和精度。通过在线后处理器，用户能够以多样化的形式分析和展示仿真结果，包括三维可视化、数据图表制作、数据下载和本地深度分析。工作夹提供了灵活的项目管理和组织架构，用户可以创建、编辑、移动、分享和删除项目，以及创建文件夹来整理项目内容。同时，该平台支持 CAD 模型上传和准备，便于各种仿真任务的展开。

本书由刘盼组织编写。刘盼、达文彬编写了第 1 章，达文彬、袁洲明编写了第 2 章，刘盼编写了第 3、4、5 章，达文彬、姚稷源、刘玉峰、罗亮、许智贤编写了第 6、7 章。电子科大的唐樟春副教授在编写过程中给予了指导和帮助，在此表示感谢。

在本书的编写过程中，作者虽然力求完美，但由于水平有限，书中难免有不足之处，敬请指正。本书的出版得到了四川省自然科学基金（编号：2024NSFSC0503）的资助。

前言

目　　录

第1章　集成工业软件平台介绍

集成工业软件是一个集成仿真平台，提供了博客、研讨会和案例研究等功能，以促进仿真行业知识交流和用户互动。该平台的核心组成部分包括集成工业软件社区和工作台。集成工业软件社区允许用户提问、分享经验以及访问公共项目库，包含众多可供参考和复用的仿真项目。工作台是仿真实施的主界面，包含几何树、仿真树、设置面板、场景树、查看器工具栏、方向立方体、查看器以及作业状态面板等功能组件，允许用户进行仿真设置和在线后处理操作。工作夹是用户的个人中心，用于组织和管理仿真项目，支持创建新项目、与他人共享项目以及查看活动和账户详情。

平台支持自定义几何体和体积元素的颜色，以增强可视化效果，并提供切割平面过滤器、等值面过滤器和等体积过滤器、粒子追踪过滤器等高级后处理工具。用户可以设置时间步长，包括启用可调时间步长来保证仿真稳定性和准确性，并可选择不同的写入控制策略和处理器数量来进行高效并行计算。

集成工业软件还支持势流初始化、特定的拉普拉斯设置优化和表面法线梯度处理，以确保仿真结果的质量和精度。通过在线后处理器，用户能够以多样化的形式分析和展示仿真结果，包括三维可视化、数据图表制作、数据下载和本地深度分析。工作夹提供了灵活的项目管理和组织架构，用户可以创建、编辑、移动、分享和删除项目，以及创建文件夹来整理项目内容。同时，该平台支持CAD模型上传和准备，便于各种仿真任务的展开。

1.1　概　　述

您可能会感兴趣的内容如下。

- 博客：了解仿真行业的最新趋势、用例、新功能等。
- 研讨会：查找并注册我们即将举办的网络研讨会和现场研讨会。
- 案例研究：了解其他用户如何使用集成工业软件简化设计流程。

在这里，我们将重点介绍有关集成工业软件社区和工作台的基础知识。集成工业软件社区包含了所有组件，我们的用户可以在其中相互交互、分享仿真项目、提出问题以及讨论平台和整个仿真行业的发展。它分为以下几个部分。

- 集成工业软件社区论坛。如果您发现自己陷入困境或需要通过仿真寻找相关问题的答案，您很可能会在集成工业软件社区论坛中找到答案。
- 公共项目库。集成工业软件相信每个人都应该可以进行仿真。为了实现这一目标，集成工业软件为每位新用户都提供了免费的无限制社区计划。作为社区计划的一部分，创建的任何仿真项目都将被公开，并可能列在公共项目库中。您可以复制数千个公共仿真项目中的任何一个，并将它用作您自己的仿真应用程序的模板。为了访问更高级的功能，请查看我们的计划和定价页面或联系支持人员。

- 工作夹。工作夹是您的私人中心，其中包含所有仿真项目以及已与您共享的项目。从这里，您可以在工作台中打开项目，也可以从头开始创建新项目。后续会介绍有关工作夹的更多信息。
- 工作台。集成工业软件仿真平台（或称“工作台”）是集成工业软件的核心。

以上只是集成工业软件的简短概述，让我们深入了解如何使用工作夹和工作台。

1. 工作夹

登录集成工业软件账户后，您将进入工作夹，这是您的个人登录页面，如图 1.1 所示。工作夹包含空间、文件夹、项目、账户详细信息和活动。在此您可以组织内容，以便快速轻松地找到所需项目，同时确保只有授权人员才能访问，您也可以创建新项目。创建项目后，您将自动回到并进入集成工业软件仿真平台。

图 1.1 工作夹

2. 工作台

工作台是您进行仿真的平台，如图 1.2 所示。它不仅提供基本的 CAD 操作功能，还包括仿真和网格设置以及在线后处理器。

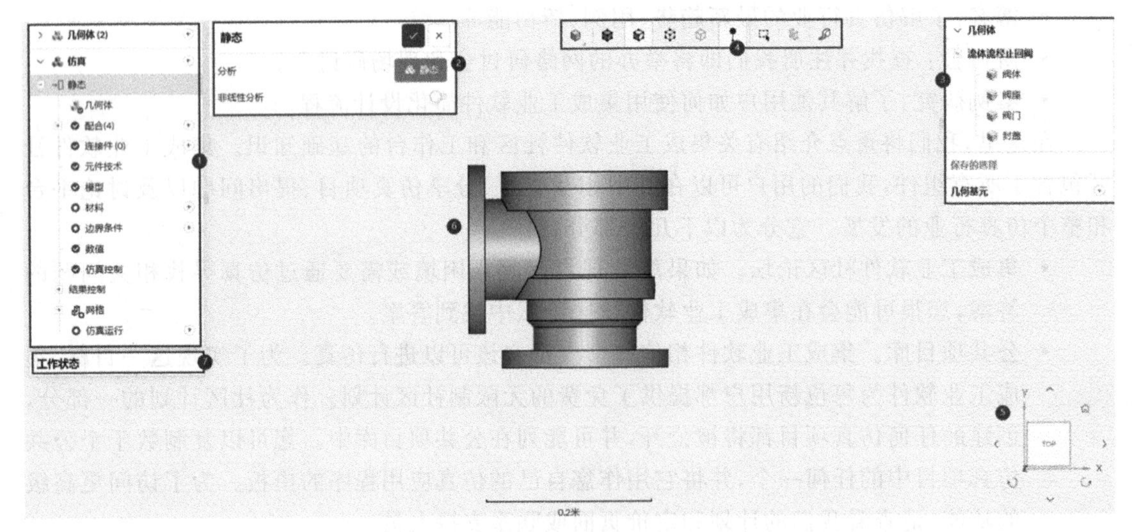

图 1.2 工作台

以下是工作台主要界面组件的简短描述。此处介绍的术语将在本书中使用。

(1) 导航树

导航树位于工作台的左侧面板,包含两部分:几何树和仿真树。几何树列出了导入项目的所有几何图形(CAD 模型)和网格,而仿真树则列出了所有仿真。一个项目可包含多个几何图形和仿真,每个仿真以树状结构呈现。根据所选的分析类型,仿真树将显示启动仿真所需的所有设置。建议按照树状结构从上到下完成仿真设置。

(2) 设置面板

设置面板是您可以实际更改仿真设置的地方。单击树中的节点可打开相应的设置面板。使用面板顶部的复选标记按钮保存所有更改并关闭面板(或直接按 Enter)。单击关闭按钮即可关闭并放弃所做的任何更改(或按 Esc)。请注意,如果您通过仿真树导航到另一个设置面板,您的更改将自动保存。

(3) 场景树

场景树代表查看器中显示的模型。它列出了当前上下文中的几何体或网格,包括所有实体、片体和面。它还列出了实体集(拓扑实体集),以便选择。除了原始几何体和实体集之外,场景树还列出了从工作台中创建的几何基元。这些几何基元通常用于定义网格细化等。

(4) 查看器工具栏

查看器工具栏(从左到右)包含用于与查看器交互的主要控件。除了视图模式和渲染模式控件之外,查看器工具栏的主要控件还包括选择模式选择器。您可以在此处选择是否选择整体、面、边或节点,这通常是正确定义仿真设置所必需的。查看器工具栏还包含框选择的切换以及网格剪辑功能。

(5) 方向立方体

图 1.2 右下角的立方体显示几何体相对 x、y、z 坐标轴的方向。使用立方体周围的按钮或仅使用鼠标与几何体进行交互。

(6) 查看器

查看器是界面的核心。它包含仿真的整个场景,包括原始几何体(或网格)以及任何其他几何基元。您可以使用查看器检查您的设置并进行选择和分配。

(7) 作业状态面板

在这里,您可以找到网格划分和仿真作业的当前状态。您在工作台中启动的任何计算密集型操作都不会在本地硬件上进行,而是在云计算实例上运行。作业状态面板报告所有作业操作当前的状态、运行时间和核心小时消耗。

基于网络的仿真平台的一大优势是能够与其他用户协作。

以下是一些帮助您轻松熟悉工作台的实用技巧。

- 上传新几何体、创建新仿真或添加属性。使用仿真树中的"+"图标上传新几何体、创建新仿真或在仿真设置中添加其他属性(如边界条件)。
- 设置顺序。始终尝试从上到下遍历仿真树。
- 设置状态指示。红色圆圈图标:需要指定额外的内容。红色叉号图标:设置中有错误。蓝色圆圈图标:可选设置。绿色复选标记:仿真设置完成,可以开始仿真运行。
- 并行操作。进行网格计算时,您可以继续更改仿真参数和分配设置,无须等待网格划分完成。您甚至可以同时启动多个网格,然后选择最适合您的网格。

1.2 工　作　夹

为了让您和您的同事快速轻松地找到所需项目,同时确保只有授权人员才能访问,集成工业软件工作夹(或称“工作夹”)提供了强大的内容组织功能。集成工业软件的内容组织基于两个核心功能:团队和文件夹。

- 团队:由具有共同目标的一组用户组成,通常是公司同事。团队成员拥有共同目标,但可能在不同的项目、业务部门或小组工作。因此,隔离生成的仿真内容至关重要,这便于查找并限制访问权限。
- 文件夹:用于进一步组织团队内的项目和仿真内容。

工作台是集成工业软件平台中的主要环境之一。用户可以创建新项目,验证其核心时间是否平衡,并从工作夹访问已与他们共享的项目,见图 1.3。

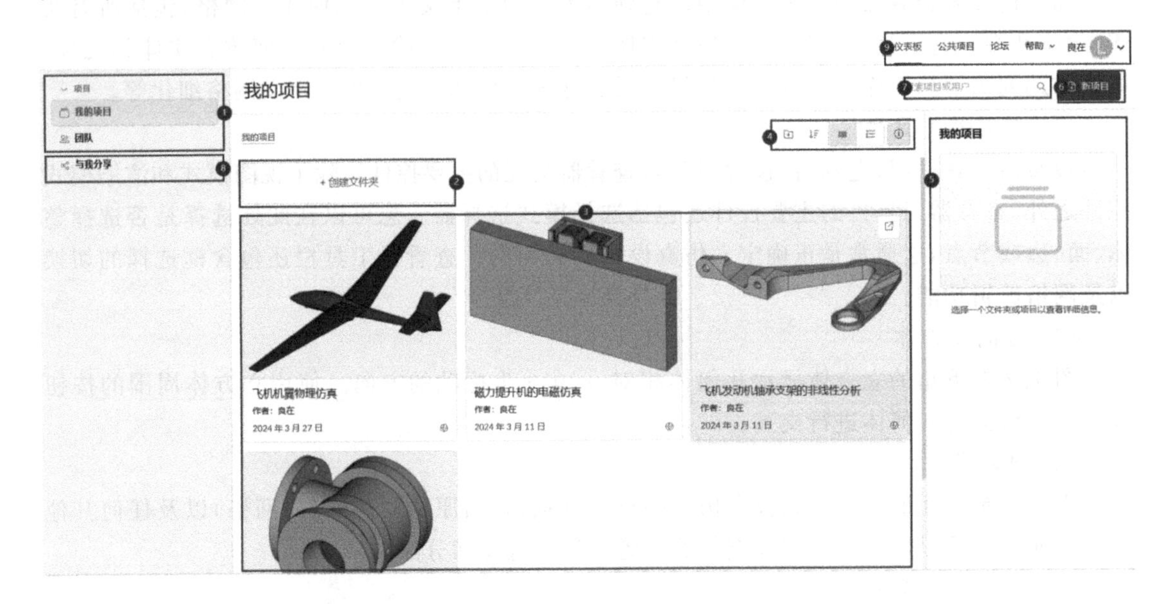

图 1.3　工作夹包含组织、排序、搜索和创建项目的方法

工作夹提供以下功能。

- 左侧显示当前可用空间列表。
- 用户可在空间内查看和创建项目文件夹。
- 现有项目列表显示在页面中央。
- 提供不同的查看模式和排序选项。
- 选中项目和文件夹的信息面板位于右侧。
- 右上角的“新建项目”按钮用于从头开始创建项目。
- 搜索栏允许您使用关键字搜索项目。
- “与我共享”选项卡显示当前与您的集成工业软件账户共享的所有项目。
- 访问公共项目、论坛以及其他有用资源,管理用户账户。

1. 创建新的仿真项目

要创建新的仿真项目，请单击工作夹上的“新建项目”按钮，之后会出现如图 1.4 所示的对话框。

图 1.4　项目创建对话框

(1) 项目名称

项目名称需指明待分析应用类型和所用仿真方法，如“热交换器-CHT 仿真”。此举可帮助其他用户了解仿真内容。

(2) 项目介绍

善于使用项目描述框详细阐述项目目标。优质的项目描述可提升项目在集成工业软件公共项目库中的排名。

(3) 项目类别

通过类别选择，您可以按行业对项目进行分类。选择类别将有助于提升项目在集成工业软件公共项目库中的排名。

(4) 添加标签

与类别选择类似，添加标签也能提升项目在集成工业软件公共项目库中的排名。标签可自由选择，不受预设限制。您最多可添加 12 个标签，每个标签有 3～50 个字符。

(5) 高级设置

在高级设置中，您可以选择是否使用 SI 或英制单位与您选择上传到项目中的 CAD 模型进行交互。另外，您还可以在此处允许 API 访问。

创建项目后，您将自动定向到集成工业软件仿真平台，即工作台。

2. 管理项目

工作夹提供打开、分享、复制、移动、编辑和删除项目的功能。右键单击目标项目即可显示所有可用选项，见图 1.5。

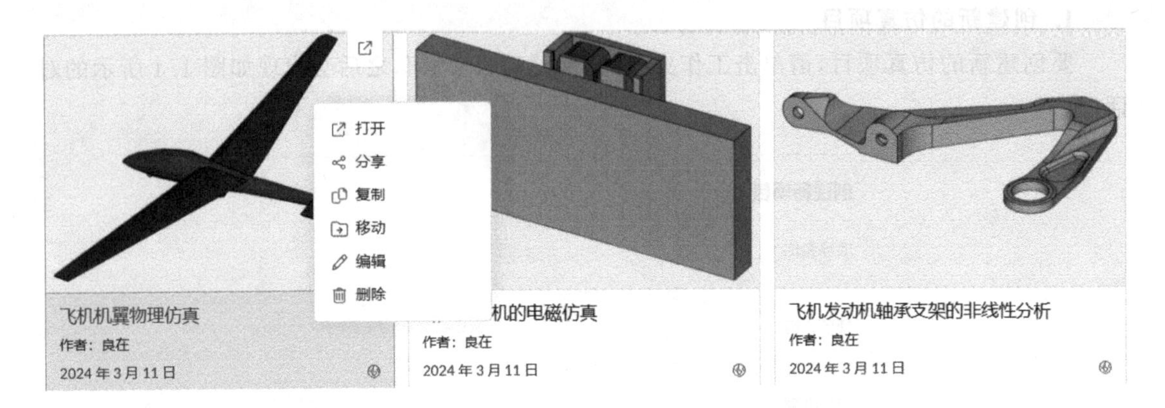

图 1.5　右键单击目标项目会显示所有可用选项

选择项目后，右侧面板会出现所有编辑选项，见图 1.6。

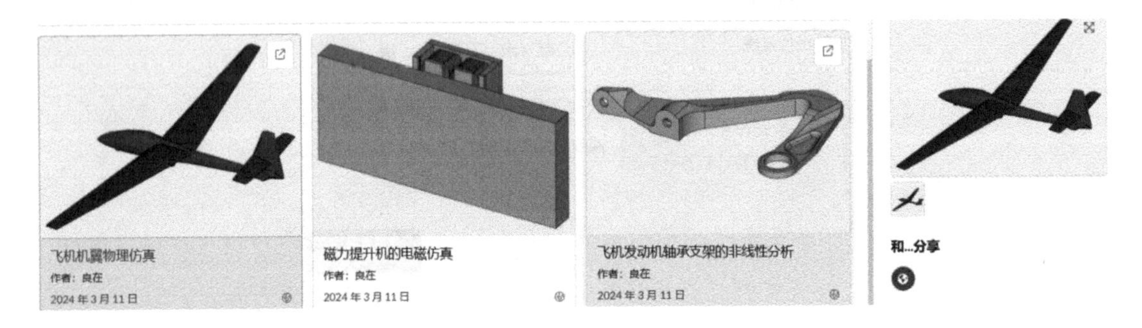

图 1.6　选择项目后，右侧面板会出现所有编辑选项

此外，您还可以通过双击鼠标打开项目，或者选择项目并单击右上角的图标，见图 1.7。

图 1.7　在网格视图模式下打开项目

3. 分享项目

使用图 1.6 和图 1.7 所示的方法，可以共享特定项目，面板如图 1.8 所示。

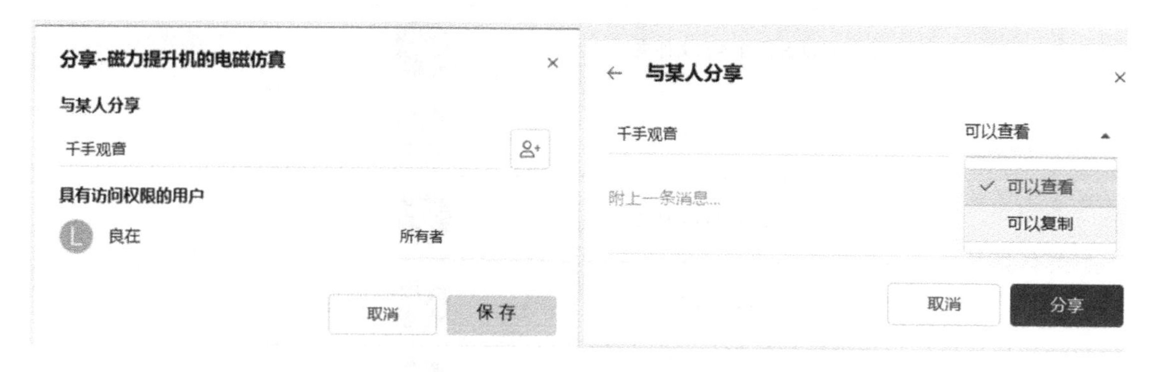

图 1.8　与用户共享特定项目的步骤和共享类型

如图 1.8 左图所示，您可以在此处查看项目的当前访问权限。输入您希望与其共享项目的用户名称，即可完成项目共享。您也可以在工作台中进行项目共享。下面详细说明项目共享以及不同的共享类型(查看、复制、编辑)。

1.3　我的项目

每位用户都拥有一个可创建内容的个人空间，在工作夹中显示为“我的项目”，见图 1.9。您是个人空间的唯一成员，只有您才可以在其中创建内容。

图 1.9　名为“我的项目”的个人空间

“我的项目”下的权限和允许的活动如表 1.1 所示。

表 1.1 “我的项目”下的权限和允许的活动

“我的项目”下的许可	所有者
可以查看内容和文件夹	✓
可以复制内容	✓
可以创建内容和文件夹	✓
可以移动内容	✓
可以编辑内容	✓
可以删除内容	✓
可以分享内容	✓

1.4 团　　队

拥有团队或企业许可证的用户可以使用团队功能。团队空间可供多个用户查看，其成员由公司管理员控制。

团队可用于限制特定内容的访问权限。例如，您可以为每个用户项目或公司内部的每个团队创建团队空间。在团队空间内创建或移动的内容仅供团队成员以及直接获得共享权限的用户访问。

组织管理员可以设置不同的共享权限，包括不共享、团队内、组织内。

根据管理员设置的权限，可以与团队成员共享项目，也可以与团队外部的其他用户共享项目。在这种情况下，用户将无法访问项目所在的文件夹或团队。

1. 管理现有团队

管理现有团队允许您重命名、控制共享权限以及管理团队成员。

2. “团队”中的权限

空间的所有者或成员将获得团队空间内所有项目的特定权限。换言之，可对权限级别进行配置。表 1.2 显示了团队成员在拥有管理、编辑、复制和查看权限时可以执行的操作。

表 1.2 团队成员在拥有管理、编辑、复制、查看权限时可以执行的操作

团队成员的许可	行政	编辑	复制	看法
可以查看内容	✓	✓	✓	✓
可以复制内容	✓	✓	✓	

续 表

团队成员的许可	行政	编辑	复制	看法
可以创建内容和文件夹	✓	✓		
可以移动内容	✓	✓		
可以编辑内容	✓	✓		
可以删除内容	✓	✓		
可以共享内容(如果团队设置允许)	✓	✓		
可以添加/删除用户	✓			

1.5 文件夹

文件夹是存储内容的位置,包括项目和其他文件夹。您可以在工作夹中管理集成工业软件中的文件夹,每个文件夹都有一个可编辑的名称。

要创建文件夹,请首先导航到您有权访问的空间,然后选择右上角的图标,如图 1.10 所示。在图 1.10 中,系统将提示您提供文件夹的名称,箭头指向的图标表示创建新文件夹/子文件夹。

图 1.10 创建新文件夹/子文件夹

您可以打开、移动、编辑和删除文件夹。要访问这些选项,您可以右键单击文件夹,或在选择文件夹后使用右侧面板,见图 1.11。

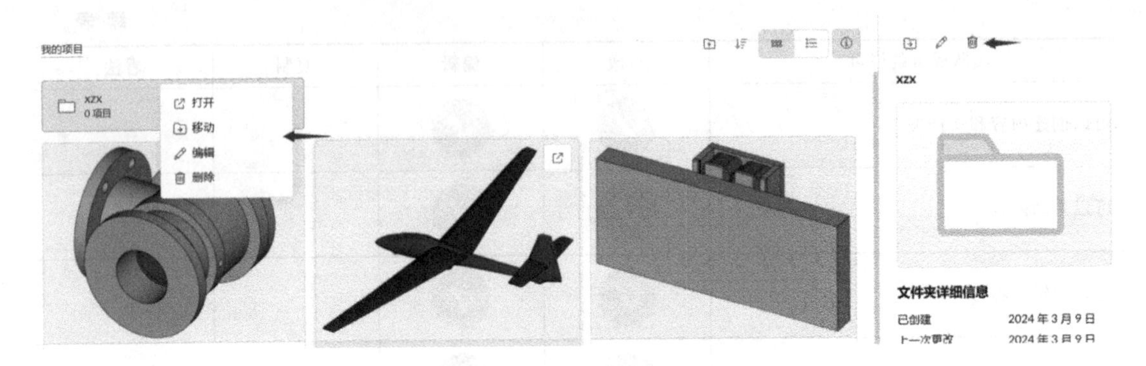

图 1.11　打开、移动、编辑和删除文件夹

删除文件夹后，其中包含的所有文件夹和项目都将被删除。

第2章　CAD准备和上传

仿真设置的第一步是准备、上传和调整CAD模型。虽然集成工业软件平台无法创建CAD模型，但您可以通过上传或导入CAD模型进行仿真。下面叙述CAD准备和正确上传的一些技巧。

2.1　引　　言

2.1.1　CAD上传/导入

将CAD文件上传至工作台的步骤如下。

- 打开现有项目或创建新项目。
- 在仿真设置树中，单击"几何体"旁边的"+"按钮，打开上传对话框，见图2.1。
- 将CAD文件拖到对话框中，或单击按钮打开文件并选择对话框。

建议您直接从计算机上传文件或从样本库导入文件。

图2.1　上传对话框

重要提示

集成工业软件也支持使用已上传的项目进行仿真。如果您已有网格几何体，并希望直接进行设置，建议您参考网格上传的相关说明。

集成工业软件支持以下CAD格式。

(1) 原生格式

- Parasolid (.x_t，.x_b)；

- SolidWorks (. sldprt, . sldasm);
- Autodesk Inventor (. iam, *. ipt);
- Rhino 4, 5, 6, 7 (. 3dm);
- CATIA (. CATPart, . CATProduct);
- PTC Creo (. prt, . asm);
- Siemens NX (. prt);
- Solid Edge (. par, . asm, . psm);
- REVIT (. rvt)。

(2) 其他格式

- ACIS(. sat,. sab);
- STEP (. stp, . step);
- IGES(. igs,. iges);
- STL (. stl)。

一般来说,建议以创建模型的工具的本机格式上传模型(例如,若在SolidWorks中建模,则为. sldprt)。

集成工业软件本身使用Parasolid CAD内核。为了在集成工业软件中使用所有CAD操作功能,CAD模型需要成功转换为Parasolid格式。

2.1.2 CAD上传选项

上传CAD模型时,系统会自动执行优化步骤,以使其更适合仿真。以下详细解释了这些步骤。

(1) 导入时的分面分割

小平面模型通常使用三角网格描述几何形状。一般情况下,整个多面几何体存储在一个大的表面部分中,难以单独访问面上的边界条件等信息。为了解决这个问题,您可以按表面角度分割模型的多面部分。这种方式会尝试分离几何体,并在所有角度大于设定值的位置引入单独的面。

某些格式的文件,例如STL文件,仅包含多面数据;而其他格式的文件,例如Parasolid、STEP或Rhino文件,则包含混合参数和多面零件。对于参数化几何体,此设置不会产生任何影响。

若要完全控制构面,请在导入时关闭构面分割功能。您可以将STL文件分割成多个文件,并将它们压缩成一个zip文件上传。上传后,文件将被转换为实体,而STL实体将被转换为面。

(2) 自动缝合

通过自动缝合功能,可尝试连接模型中独立存储但精确配合的部分。如果可以形成封闭的外壳,那么还可以通过该功能创建一个由原始面约束的实体。由于大多数仿真都在三维域上进行,并且需要实体区域作为输入,因此建议在导入时启用此选项。

(3) 改善输入数据

此选项尝试通过调整公差、简化实体等方式改进模型的拓扑结构(例如边、顶点)和几何形状。由于此选项可以改进所有下游应用程序的 CAD 操作和数据处理,因此建议在导入时启用它。对于非常复杂的模型,该过程可能需要相当长的时间。如果您在几何处理或网格划分中遇到问题,也可以选择禁用此选项并重新考虑其他方案。

(4) 针对 LBM/PWC 进行优化

此选项允许您导入针对不可压缩 LBM 和风舒适分析类型优化的 STL 文件。由于它会跳过 LBM 解算器不需要的复杂的导入步骤,因此可以快速导入大型且复杂的模型。

2.1.3 程序集上传

要从特定 CAD 工具上传装配文件,请首先收集所有相关零件、子装配文件和装配文件,并将其压缩成一个 Zip 文件,然后使用上传对话框上传该 Zip 文件。

目前,集成工业软件支持以下格式的装配文件上传功能,见表 2.1。

表 2.1 CAD 工具及其各自的零件和装配体格式

CAD 工具	本机部分格式	本机汇编格式
CATIA	.CATPart	.CATProduct
Fusion 360/Inventor	.ipt	.iam
SolidWorks	.sldprt	.sldasm
PTC Creo	.prt	.asm

如果存在子装配体,软件会首先检查存档名称是否与存档中的所有装配体名称匹配。若匹配,则使用该装配体作为导入的根装配体;否则,软件会按字母顺序检查第一个装配体文件,并将其用作导入的根(父)装配体。

成功上传并转换后,模型将显示在查看器中并列在导航树的"几何体"部分中,见图 2.2。

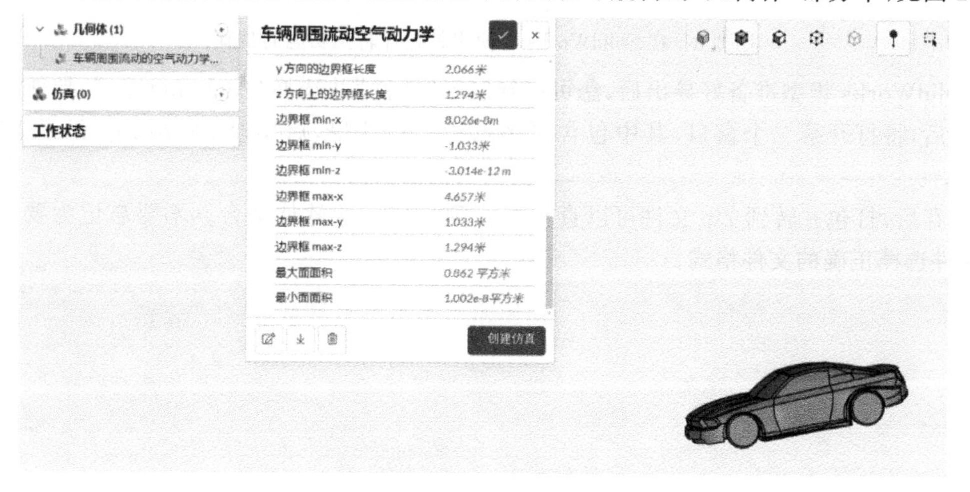

图 2.2 成功导入模型后的显示

如果几何体的圆形部分看起来有棱角，请不要担心：为了确保您能够流畅地与模型交互，集成工业软件会自动简化几何体以用于显示。在内部，特别是对于网格划分过程，集成工业软件会使用功能齐全的几何体。

2.1.4 打包并转到

某些 CAD 工具(例如 SolidWorks 和 Autodesk Inventor)具有“打包并转到”功能，这一功能可以将与模型设计相关的所有文件以及正确的参考保存在一起。当导出复杂的装配体(包括父装配体和子装配体)时，这个工作流程非常有用，因为它会自动处理导出文件的结构。

图 2.3 显示了在 SolidWorks 上使用打包并转到功能的步骤。

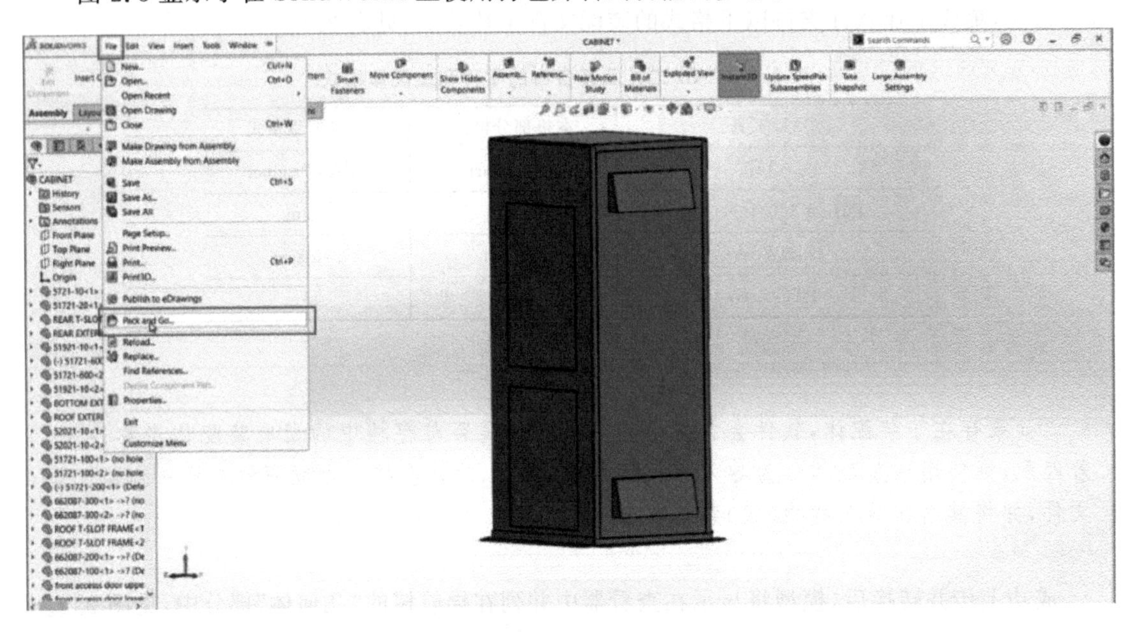

图 2.3 在 SolidWorks 上使用打包并转到功能的步骤

SolidWorks 模型准备好导出后，您可以导航至“文件”并选择“Pack and Go”，导航至打包并转到后，将打开第二个窗口，其中包含更多选项。在这里，启用“Save to Zip file”选项，见图 2.4。

保存后，打包并转到 Zip 文件可以直接导入到集成工业软件平台。不要忘记为要上传的 Zip 文件选择正确的文件格式。

图 2.4　Pack and Go 设置窗口

2.2　支持的 CAD 操作:CAD 模式

上传 CAD 模型后,可能需要进行一些额外的准备工作。集成工业软件提供了一个名为"在 CAD 模式下编辑"(简称"CAD 模式")的专用环境,它可帮助您在平台内优化模型,而无须切换到其他 CAD 软件。CAD 模式支持大量操作,例如缩放、拉伸、实体和面删除、曲面分割、流量提取等。

要访问 CAD 模式,请按照以下步骤操作:首先单击导入的几何体,然后单击"在 CAD 模式下编辑"图标,从工作台访问 CAD 模式,见图 2.5。

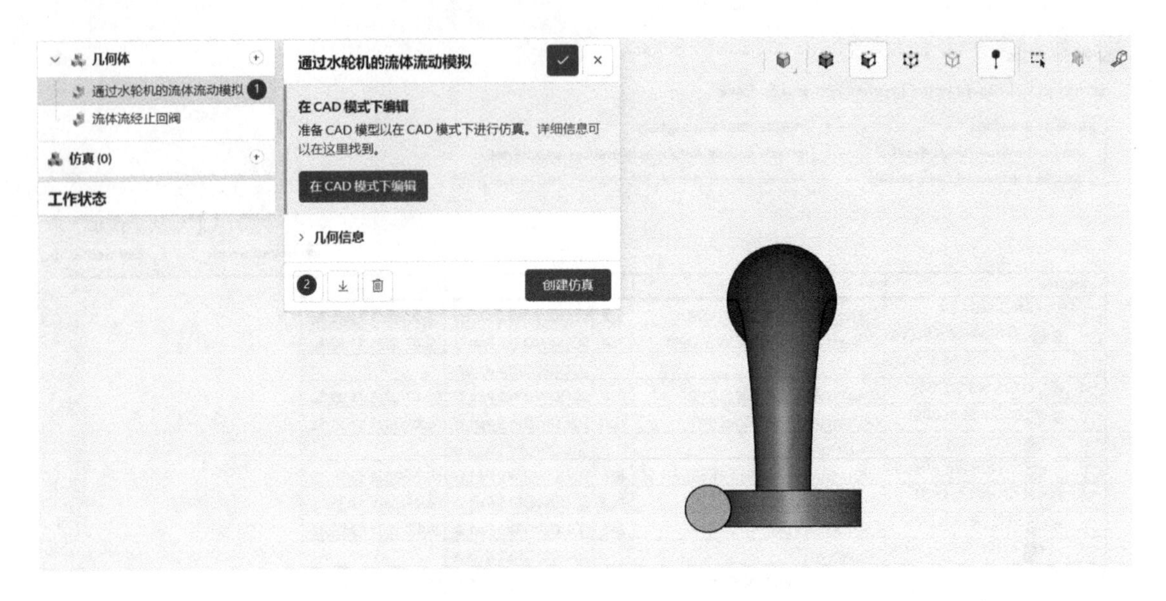

图 2.5　访问 CAD 模式的步骤

2.3　CAD 准备

根据 CAD 模型的复杂性和质量，可能需要进行一些准备工作。大多数准备工作都可以在 CAD 模式环境中完成。以下提示可能会帮助您实现仿真的第一次成功运行。

- 迭代仿真设置的一个有效策略是从简单版本开始。
- 为问题的简化版本创建仿真设置，可以帮助您验证仿真方法是否可行。
- 了解网格和边界条件的应用，思考完整的工作流程，有利于 CAD 准备工作的完成。
- 对问题有清晰的认识有助于您确定是否可以忽略某些影响因素。

为了获得成功且准确的仿真结果，请记住以下要求。

1. 降低复杂性

通常，简化 CAD 模型便于在更短的时间内获得更准确的仿真结果。下面列出了一些潜在优化的示例。

(1) 删除细节特征

由于制造或安装的限制，CAD 模型通常包含许多细节特征，例如小孔或绕组。这些细节特征可能与最终制造相关，但它们不会影响仿真结果，只会显著增加网格划分的次数和计算时间。因此，应该删除这些细节特征。

(2) 删除小实体

小实体在网格划分时可能会出现问题。如果存在带有锐角的非常小的面，则表面网格划分可能会失败。以下示例展示了必须先合并面才能生成表面网格的情况。在图 2.6(a)中有一个非常小的面，角度非常锐利，这导致表面网格生成失败。在图 2.6(b)中，有问题的面已被移除，网格划分工作正常。此类小实体也应该在 CAD 准备过程中删除。

(3) 运用对称性

如果模型是对称的，则可以通过使用对称边界条件并仅对整个 CAD 模型的一部分进行仿真来显著减少计算时间。在这种情况下，您应该只导入模型对称部分的一个实例。

(a) 带有锐角的非常小的面

(b) 移除有问题的面

图 2.6 删除小实体

(4) 分步仿真

逐一分析整个 CAD 的较小部分，而不是在一次仿真中分析整个 CAD，这样有助于降低问题的复杂性并加快仿真速度。

2. 创建旋转区域

当对旋转部件(例如泵和涡轮机)进行仿真时，需要创建旋转区域作为 CAD 准备的一部分。这需要在使用模型进行仿真之前执行一些额外的步骤，包括使用 CAD 模式。

2.4 CAD 故障

如果您的模型无法成功转换为集成工业软件特定的内部格式，那么所有转换失败的实体将在上传后公开。为了继续进行，请尝试修复所有有问题的部分并重新上传模型。

2.5 计算机辅助设计拓扑

一般来说，CAD 模型由不同类型的拓扑实体组成，例如实体、面、边和顶点。了解这些拓扑实体非常重要，因为它们会对网格生成和仿真设置产生影响。

2.6 CAD 模式

集成工业软件提供了一个名为“在 CAD 模式下编辑”(简称“CAD 模式”)的专用环境，它用于与 CAD 模型交互并在上传模型后执行 CAD 相关操作，是预处理的一部分。拥有一个单独的环境来删除、拉伸或缩放 CAD 零件，可以帮助用户摆脱仿真设置，专注于优化 CAD 模型。完成后，用户可以使用新模型的副本退出并返回工作台，同时仍然保留对原始 CAD 模型的访问权限。

要从工作台访问 CAD 模式，请单击导入的几何体，然后转到面板中的“在 CAD 模式下编辑”，如图 2.7 所示。或者只需单击“ ”图标打开上下文菜单，然后选择“在 CAD 模式下编辑”，如图 2.8 所示。

图 2.7 从工作台访问 CAD 模式

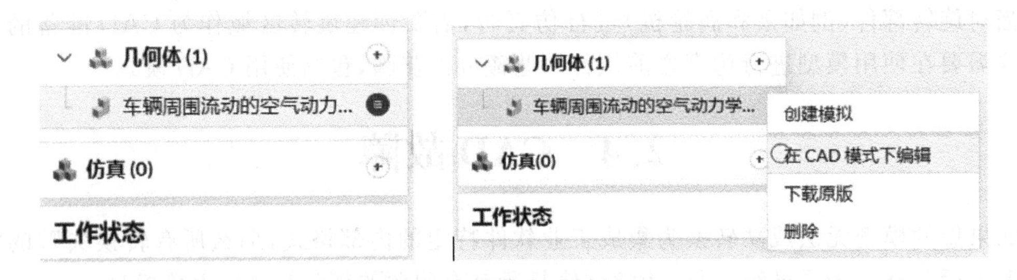

图 2.8 选择“在 CAD 模式下编辑”

2.6.1 CAD 模式界面

CAD 模式界面如图 2.9 所示。

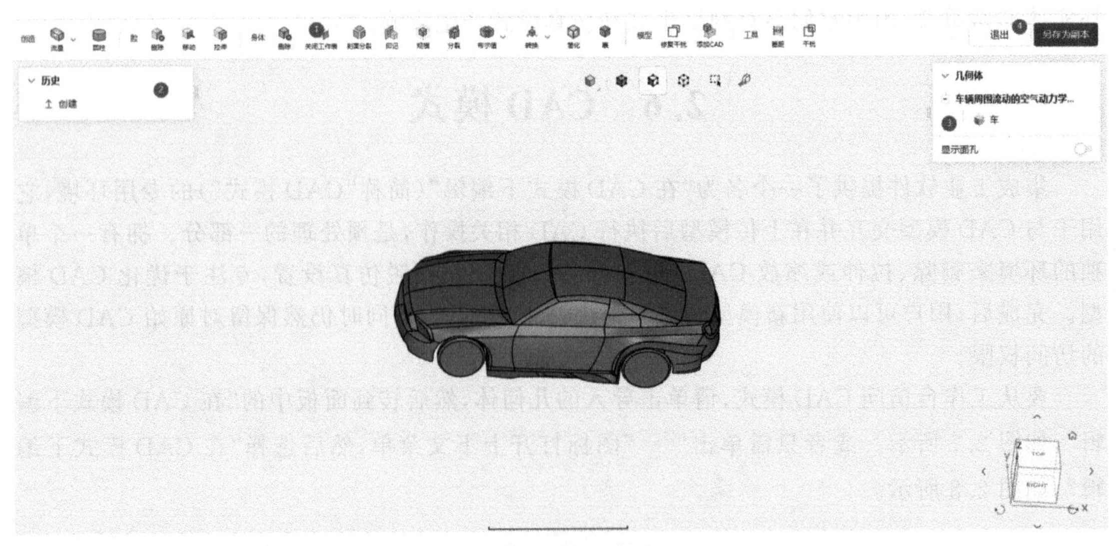

图 2.9 CAD 模式界面

CAD模式界面有四个重要部分:操作工具栏、历史记录、场景树、退出/另存为副本。

① 操作工具栏。此处列出了所有支持的CAD操作。

② 历史记录。所有执行过的操作将按顺序列在此处。

③ 场景树。此处列出了带有实体的原始几何体。切换显示面可以查看并跟踪几何体中存在的每个实体的所有面。

④ 退出/另存为副本。单击"另存为副本"创建修改后的几何体的副本。新几何体将作为原始几何体的副本列在几何体树下。单击"退出"返回工作台而不应用更改。更改仅保存在CAD模式下。

2.6.2 CAD模式操作

集成工业软件仿真系统平台支持CAD模式的所有操作,同时该平台相较于传统CAD模式操作有更多新的操作,第2.6.3～2.6.7节将根据其应用进行分类介绍。

2.6.3 面

1. 删除

删除操作可帮助您从CAD模型中删除面,具体方法是首先从操作工具栏中选择"删除",然后指定要删除的一个或多个面,见图2.10。

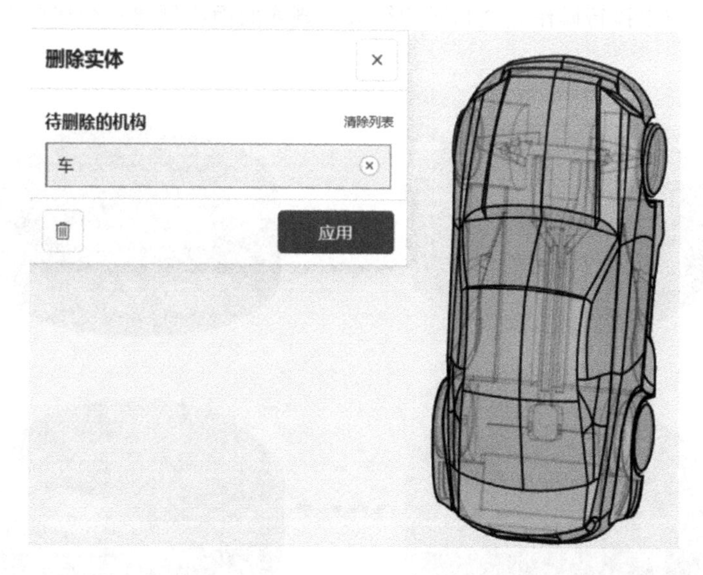

图2.10 CAD模式下的删除面操作

设置面板提供多种方法。"保持开放"选项允许用户退出当前操作。下面以图2.11所示的几何体为例,演示面删除操作的方法,该几何体是具有额外曲面的圆柱体。

图2.11 用于演示面删除操作的方法的几何体

(1) Heal方法

Heal方法将通过尝试扩展或收缩相邻面(直到它们相交)来尝试填充因删除操作而丢失的曲面,见图2.12。删除顶面应该返回与未执行操作完全相同的结果。删除曲面应升高侧面并扩展顶面,直到它们相交。

图 2.12　Heal 方法

(2) Cap 方法

Cap 方法将尝试通过连接相邻面而不更改它们来填充因删除操作而丢失的曲面,见图 2.13。删除顶面应该返回与未执行操作完全相同的结果。删除曲面应创建一个连接先前连接的面而不更改它们的面。

图 2.13　Cap 方法

此修复方法将保留面删除操作留下的空隙,并且不会采取额外的措施来修复连接面。删除相应的面,剩下的面构成一个片体,不与任何剩余面配合的面仍是该片体的一部分,见图 2.14。

2. 移动

通过移动操作,您可以沿法线方向拉出面。从操作工具栏中选择"移动",以打开此操作的设置面板。移动面的方法有两种。为了便于说明,我们考虑一个散热器面,见图 2.15。

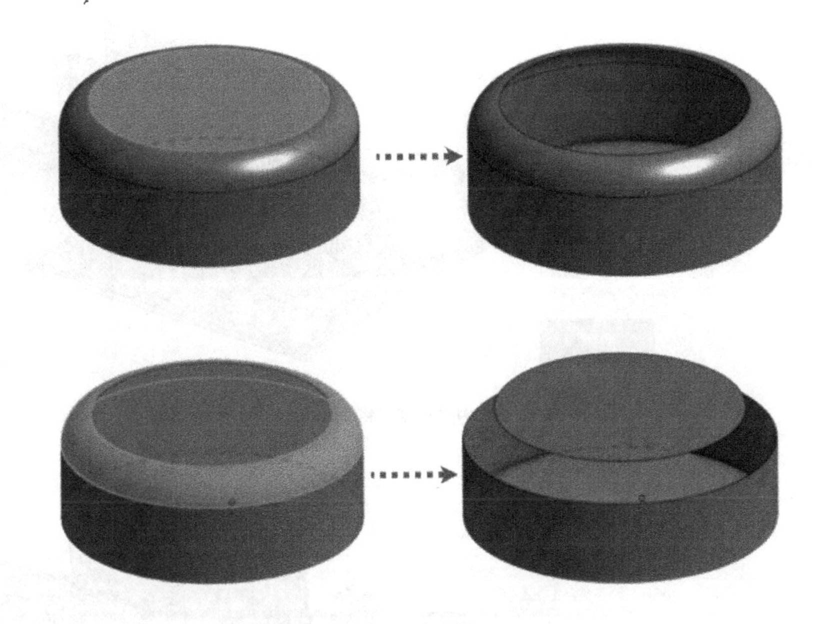

图 2.14 Cap 方法后构成的体

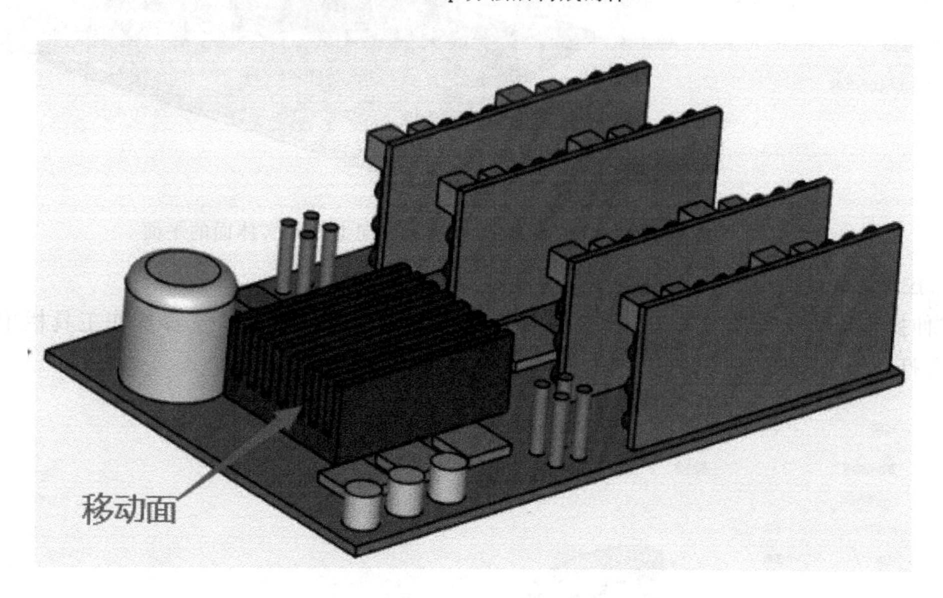

图 2.15 散热器面

首先要选择面，然后选择以下一种方法。

(1) 距离

指定选定面需要移动/挤出的最大距离，见图 2.16。

(2) 直至实体

指定选定面需要移动/拉伸到的实体面，见图 2.17。

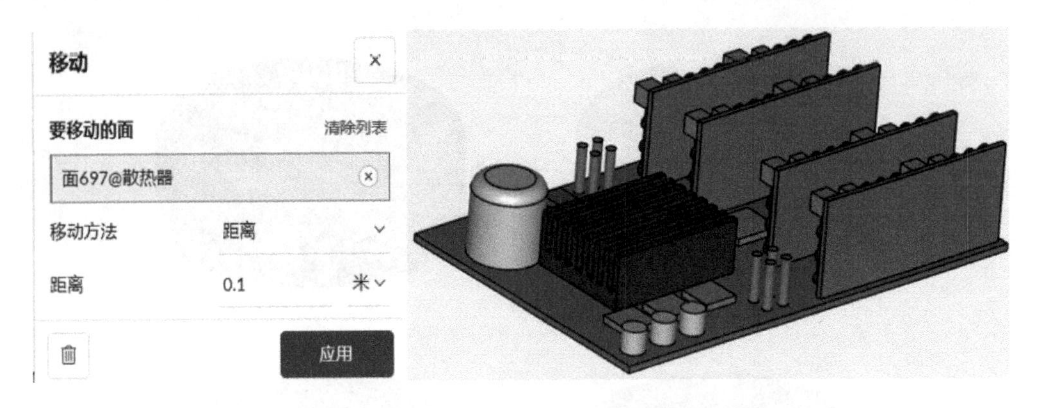

图 2.16　选择移动方法“距离”将面向上拉伸至所需值

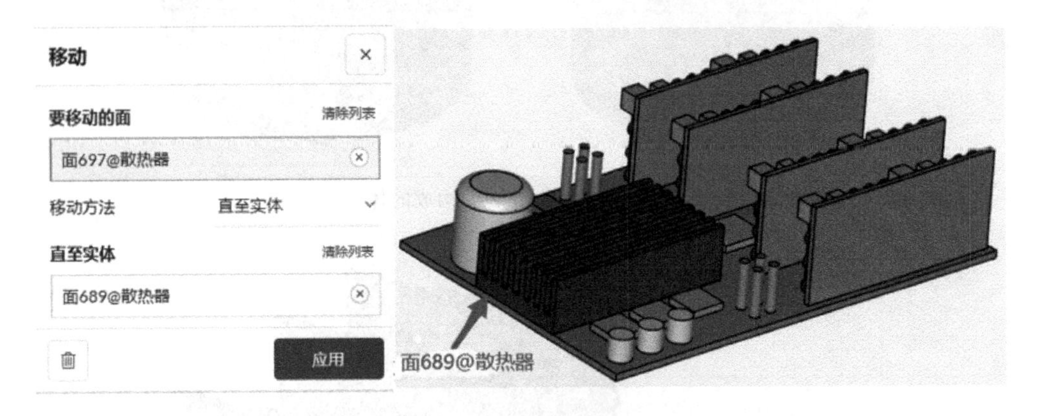

图 2.17　选择移动方法“直至实体”将该面向上挤到实体面的平面

3. 拉伸

拉伸操作可沿法线方向挤出面，您可指定挤出的距离或目标面。选择操作工具栏中的“拉伸”即可打开设置面板，其中提供三种拉伸面的方法，见图 2.18。

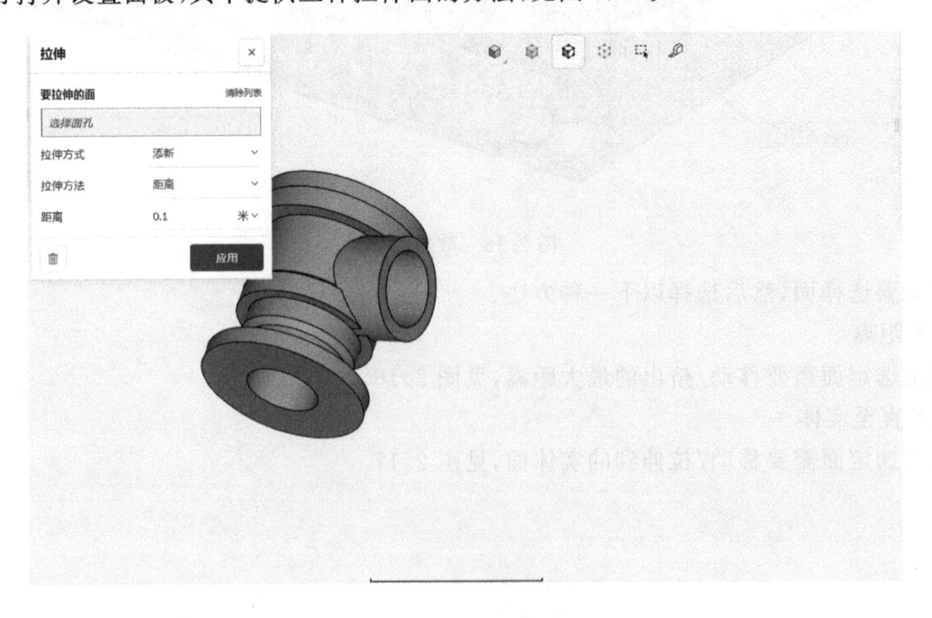

图 2.18　拉伸操作的设置面板

首先要选择面，然后选择以下方法之一。

(1) 添新

向现有面添加一个新面，同时沿法线方向挤出该面，此操作会创建一个附加零件，见图 2.19。

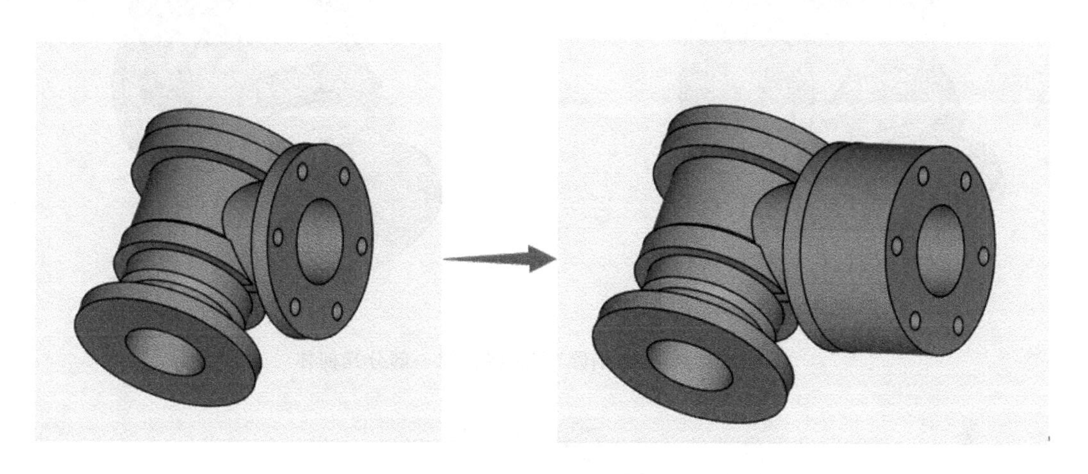

图 2.19 选择“添新”方法会将零件添加到几何体中

注意，在添加新类型拉伸中使用负值将导致几何体的一部分被删除，将其分为两部分，而不是添加新部分。

(2) 合并

拉伸选定的面，并将其与前一个面合并，零件的数量应保持不变，见图 2.20。

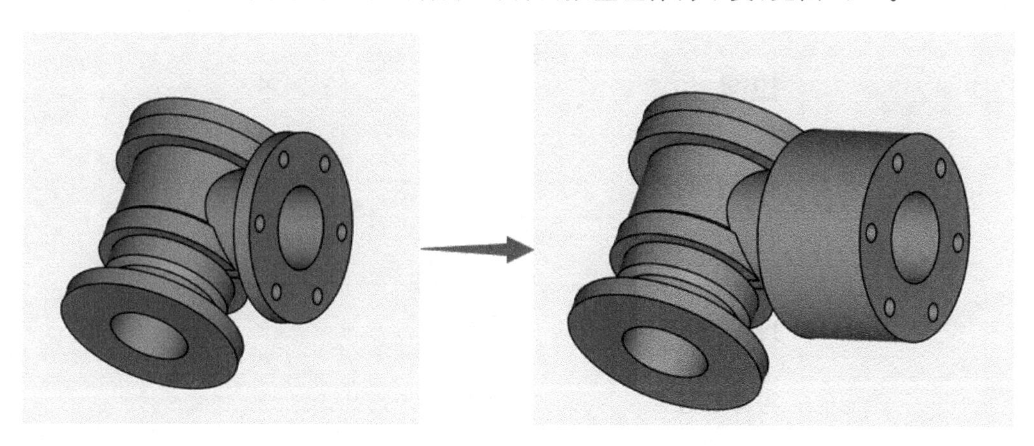

图 2.20 选择“合并”方法将面挤出

(3) 消除

以相反方向挤出面，进行消除操作，见图 2.21。

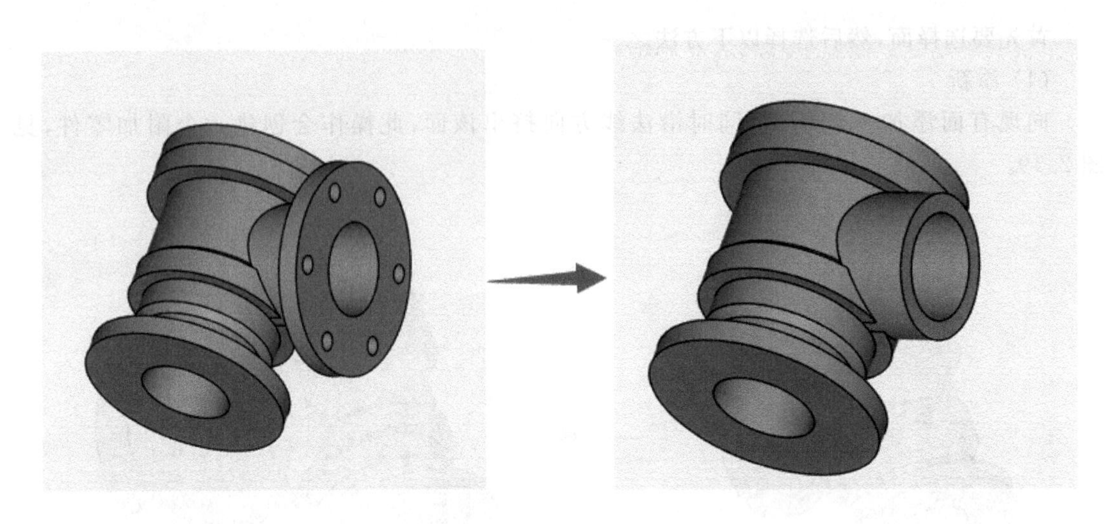

图 2.21　选择“消除”方法将去掉一部分几何体

重要提示

要同时对多个面执行拉伸操作，并确保所有选定的面具有相同的法线。

(4) 距离

指定所选面需要拉伸的最大距离，见图 2.22。本节中的所有拉伸操作都是使用距离拉伸方法进行的。

图 2.22　选择距离拉伸方法会使面朝上直至所需值

(5) 直至实体

指定选定面需要拉伸到的实体面，见图 2.23。

图 2.23 选择直至实体的拉伸方法会使面朝上直至所需值

2.6.4 实体

1. 删除

删除操作将删除 CAD 模型中存在的实体。单击操作工具栏中“主体”下的“删除”，从 CAD 模型中选择一个或多个实体，然后单击“应用”，如图 2.24 所示。

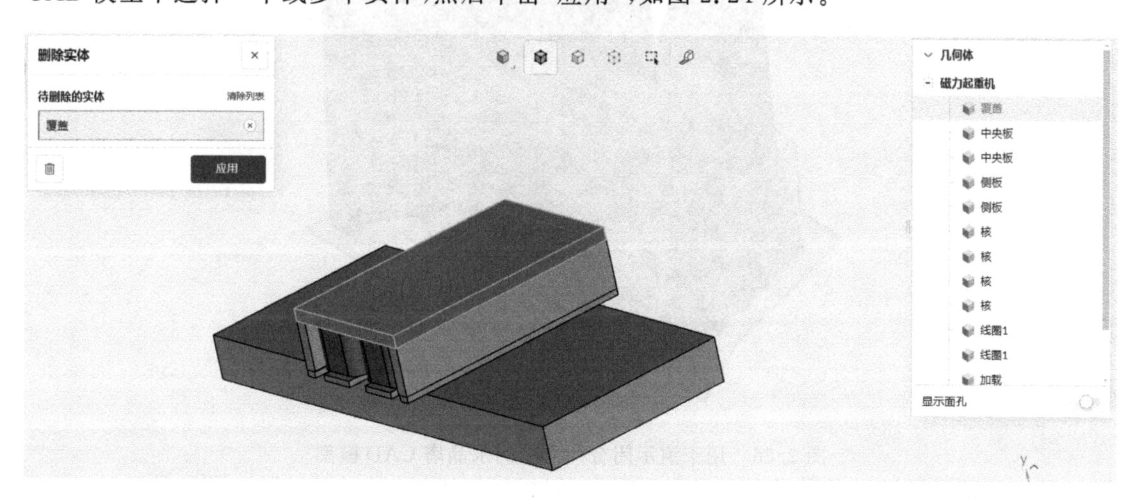

图 2.24 选择要删除的实体

2. 闭合片

当 CAD 模型丢失一个或多个面(称为片体)时，将无法进行仿真。此时，可使用闭合片操作来修复模型。在设置面板中，选择缺面实体并指定闭合方法即可，见图 2.25。

图 2.25　在闭合片操作的设置面板中选择缺面实体和要应用的闭合方法

闭合方法主要分为封盖法和生长法。下面以水晶塔 CAD 模型为例描述这两种方法，由图 2.26 可知，中间的塔的顶部缺失了一个面。

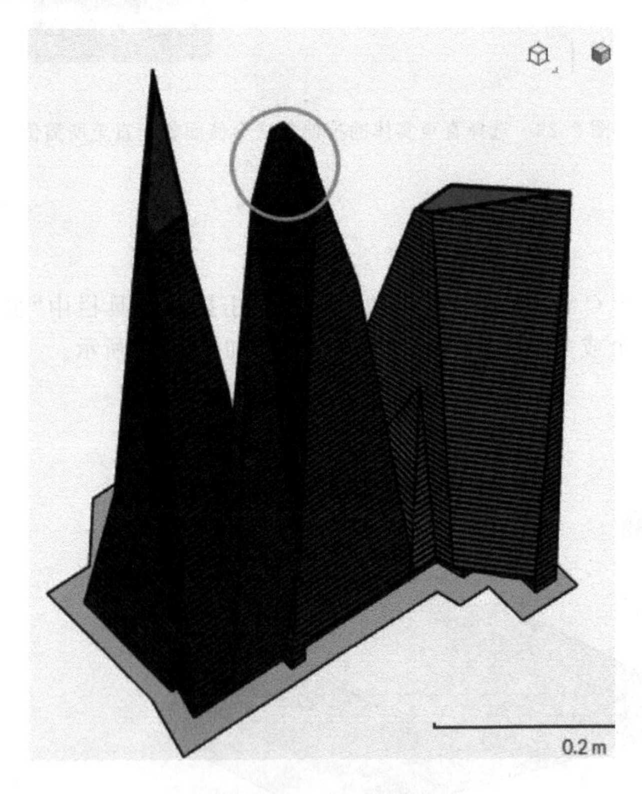

图 2.26　用于演示闭合片操作的水晶塔 CAD 模型

(1) 封盖法

封盖法寻找封闭板体的最小表面路径，是默认的闭合方法。如图 2.27 所示，这种方法会使用表面积最小的面来关闭中间塔的顶部缺失的面。

图 2.27 封盖法

(2) 生长法

生长法尝试将连接的面延伸到缺失的面，直到它们在一个顶点交汇，如图 2.28 所示。这种方法通过拾取中间塔来延伸缺失面的连接面，从而拉长中间塔，直到它们全部交汇于一点。

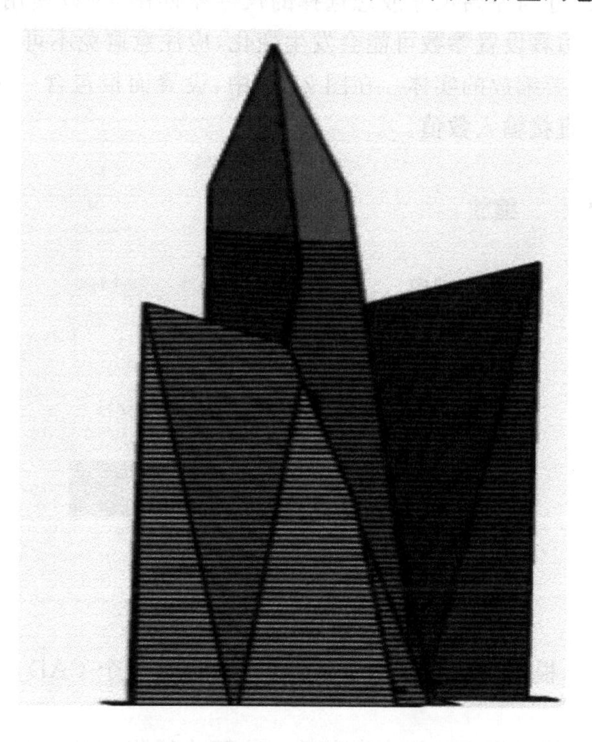

图 2.28 生长法

3. 面分割

面分割允许用户基于定义的最大分割角将 CAD 模型分割成多个面。在处理.stl 文件时，这个操作非常有用，因为它们通常只包含一个面。该角度的范围是 0°～180°，默认为 30°，见图 2.29。

4. 压印

为了检测两个固体或固体与流体之间的界面，需要进行压印操作。这个操作可以将两个物体之间的界面切割成可识别的表面。在CAD模式下，选择“压印”，分配所有需要压印的部分，然后单击“应用”按钮，见图2.30。

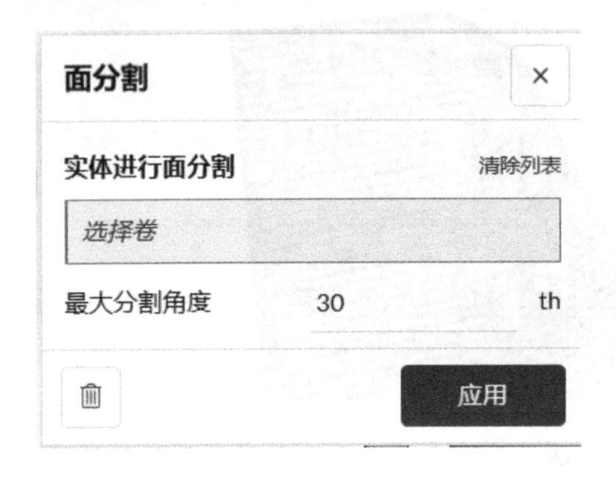

图2.29 面分割操作

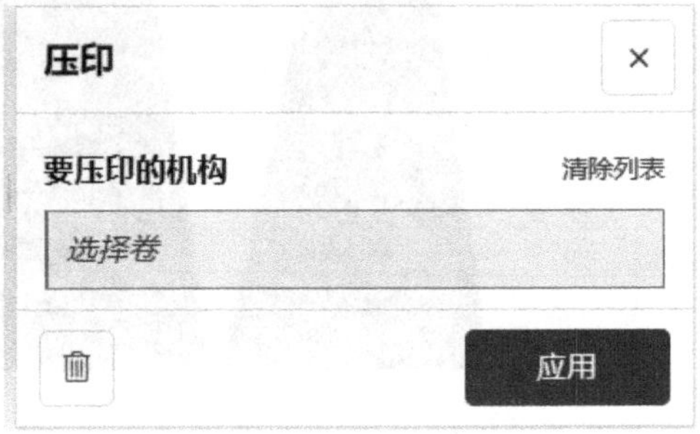

图2.30 压印操作

5. 缩放

如果上传模型的尺寸与原始尺寸或您选择的尺寸不匹配，可以使用缩放操作调整模型的大小。在进行缩放时，仿真设置参数可能会发生变化，应注意避免不可靠的结果。

用户要分配所有需要缩放的实体。在图2.31中，设置面板包含一个滑块，用于设置比例因子，同时还允许用户直接输入数值。

图2.31 缩放操作

6. 分割

分割操作允许用户根据定义的平面的位置和方向将单个CAD实体切割成两部分，见图2.32。

分割平面的方向是通过指定法线来定义的。位于法线指向的一侧的零件将被保留，而另一侧的零件将被移除。用户可以选择保留来自平面两侧的零件。

7. 布尔运算

在您的CAD模型中可能会出现多个部分重叠的情况，这可能会影响仿真物理学，并导致仿真设置失败。如果发生这种情况，请尝试执行一系列布尔运算，如并集、交集和减法运算。

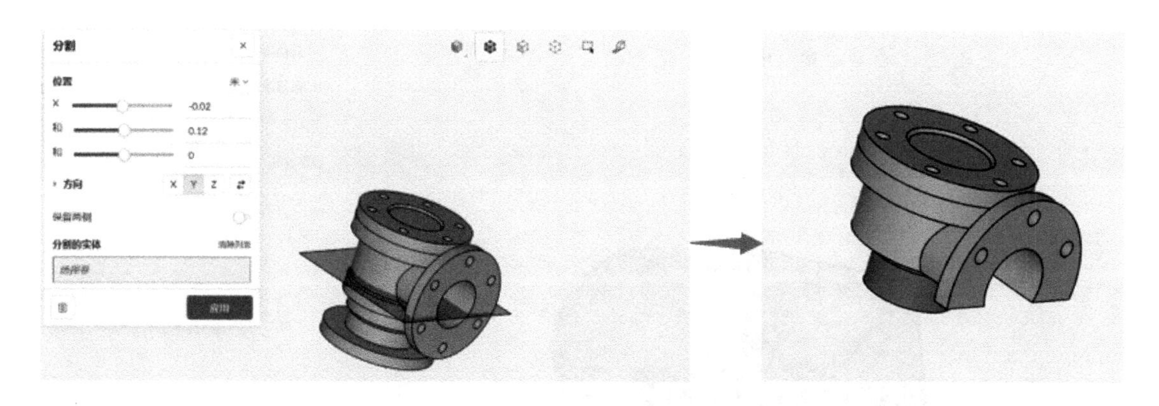

图 2.32　分割操作

若要执行布尔运算,用户必须选择两个或多个共享重叠体积的实体。如果所选实体不重叠,它们将无法被选择。即使没有重叠部分,操作仍可进行,但在查看器和树中不会显示任何更改。

(1) 并集

并集操作用于将两个重叠的实体合并为一个实体。

在 CAD 几何中有两个重叠的实体,分别为第 1 部分(立方体)和第 2 部分(球体),见图 2.33。它们不同的颜色代表两个单独的实体。在场景树中分别标识这两个实体。要执行并集操作,请选择这两个实体并单击"应用"。操作成功后,CAD 几何体会在场景树中显示一个用名称"第 2 部分"标识且颜色相同的单个实体。这标志着两个实体合二为一,见图 2.34。

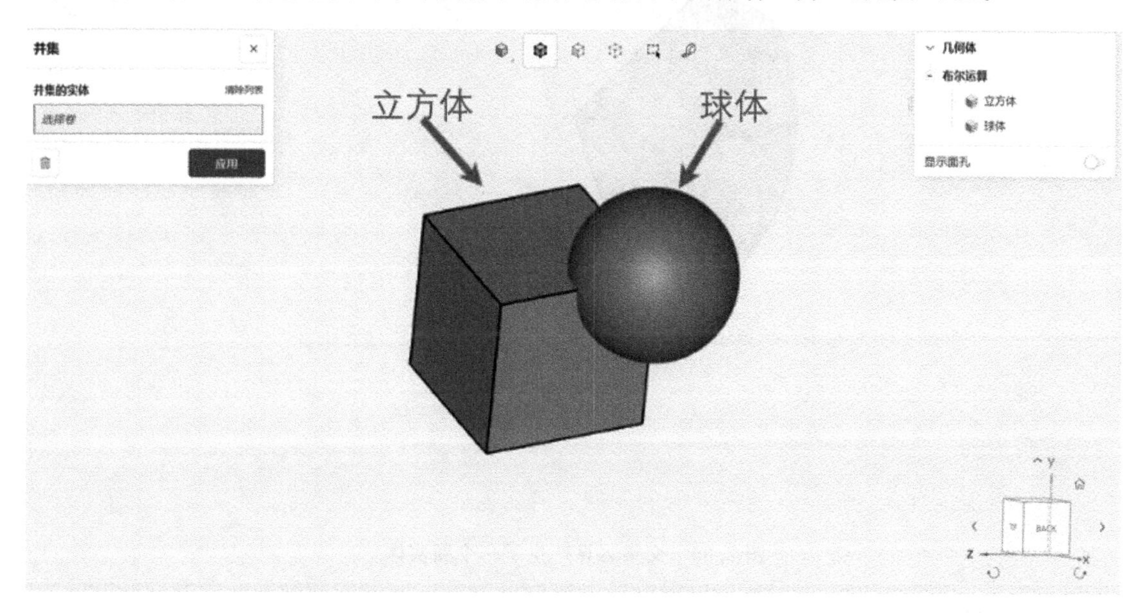

图 2.33　并集操作

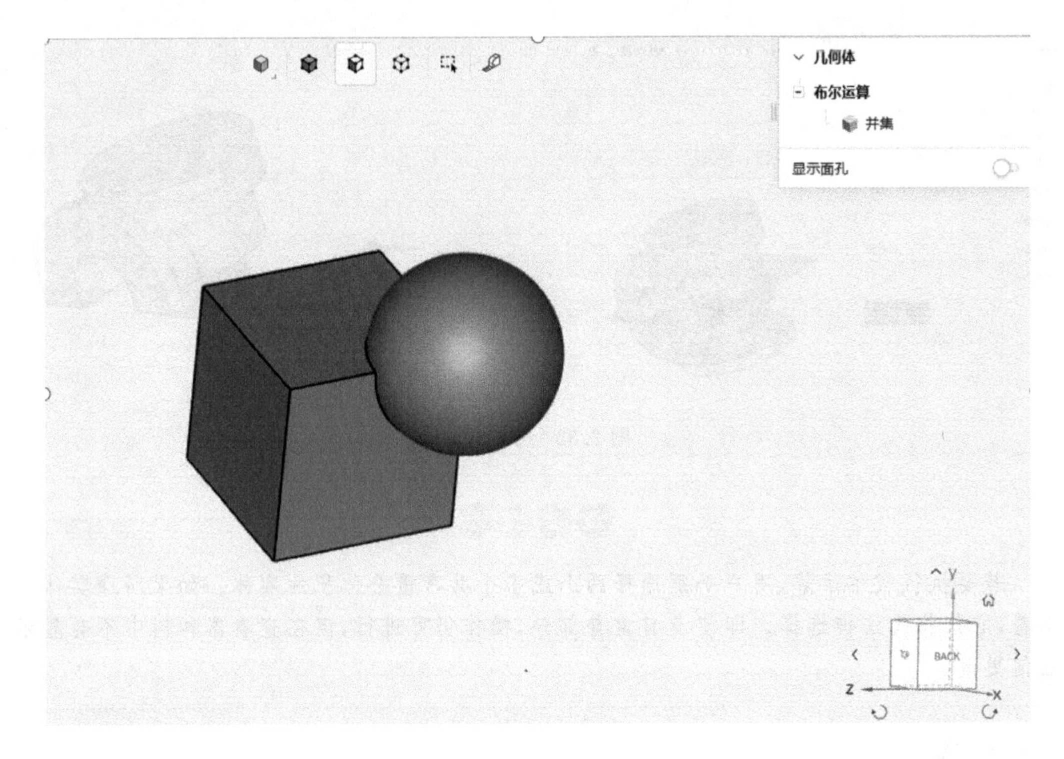

图 2.34　两个实体合二为一

(2) 交集

交集操作用于在重叠实体之间的公共体积中创建一个新实体。您只需选择涉及的实体。使用与图 2.33 相同的实体，交集操作后产生了一个新实体(四分之一个球体)，见图 2.35。

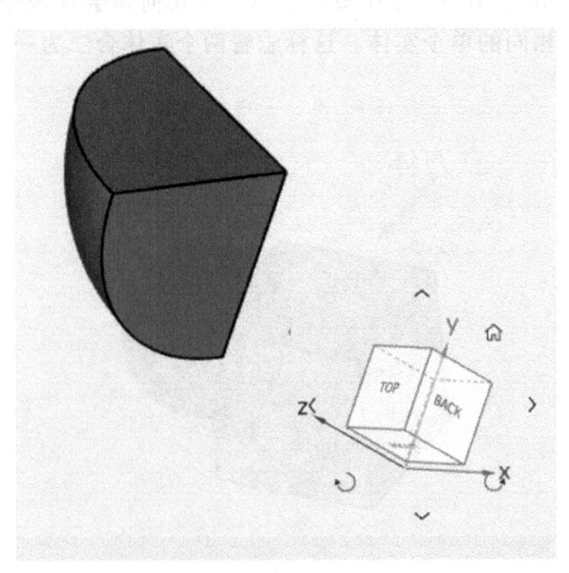

图 2.35　交集运算产生了一个新实体

(3) 减法

减法操作可用于以下情况：从一个实体中去除共同体积，同时保持另一个实体的完整性；从目标体中去除共同体积和一个实体。

该操作的设置面板如图 2.36 所示。

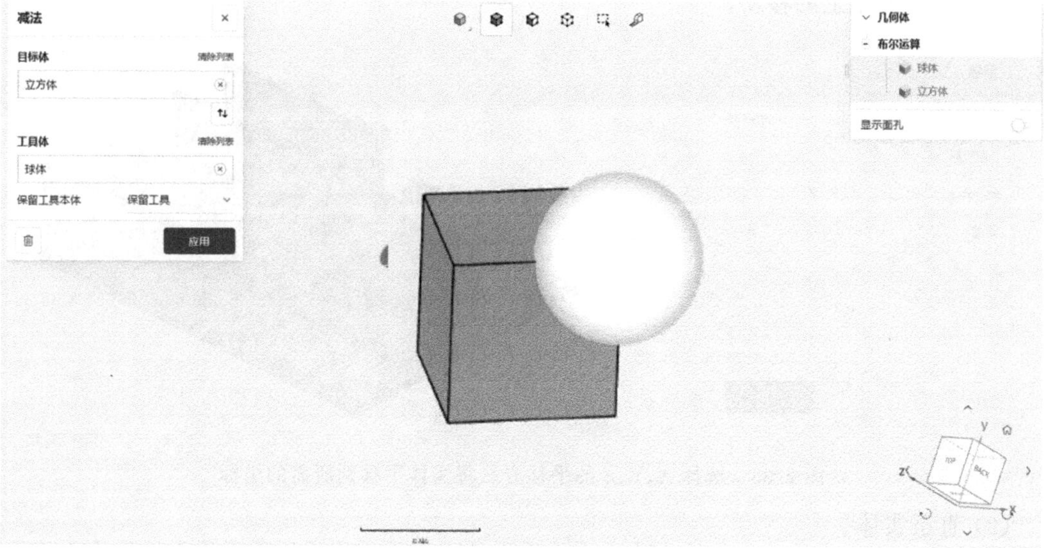

图 2.36 减法操作的设置面板

在设置面板中，用户要选择目标体和工具体。目标体是想要从中减去的实体，而工具体是用来减去的实体。在本示例中，我们选择从立方体中减去球体。另外，用户还要选择是否保留工具体。如果选择保留工具体，则共同体只会从目标体中减去，最终结果仍然包含两个单独的实体。如果选择丢弃工具体，则共同体和工具体都会被减去，最终结果只包含一个实体。这两种结果见图 2.37。

请注意，为了更清晰地展示示例，图 2.37 中的颜色设置与文字描述略有不同。

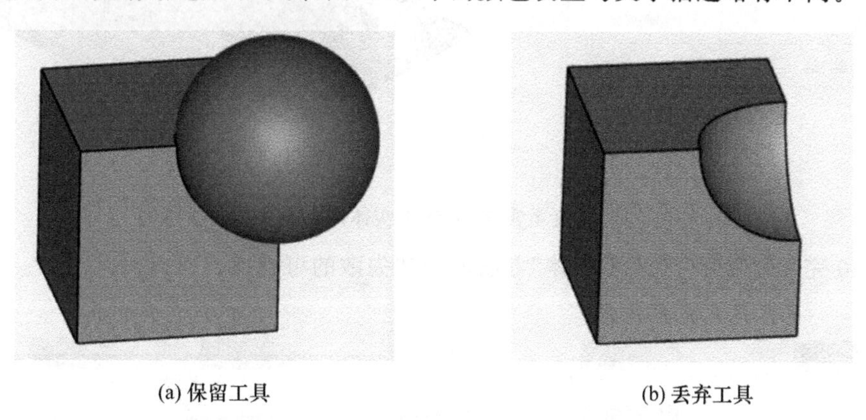

(a) 保留工具　　(b) 丢弃工具

图 2.37 减法操作的保留工具和丢弃工具功能之间的差异

8. 平移

顾名思义，平移功能有助于将一个或多个主体沿指定方向平移特定的距离。平移操作与移动操作类似，有以下两种方法。

(1) X、Y、Z

使用此方法，您可以指定所选实体需要在每个方向上平移的距离。距离为负值表示向相反方向转换。选择 X、Y、Z 的平移方法将实体平移到所需的坐标，如图 2.38 所示。

与图 2.15 类似，这次我们将整个散热器的实体向正 Y 轴平移 0.025 米的距离。图 2.38 中的箭头表示 Y 轴上的移动。

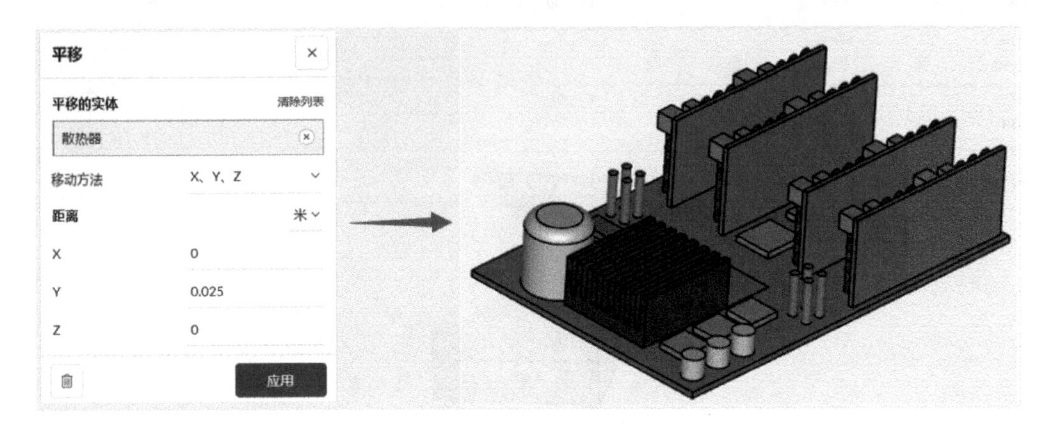

图 2.38　选择 X、Y、Z 的平移方法将实体平移到所需的坐标

(2) 直至实体

使用这种方法，您只需分配需要平移到的实体的面。这次我们分配了芯片的一个面，将散热器平移，使其前端面与芯片的平面相共面，见图 2.39。

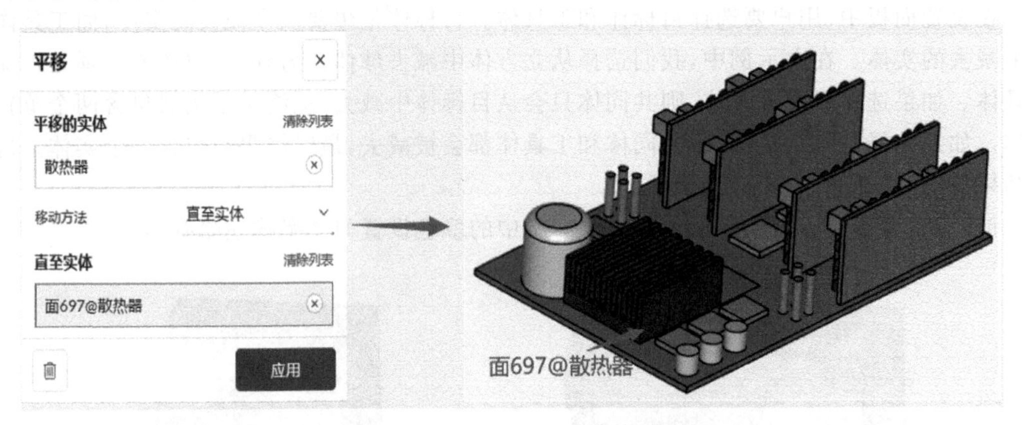

图 2.39　选择"直至实体"方法将实体向上平移到实体的面

图 2.40 完美地展示了"直至实体"方法成功和失败的可能性。

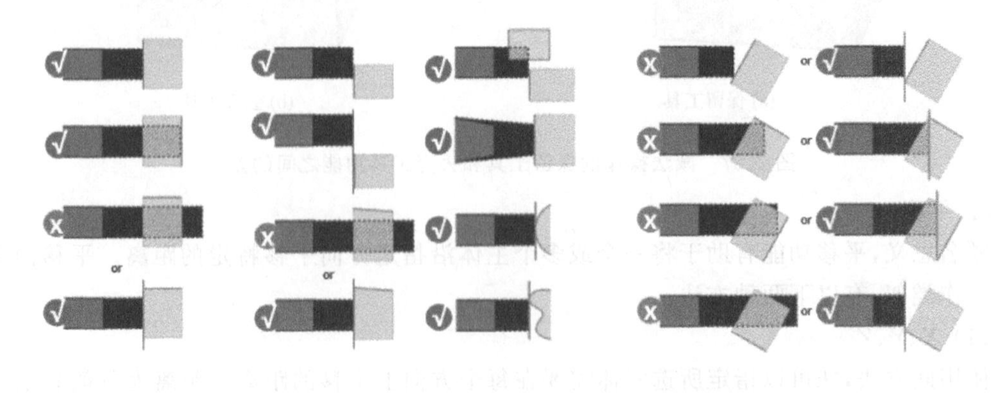

图 2.40　"直至实体"方法成功和失败的可能性

9. 旋转

旋转功能可以实现绕指定轴旋转一个或多个实体。该指定轴穿过假想边界框的中心，该边界框的尺寸表示该物体(或物体组合)在 X、Y 和 Z 方向上的最小和最大坐标。让我们看图 2.41 给出的例子。

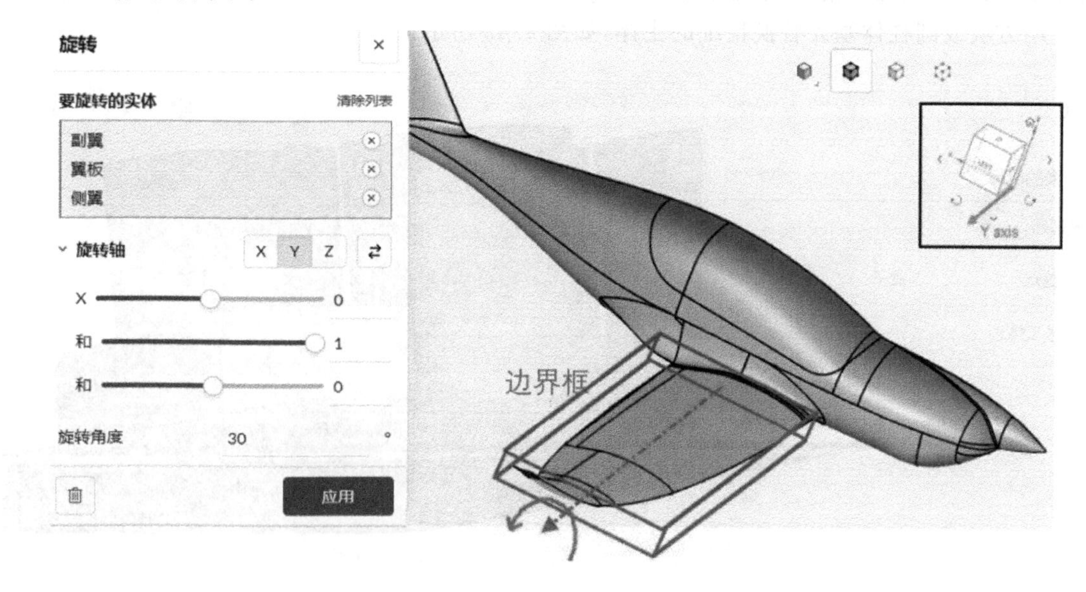

图 2.41　旋转功能允许一个或多个实体绕指定轴旋转

此处，飞机机翼的不同部分围绕正 Y 轴旋转。这意味着所有这些部分都将同时围绕指向正 Y 方向的边界框的中心轴沿逆时针方向旋转。建议在指定旋转轴时参考方向立方体。单击反转按钮将导致分配的旋转轴反转(本例中为负 Y 轴)。旋转操作的结果如图 2.42 所示。

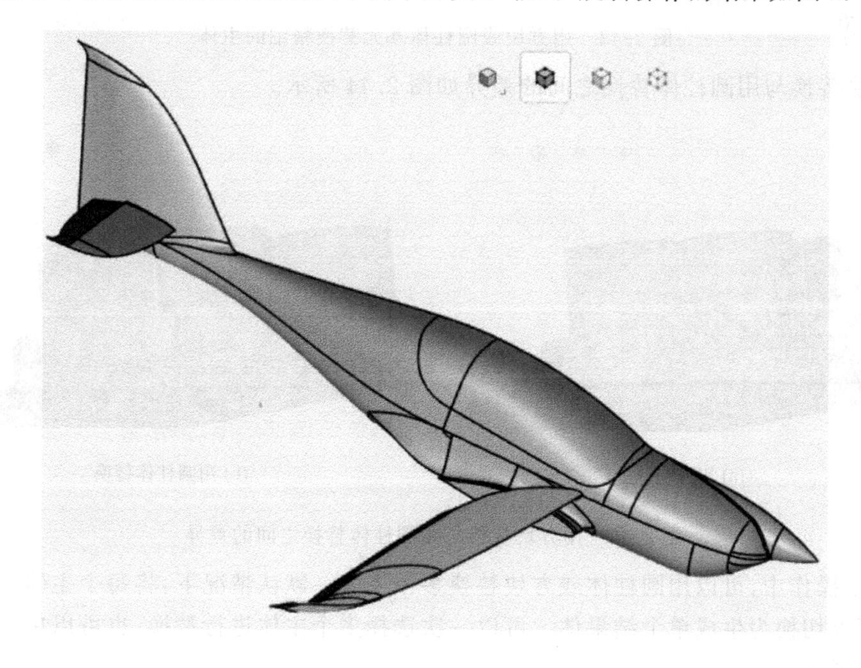

图 2.42　旋转操作的结果

10．简化

通常，在某些情况下，CAD 模型包含过多的细节（如螺栓上的螺纹或轮胎上的图案印记等），而从仿真的角度来看，这些细节并不重要。通过使用简化功能，可以用占用最小包围尺寸的基本形状（如圆柱或箱体）来替换这些细节。

用方块或圆柱体基元替换精细的主体，如图 2.43 所示。

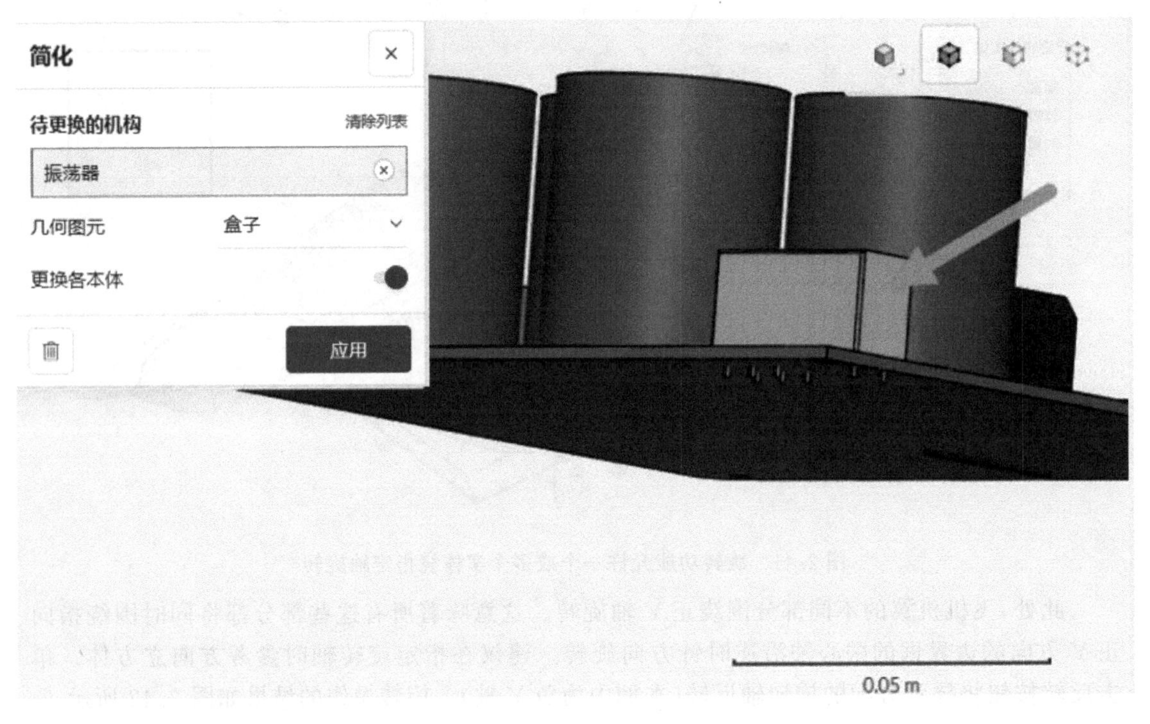

图 2.43　用方块或圆柱体基元替换精细的主体

用方块替换与用圆柱体替换之间的差异如图 2.44 所示。

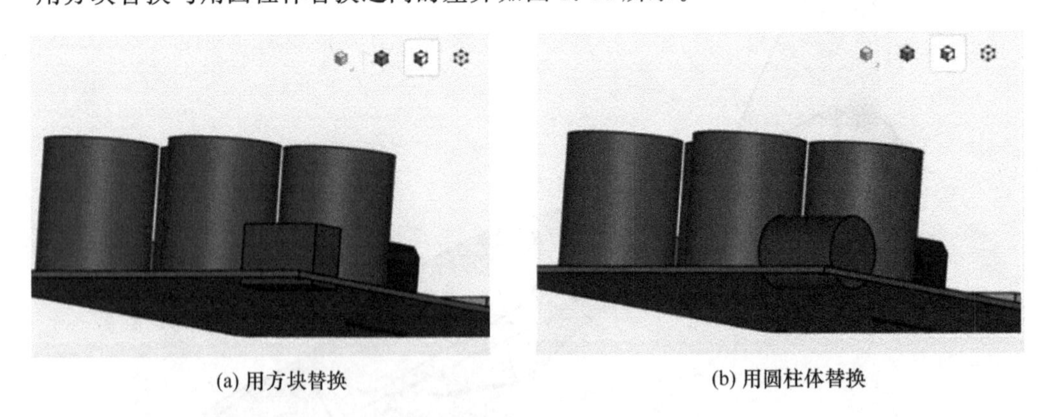

(a) 用方块替换　　(b) 用圆柱体替换

图 2.44　用方块替换与用圆柱体替换之间的差异

在单个操作中，可以用圆柱体或方块替换多个主体。默认情况下，将每个主体都分别进行替换，但可以切换为生成单个结果体。可以一次选择多个主体进行替换，也可以单独或统一进行替换，见图 2.45。

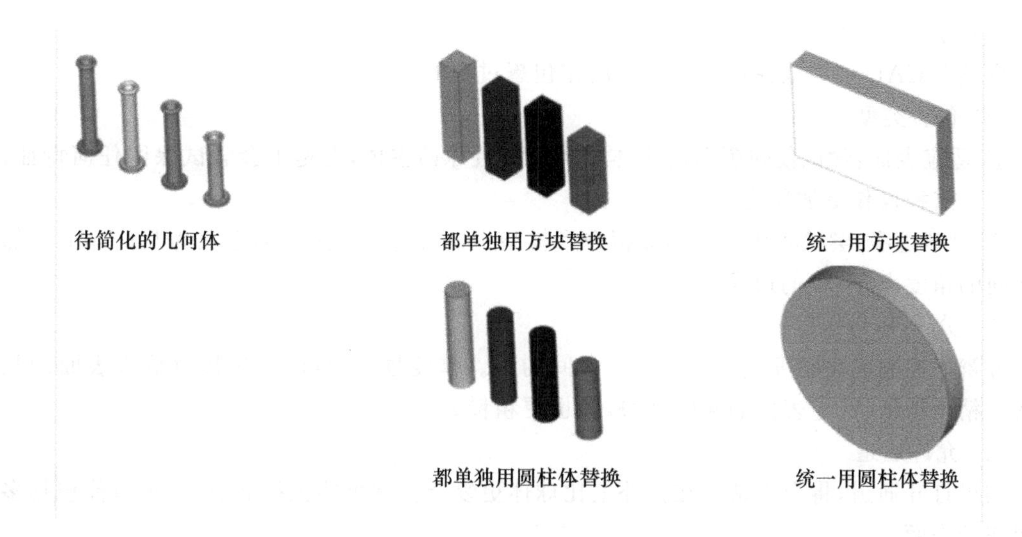

图 2.45 几何体简化

11. 包裹

包裹表面操作旨在在 CAD 模型包含大量伪影(如孔、裂缝)和不重要特征(如自相交、重叠等)的情况下生成一个适用于仿真的 CAD 模型。处理原来的 CAD 模型可能非常复杂且非常耗时,甚至有时不可能实现,因此不适合进行网格化。

包裹功能的设置面板如图 2.46 所示。

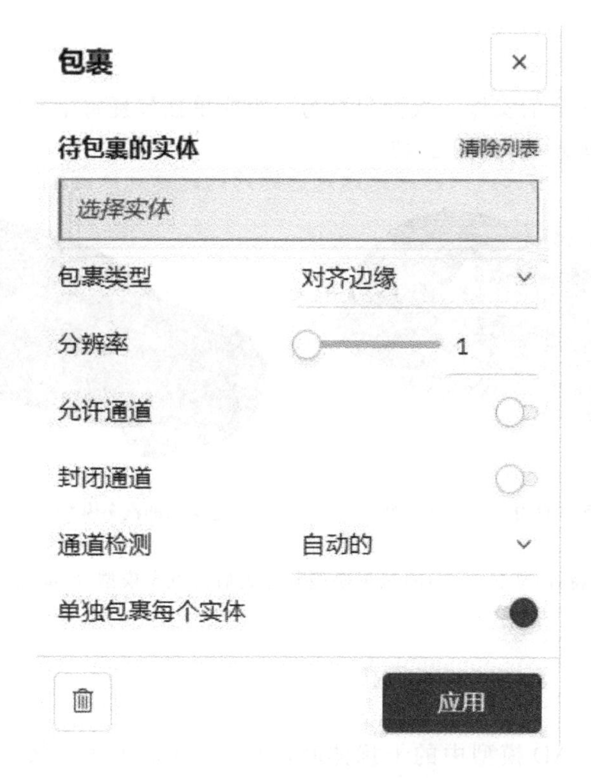

图 2.46 包裹功能的设置面板

在设置面板中,需要选择整个模型或要包裹的部分。

(1) 待包裹的实体

将整个 CAD 模型或模型的一部分用作包裹过程的输入。

(2) 包裹类型

① 适应表面:尝试使包裹后的主体尽可能接近原始主体,但是不会尝试保留任何特征,例如锐边。这种操作更加稳定。

② 对齐边缘:尝试将生成的曲面拟合到模型中的锐边。锐边当前定义为几何体上相邻表面之间的角度大于 30°的边缘。

(3) 分辨率

分辨率控制包裹精度,接受 1 到 10 之间的值。精度越高,越能产生接近输入表面的几何形状。精度越低,产生表面的速度越快,但也更粗糙。

(4) 允许通道

如果打开通道,将允许结果在拓扑上比球体更复杂。这可能包括通道,甚至可能包括多个不相连的表面。

(5) 封闭通道

如果打开通道,算法将尝试关闭所有检测到的通道、凹口和间隙,并在保留其他重要特征的同时简化模型。

(6) 通道检测

① 自动:算法会自动检测并识别模型中的通道。

② 手动:用户需要输入需要识别的最小的通道直径。另外,用户还需要提供准确的检测信息。

(7) 单独包裹每个实体

此选项可将所有选定的实体一次性包裹为一组或单独包裹每个选定的实体。

下面给出一个包裹示例,见图 2.47。

(a) 包含许多特征(如自相交)的汽车模型

(b) 包裹后的汽车模型(已简化且可以进行网格化)

图 2.47 包含许多特征(如自相交)的汽车模型和包裹后的汽车模型(已简化且可以进行网格化)

2.6.5 模型

1. 修复干扰

当尝试自动修复 CAD 模型中的干扰体时,应选择修复干扰。然后单击图标并单击"应用"即可。这样就可以摆脱所有干扰部分。用户应当注意,在该自动操作中,较小的主体将被从较大的主体中减去。

为了确保正常，不要忘记再次运行干扰检查。您应该会看到“CAD模型中未发现干扰”的消息。

2. 添加 CAD

添加CAD操作允许您将零件添加到集成工业软件的现有CAD模型中。例如，下面的电子盒缺少一个大电容器（见图2.48）。在执行“添加CAD”操作之前，请确保两个模型均已上传到集成工业软件。

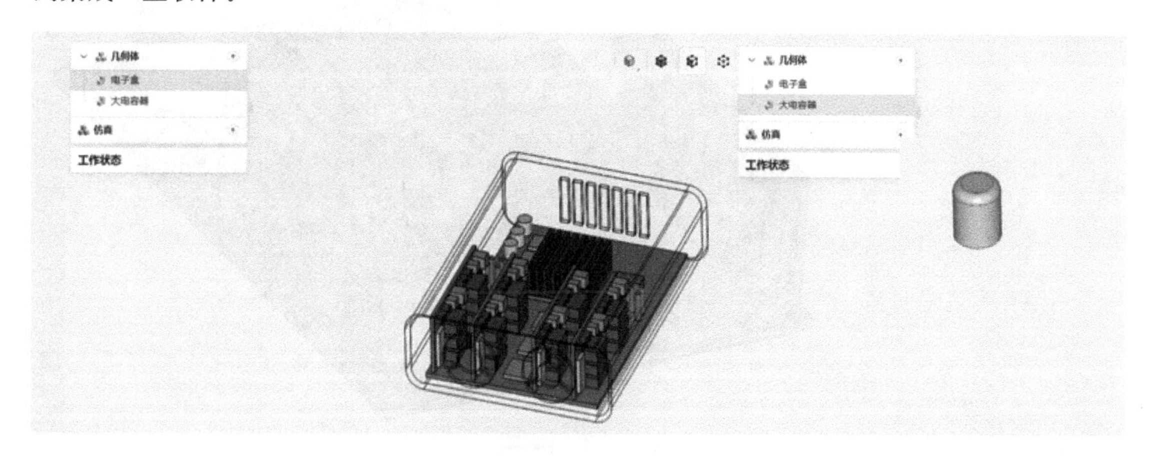

图2.48　执行“添加CAD”操作

在CAD模式下，您可以创建新的“添加CAD”操作，以合并两个CAD模型，见图2.49。

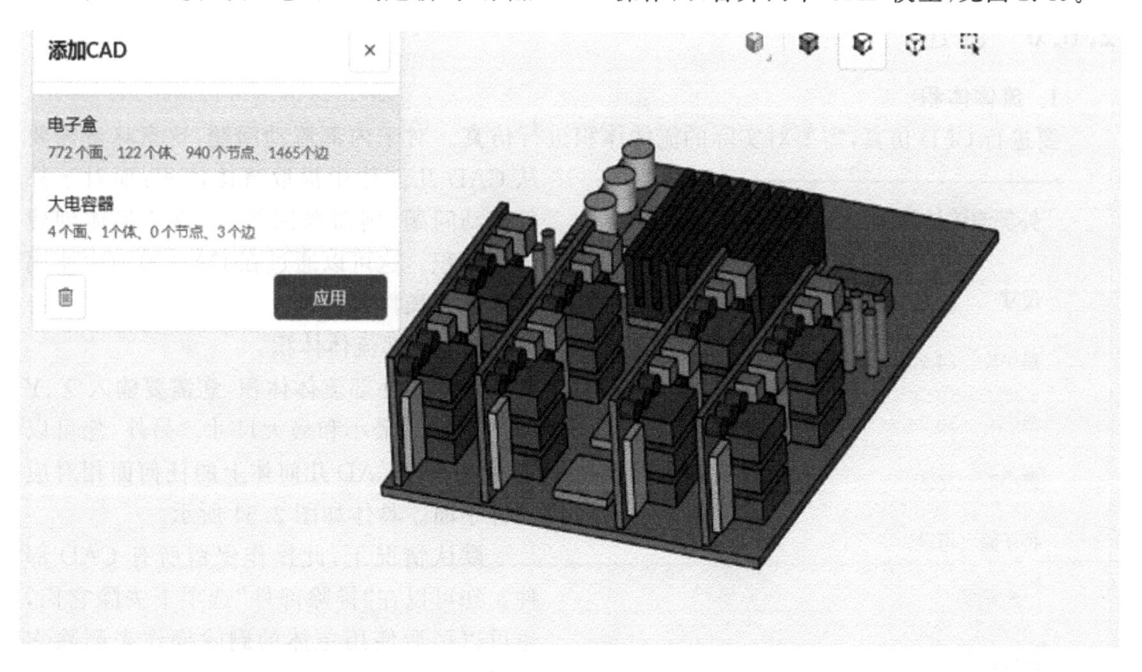

图2.49　在CAD模式下创建新的“添加CAD”操作

“添加CAD”操作的结果是电容器被添加到电子箱几何结构中，见图2.50。

值得注意的是，新的CAD零件是以其原始坐标添加的。如果需要重新定位新零件，请考虑使用平移CAD模式操作。

图 2.50 “添加 CAD”操作的结果

2.6.6 创建

1. 流体体积

要进行 CFD 仿真，需要对实际的流体体积进行仿真。对于内部流动问题，这意味着需要从 CAD 几何体中提取流体体积；而对于外部流动问题，则需要围绕 CAD 几何体创建流体体积。这可以通过在 CAD 模型中使用流体体积操作来实现。

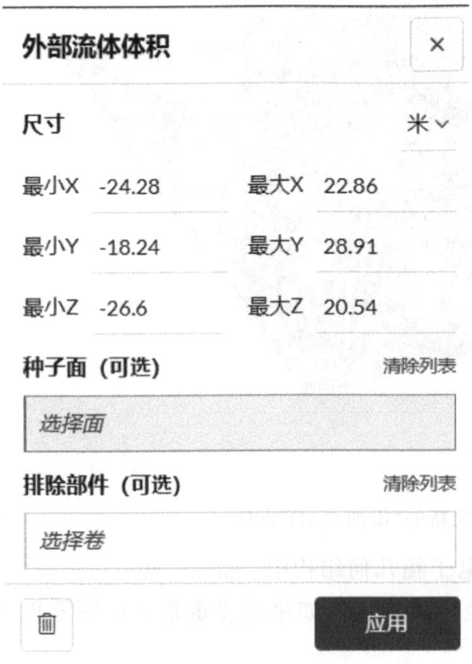

外部流体体积
尺寸 米
最小X -24.28 最大X 22.86
最小Y -18.24 最大Y 28.91
最小Z -26.6 最大Z 20.54
种子面 (可选) 清除列表
选择面
排除部件 (可选) 清除列表
选择卷
应用

图 2.51 创建外部流体体积

(1) 外部流体体积

要创建外部流体体积，您需要输入 X、Y 和 Z 方向的最小和最大尺寸。另外，您可以选择一个与 CAD 几何体上的任何面相对应的种子面。具体如图 2.51 所示。

默认情况下，此操作保留所有 CAD 部件。您可以在“排除部件”选项下去除它们，也可以稍后使用主体的删除操作来删除它们(如上所述)。

(2) 内部流体体积

要创建内部流体体积，您需要指定一个种子面和一个或多个边界面(位于外部环境和内部环境之间)，见图 2.52。

与外部流体体积类似，内部流体体积也

保留所有 CAD 部件。您可以在“排除部件”选项下去除它们。

内部流体体积 ×

种子面 清除列表

选择面

边界面 (可选) 清除列表

选择面孔

排除部件 (可选) 清除列表

选择卷

应用

图 2.52 创建内部流体体积

用户应注意，在流量提取过程中选择进行操作的面(例如种子面和边界面)不属于 CAD 模型的排除部分(体积)。

内部封盖操作用于创建内部流域的入口和出口盖面，并将它们分组到片体中。目前，此操作仅适用于浸入边界分析类型。内部封盖操作会生成覆盖内部流量入口和出口的面(盖)，以便用于定义边界条件。

2. 圆柱

此操作允许创建圆柱体，在涉及旋转区域的仿真中特别有用。创建圆柱体的方法有两种：自定义和从面。

使用自定义方法时，用户需要指定圆柱体的旋转中心、旋转轴、半径和高度，见图 2.53。在接受圆柱体设置之前，用户可以在查看器中预览圆柱体。

使用自定义方法时，用户需要提供全局坐标来创建圆柱体。如果没有现成的可用工具，则可能首选从面方法。

当使用从面方法创建圆柱体时，用户需要选择圆柱体应覆盖的面，见图 2.54。图 2.54 中箭头指向的框选择工具可以帮助用户快速选择感兴趣的从面孔。

通过这种方法，可以创建一个包围所有选定面的圆柱体。此外，通过控制间隙系数可以确保圆柱体略大于指定的面。对于涉及旋转机械的仿真，建议将间隙系数设置为 1.1。

圆柱操作的结果是创建了一个全新的实体，见图 2.55。

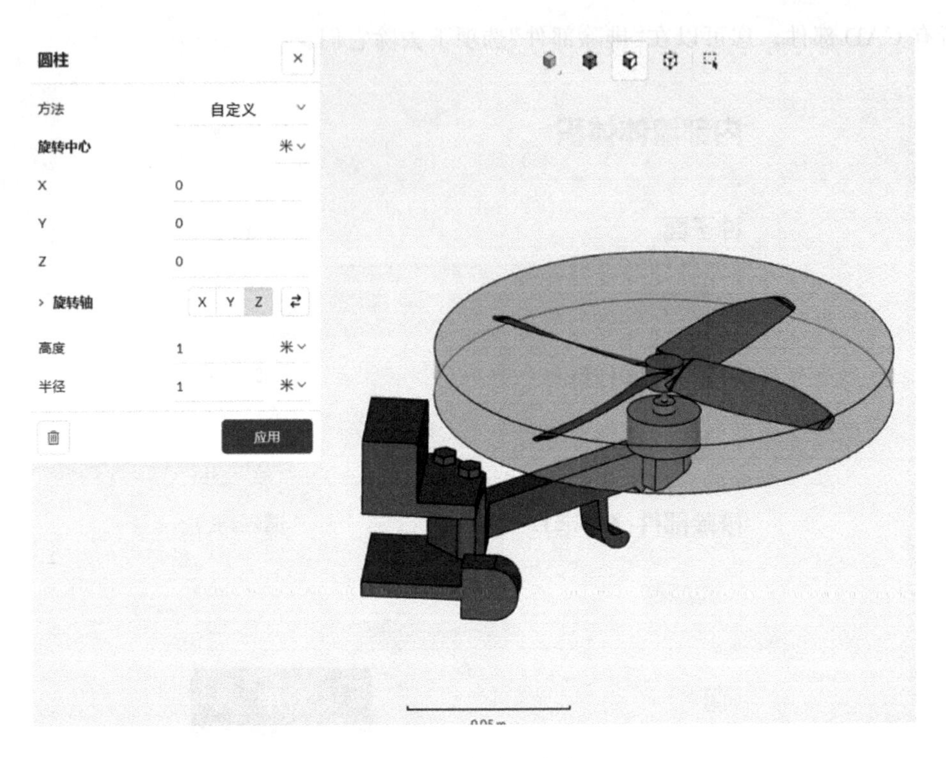

图 2.53　自定义方法

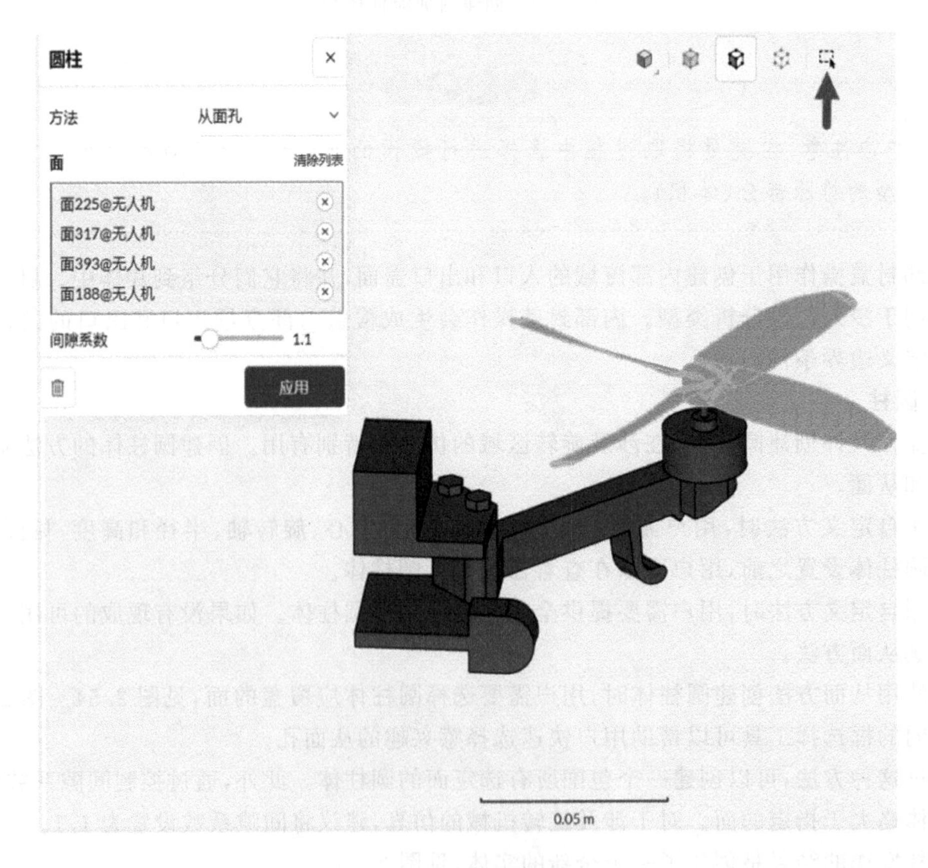

图 2.54　从面方法

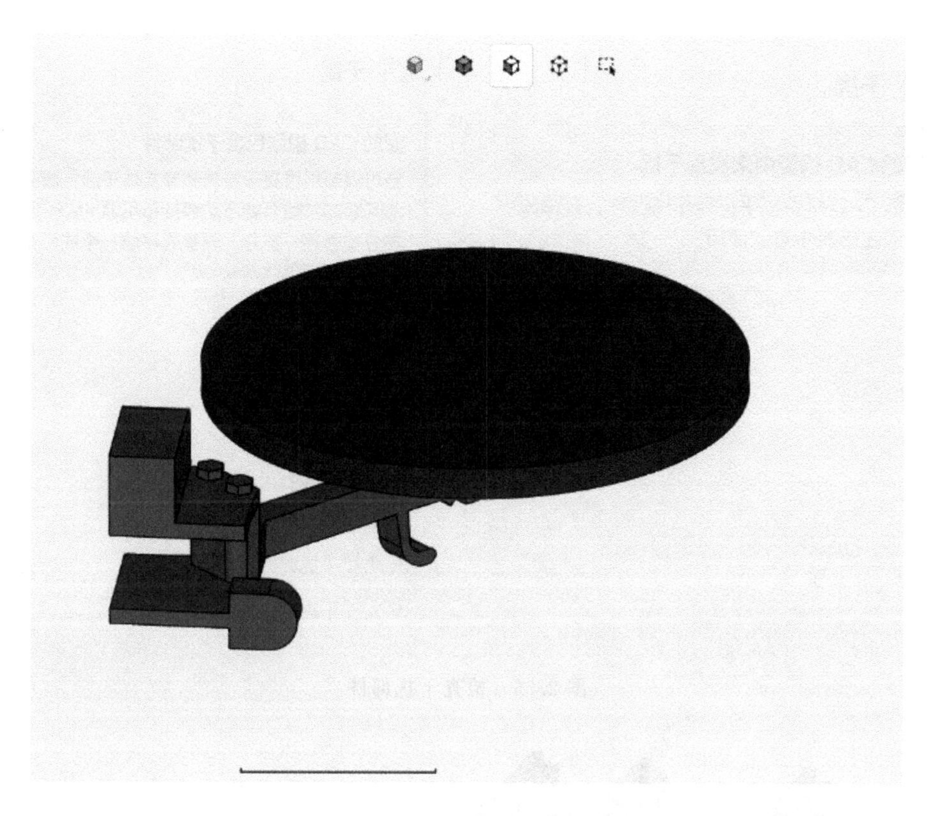

图 2.55 圆柱操作的结果

2.6.7 工具

1. 干扰

如果 CAD 模型中存在干扰的实体部分，则其不适合进行仿真设置。干扰/重叠的实体部分可能导致在 CAD 模式中执行的几何操作失败，更重要的是可能导致网格算法失败。因此，应该尽一切可能避免干扰。

要检查干扰部件，请单击“干扰”图标，然后在后台运行操作时等待消息。没有干扰部件的有效 CAD 模型应在左侧显示消息，如图 2.56 所示。如果您的 CAD 模型包含多个实体零件，请不要忘记运行干扰检查。

要手动修复干扰，请使用之前描述的布尔或删除体操作。此外，为了自动修复干扰，请使用模型的修复干扰功能。

2. 间隙

在准备 CAD 模型时，通常会出现错误的间隙，这些间隙可能不可见或被忽视，可能会导致网格质量变差或运行时间延长。您需要在早期识别和修复这些间隙。例如，在 CHT 案例中，所有组件必须彼此配合，以正确捕捉热传递。下面的几何实体主板和芯片之间存在间隙，见图 2.57。几何实体中的微小间隙通常会被忽视，从而导致触点缺失。为了检测这些微小间隙，请执行以下步骤：首先，单击“间隙”图标；其次，设定“最大距离”，以此来界定间隙的容许范围；最后，单击“检测间隙”按钮。上述步骤完成之后，系统将会识别并捕获所有等于或小于预设最大距离的间隙。需要注意的是，基于 CAD 模型的复杂性，这个过程可能需要一些时间。在检测过程中，屏幕上将显示一条提示信息，如图 2.58 所示。

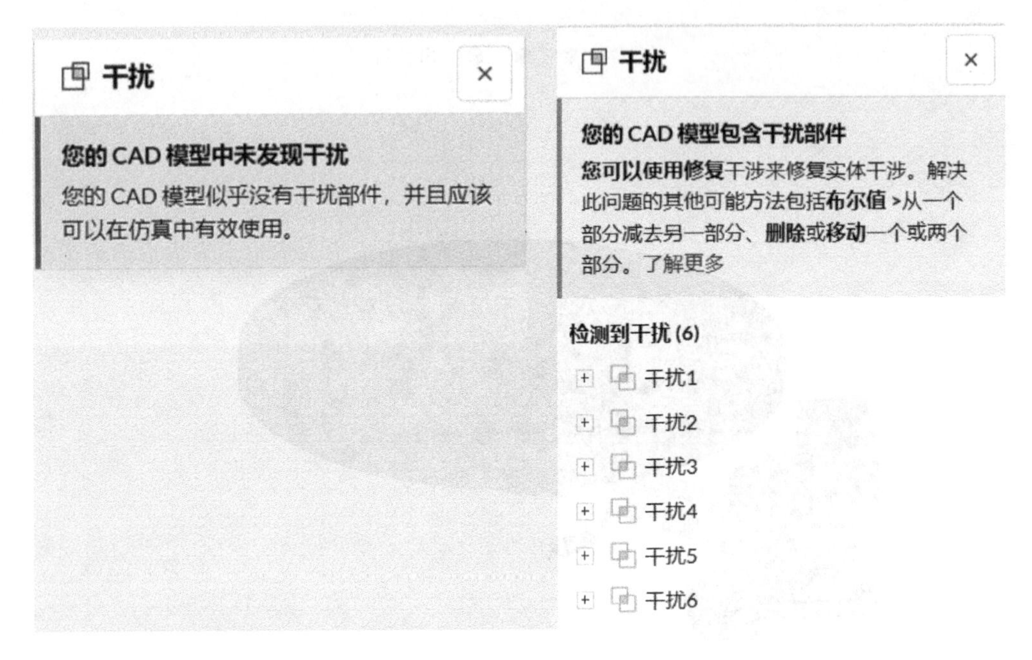

图 2.56　检查干扰部件

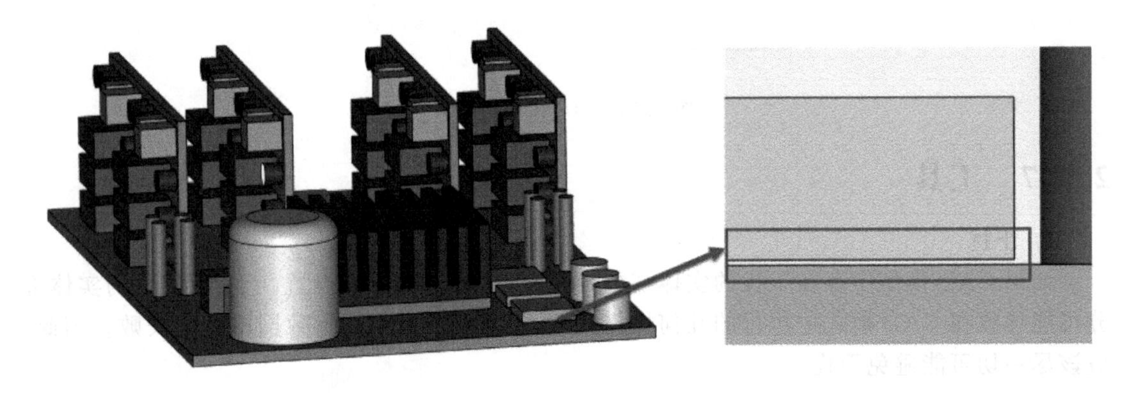

图 2.57　几何实体中的触点缺失

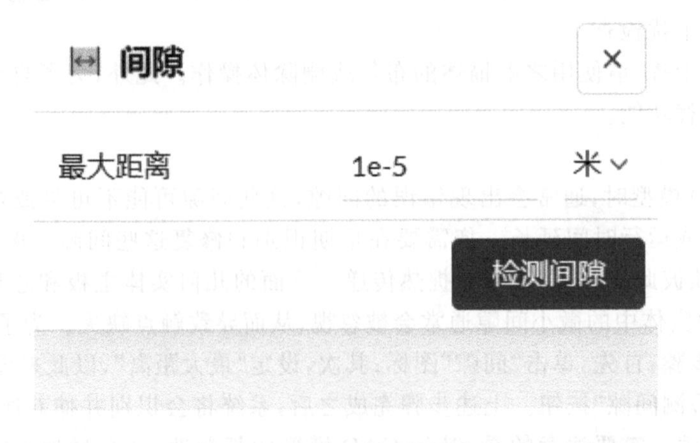

图 2.58　指定CAD模型中应检测到的间隙的最大距离

在执行该操作后，所得结果将直接取决于您所设定的最大距离(见图 2.59)。

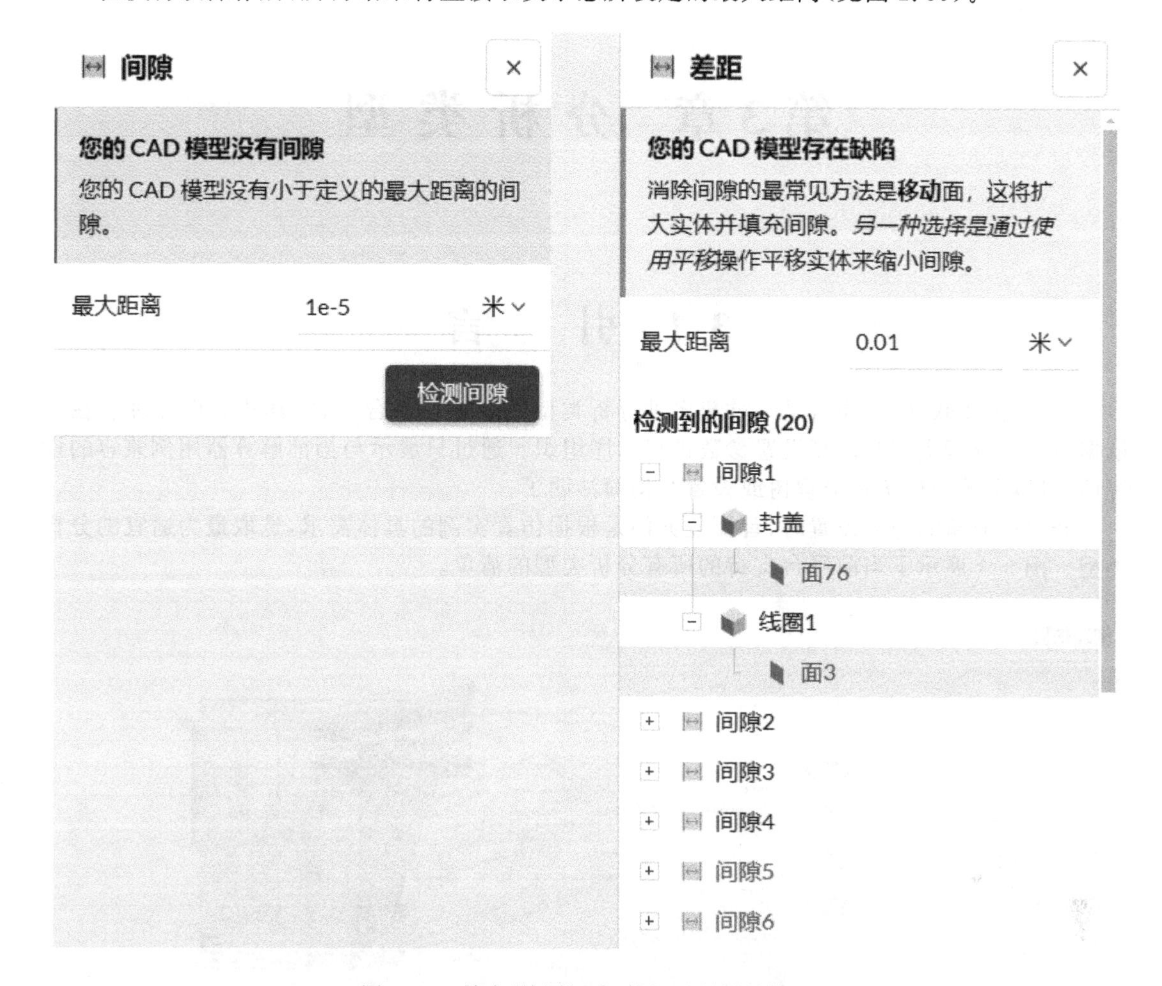

图 2.59 单击“检测间隙”按钮后所得的结果

在扩大检测间隙范围并选定相关面之后，对应的面会在模型上以醒目的颜色高亮显示。对于这些检测出的间隙问题，可以通过“移动面”或“平移”功能来进行修正与调整。

第3章　分析类型

3.1　引　　言

“集成工业软件”工作台是一款集多种分析类型于一体的综合平台，其核心设计理念在于依据不同的分析类型对仿真设置参数进行有序组织。通过只展示与当前解算器用例兼容的设置项，可以有效确保仿真流程树或设置结构简洁明了。

开启任何新的仿真设置时，首要任务便是根据仿真实例的具体需求，选取最为适宜的分析类型。图 3.1 展示了当前平台支持的所有分析类型的清单。

图 3.1　集成工业软件中所有可用分析类型的列表

图 3.1 中的列表按照流体动力学和结构力学的不同类别进行了划分。用户应根据实际需求选择合适的分析类型，并单击“创建仿真”按钮，这一操作将引导您进入集成工业软件工作台的具体环境，在此环境中，您可以进一步开展仿真设置及计算工作。

若您在为模型挑选适宜的分析类型时遇到困难，只需单击“需要帮助?”按钮即可。届时，您将被引导回答一系列简化的问题，这些问题将有助于我们共同确定与您的模型最为贴切的分析类型。

下面描述当前支持的分析类型及其基本用例。

3.1.1 流体动力学(OpenFOAM®)

以下分析类型可用于仿真流体流动并且基于 OpenFOAM® 求解器。

1. 不可压缩分析

不可压缩分析适用于考虑计算流体动力学(CFD)仿真的情形，在这类仿真中，流体的密度变化可以视为次要因素而予以忽略。这种情况通常出现在流体的速度和温度梯度都非常小的情况下，意味着流体在流动过程中几乎没有显著的压缩效应，可以近似看作不可压缩流体。在许多低速流和温度变化不大的流体流动问题中，比如室内空气流动问题、某些自然对流问题以及许多工程设计中的水力学问题，可以合理地忽略流体的密度变化来进行简化分析。

2. 可压缩分析

可压缩分析适用于运行那些需要考虑流体密度变化对系统产生显著影响的 CFD 仿真。在高速流动情况下，当流体速度接近或超过马赫数 0.3(约为声速的 30%)时，流体的压缩性将变得不可忽视，此时必须采用能够处理可压缩流体特性的方法进行仿真计算。这样的分析类型适用于航空航天工程中的超音速流动、喷气发动机内部流动以及其他涉及高速气流的领域。在这些条件下，流体的密度随压力和温度的变化明显，对流场的计算结果至关重要。

3. 对流传热分析

对流传热分析适用于进行包括温度变化导致流体密度变化以及由于重力作用引起的流体运动情况在内的 CFD 仿真。这种求解器特别适用于自然对流现象的研究，例如，因温度差异引起的无外力驱动的流体流动。同时，它也适用于由外部力量引发的强制对流情境。此外，该求解器还具备仿真辐射传热的能力，从而能够在涵盖多种复杂物理现象的场景中进行全面准确的分析和计算。

4. 共轭传热 v2.0(CHT v2.0)分析

共轭传热(Conjugate Heat Transfer，CHT)分析主要用于仿真固体域与流体域之间的热能交换过程，不仅关注每个独立域内的传热情况，而且特别强调两相交界面上的热传递行为。在 CHT 分析中，会同时考虑固体材料与流体介质间的热传导、对流和辐射等多种传热机制。CHT 仿真在诸多领域有着广泛的应用，例如：在电子设备散热设计中，可以用来研究电子元器件外壳与周围冷却流体间的热传递；在热交换器的设计和优化过程中，通过 CHT 仿真可以精确评估固体壁面与流体流道之间的热交换效率，从而提升换热器性能。

5. 共轭传热(IBM)分析

实际上，浸入式边界方法(Immersed Boundary Method，IBM)是一种专门针对复杂几何形状与流体相互作用的数值仿真技术，与传统的 CHT 分析在概念上有相似之处，但处理方式有所不同。IBM 允许在固定的笛卡尔网格上仿真流体流动，而无须直接对复杂几何实体进行网格划分，这意味着它可以非常灵活地处理诸如生物体、柔性结构或者高度复杂几何形状等难以直接网格化的物体与流体间的传热和流动交互问题。尽管 CHT 分析也是研究固液耦合传热的有效手段，但它通常要求对固体和流体区域都进行网格划分，且两者网格需要在交界处适配良好。而 IBM 则通过在连续的流体网格中施加额外的力或其他源项来仿真固体边界的影响，从而避免了对复杂几何体直接进行网格化的烦琐步骤，尤其适合那些几何结构随时间变化或无法预先知晓详细几何信息的场景。

6. 多相分析

多相分析旨在仿真两种或多种不互溶流体之间的时间相关交互行为，例如空气和水的动态混合过程。这种仿真通常采用 VoF（Volume of Fluid）方法进行。该方法是一种追踪流体界面并在计算域内描述各相体积分数的技术。通过求解体积分数的输运方程，VoF 方法能够捕捉到流体界面的位置及其随时间的变化，进而分析诸如自由表面流动、液滴破碎、合并以及泡沫形成等多相流现象。它广泛用于海洋工程、水利工程等领域中涉及的复杂两相或多相流体动力学问题。

3.1.2 流体动力学（LBM 求解器）

1. 不可压缩（LBM）分析

不可压缩（LBM）分析利用格子玻尔兹曼方法（Lattice Boltzmann Method，LBM）对物体周围外部流体流动的瞬态效应进行精确仿真。在特定条件下，如流体密度变化相对较小且速度和温度梯度较低的情况下，这种方法能够给出有效的解决方案。在这种假设下，LBM 能够高效地处理大尺度且具有时间演变特征的流动问题，尤其擅长揭示瞬态流动的细节动态，如流体绕过障碍物时的瞬间变化、流动分离与再附着等现象。

2. 行人风舒适度分析

行人风舒适度分析是一种特定的风环境仿真技术，用于研究大范围区域（如城市、公园或其他开阔空间）内多达 36 个不同风向条件下的瞬态风场分布。这种仿真对于评估公共空间的风环境舒适度、行人安全以及建筑设计方案的风致响应具有重要意义。结合风工程的标准计算方法，能够量化风速、风向等因素对环境舒适度的影响，并据此优化设计方案。虽然在介绍中提到使用了 LBM 这一方法，但在实际情况中，LBM 作为一种微观仿真方法，通常更适合处理流体动力学中的流动问题，而不是专门针对大尺度风环境分析开发。然而，如果在描述中指出 LBM 在此类分析中假设流体密度变化可以忽略不计，则说明该仿真是在一个适当的速度和温度梯度范围内进行的，从而保证了 LBM 方法的适用性。在低速、温度梯度小的条件下，流体可被视为不可压缩，此时 LBM 也能有效地仿真风场分布，特别是当关注点集中在风速分布而非密度变化时。

3.1.3 流体动力学（亚音速）

下面介绍亚音速分析。进一步解析您的描述，风环境仿真分析工具不仅适用于仿真不可压缩流（如大多数风工程问题所涉及的低马赫数流动）和在一定条件下的可压缩流，同时也能够处理层流和湍流状态。其独特之处在于采用了先进的二叉树网格划分策略，这种策略能够高效地构建出精细化且贴近实际几何结构的贴体笛卡尔网格，这对于有限体积法的离散化过程至关重要，确保了仿真的准确性和效率。相较于传统的方法，该分析方法在涵盖更大的流速范围的同时，还显著提升了计算性能，表现为更快的运行时间及更好的收敛性，这无疑增强了其在设计阶段快速评估和优化大型区域风环境的能力，特别是在需要考虑多种风向组合和瞬态风影响的场景下。这样的高性能仿真工具对于城市规划、建筑设计和户外环境舒适度研究都具有极高的价值。

3.1.4 固体力学(Code_Aster)

以下结构力学和有限元分析的仿真类型基于 Code_Aster 求解器。

1. 静态分析

静态分析主要用于计算在给定的静载荷作用下,结构或部件内部产生的位移和应力变化情况,其中并未考虑惯性力和阻尼效应的影响。无论是线性还是非线性材料响应,都可以通过静态分析方法来研究。简而言之,静态分析用来解决结构在稳恒载荷作用下静力学响应的问题,它可以适应不同的线性或非线性材料特性假设。

2. 动态分析

动态分析专注于计算结构或组件在随时间变化的载荷作用下发生的位移和应力变化情况。若载荷施加的速度或时间历程对结果影响显著,则应当选用动态分析方法;反之,若载荷被认为相对稳定或缓慢变化,以至于其瞬时效应可以忽略,则静态分析便足以提供准确的结果。

3. 传热分析

传热分析主要致力于探究固体内部的温度分布以及热量传递的情况,支持线性与非线性材料属性的仿真,以便精准预测材料在不同温度条件下的热传导性能。

4. 热机械分析

热机械分析主要针对同时受到热载荷和结构载荷作用的固体结构,计算其中所产生的结构应力和由温度变化引发的热应力,以便全面了解结构在复合载荷下的性能表现。

5. 频率分析

频率分析用于计算零部件或装配体在固定约束或自由边界条件下的固有振动频率。结果不仅包含各个本征频率的具体数值,还深入揭示了对应本征模态下的形变行为特征。

6. 谐波分析

谐波分析的目标是确定结构在某一特定频率范围内,在平稳、周期性的(正弦形式)载荷作用下的响应情况,同时考虑材料阻尼对结构动态行为的影响,从而获得结构在受周期载荷作用下的整体动态性能数据。

3.1.5 电磁学

电磁学(Electromagnetism)求解器作为一个强大的工具,专为仿真各类环境中的电磁现象而设计,特别是在集成工业软件平台上,其重点集中在低频电磁域的仿真分析。这一求解器不仅适用于研究和分析电磁参数,涵盖了从基本的磁通密度、磁场强度到电流密度的计算,还适用于非线性电磁材料性质、永磁体的行为、电感等复杂元件的仿真。通过这一工具,工程师和技术人员能够深入理解并优化电磁设备在低频工作状态下的性能和设计。这一工具可用于电机、变压器、电磁阀等装置的研发和改进。

3.2 不可压缩流体流动分析

在流体动力学中,不可压缩流体流动分析适用于仿真那些密度变化相对于流速和压力变化而言极其微小的流体流动场景。在流速较低且温度梯度不大的情况下,流体密度的变化可以合理地忽略不计,从而简化分析计算。

从数学表述的角度来看,不可压缩流体的一个关键特点是其流速场的散度(记为$\nabla \cdot u$)为零,即$\nabla \cdot u=0$。

“阿拉伯塔”上空的不可压缩空气动力学仿真(包括速度流线和湍流粘度等值线)见图 3.2。

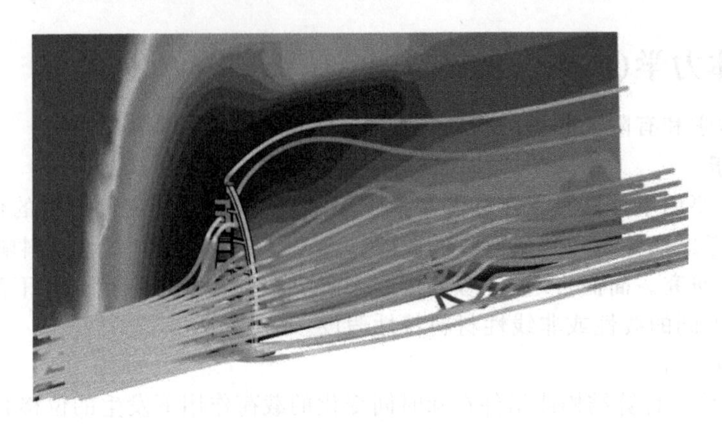

图 3.2 “阿拉伯塔”上空的不可压缩空气动力学仿真(包括速度流线和湍流粘度等值线)

下面介绍设置不可压缩仿真的步骤。

1. 创建不可压缩分析

要创建不可压缩分析,首先要选择所需的几何形状并单击“创建仿真”按钮,见图 3.3。

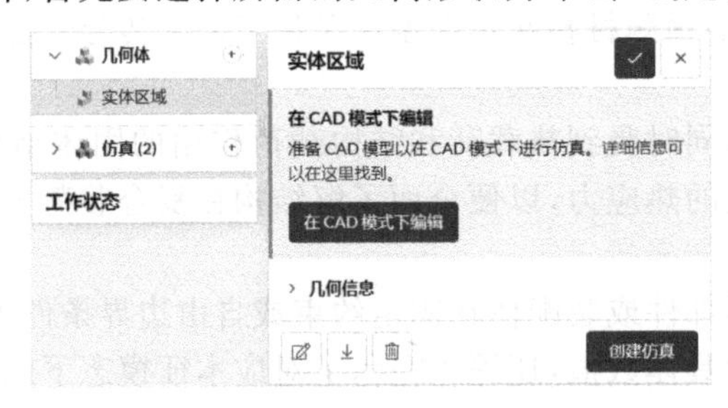

图 3.3 在集成工业软件中创建仿真的步骤(不可压缩分析)

接下来将显示一个窗口,其中列出了集成工业软件支持的多种分析类型,从上面的树中选择不可压缩分析类型,然后单击底部的“创建仿真”按钮,见图 3.4。

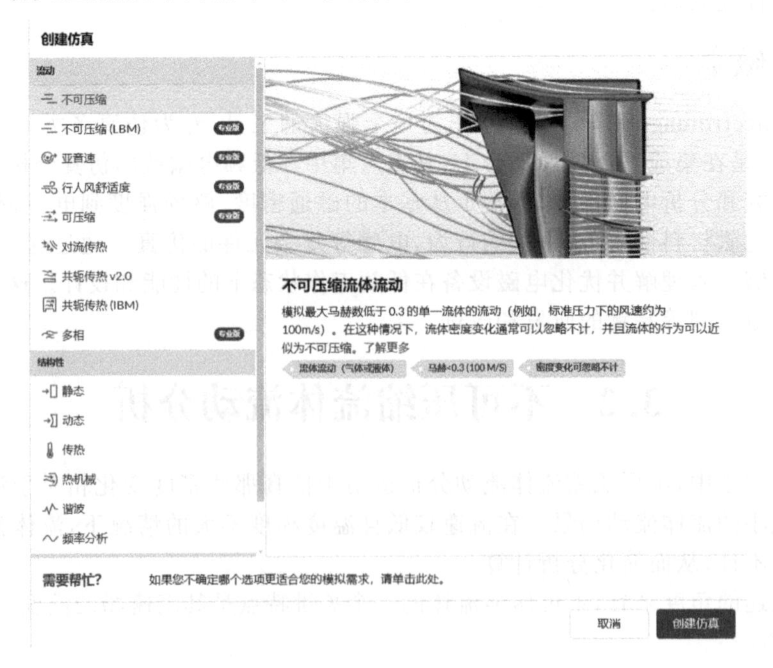

图 3.4 选择不可压缩分析类型并单击“创建仿真”按钮

在启动不可压缩流体流动分析时，您首先需要在仿真设置菜单中明确选择不可压缩流体分析类型。一旦选择了该分析类型，请单击“创建仿真”按钮，这样将自动生成一个针对不可压缩流动仿真的工作台环境，其中包含了详细的仿真流程树结构以及相应的参数设置选项，见图 3.5。

图 3.5　集成工业软件工作台中不可压缩分析的仿真树

2. 全局设置

要访问全局设置，请单击仿真树中的“不可压缩”。它由某些参数组成，可以选择这些参数来定义流体仿真。参数如下：湍流模型、时间依赖性（稳态或瞬态）、算法、被动式样。

若想了解关于每个参数的详细信息，请访问全局设置页面。

3. 几何结构

在不可压缩分析的准备工作中，几何部分扮演着至关重要的角色。用户可以通过模拟树中的相关选项来加载和管理用于仿真的 CAD 模型。在进行这一步骤时，确保 CAD 模型已经经过了细致的前期处理是非常必要的。

4. 模型

在进行不可压缩流体分析并选择LES(大涡模拟)湍流模型时,工作台会引入一个专门针对LES模型的参数设置部分。这部分内容涉及与delta系数相关的参数设定,因为delta系数在LES中扮演着关键角色,它是衡量模拟中亚网格尺度湍流与网格大小关系的重要指标。

5. 材料

在此步骤,用户可以精确设定用于仿真模拟的适宜流体类型。依据所选用的粘度模型,用户可以自由配置流体属性。

6. 初始条件

在进行不可压缩流体仿真时,系统将对压力(P)和速度(U)这两个基本场变量进行求解。根据所选用的湍流模型,可能还需要纳入额外的湍流输运量参数。在设置初始条件阶段,用户可以选择在整个计算域或特定子区域内为这些变量分配初始值。

在进行不可压缩流体流动仿真时,计算区域会集中求解两个核心物理场——压力场(P)和速度场(U)。依据所采用的湍流模型,还可能需要考虑并加入额外的湍流传输量。至于初始条件的设定,用户可以在整个计算域或特定子域内自主设定这些参数的起始值,以便仿真过程的顺利启动和收敛。

在进行不可压缩流体仿真时,建议将初始条件设定得尽可能接近预期的最终解,以减少可能出现的收敛难题。另外,集成工业软件平台还提供了一种便捷功能,在正式启动实际仿真流程前,可通过"仿真控制"下的选项运用势流求解器来预初始化流场。这种方式有助于提升仿真的稳健性和准确性。

7. 边界条件

边界条件在解决不可压缩流体仿真问题时起到了关键作用,它们明确了仿真区域与外界环境之间的相互作用规则。为正确设置仿真,有必要查阅详尽的边界条件列表,并了解如何将这些条件应用到计算域的各个边界上。

在进行不可压缩仿真时,参数实验功能支持并涵盖了多种适用的边界条件设定。这意味着用户可以根据实际需求,灵活调节入口速度、出口压力、壁面摩擦力等各种边界条件,以模拟不同工况下的流体流动特性。

如果没有为面指定边界条件,则默认情况下它将接收带有壁函数的无滑移壁边界,以实现湍流解析。

8. 高级概念

在高级概念选项下,用户将发现一系列进阶设置项目,包括但不限于旋转区域的模拟、动量源的添加、多孔介质的考虑、固体运动的耦合以及被动标量源的设定。

此外,值得注意的是,参数实验功能同样支持对动量源和旋转区域的设置和研究,使用户得以在实验过程中探索这些因素对不可压缩流体流动特性的影响。

9. 数值

数值设置在仿真配置中占据关键地位,规定了如何借助适当的离散化算法和求解器策略来解析和求解流体动力学方程。这些设置对于提升仿真的稳定性与可靠性至关重要。尽管所有数值参数均赋予用户操控权限,但一般情况下,除非有特殊需求或优化目的,建议保持系统默认设置,以确保仿真过程的准确性和有效性。

10. 仿真控制

在仿真控制设置模块中,用户能够对仿真过程的整体管控进行定义和设定。该选项卡涵盖了多项关键参数,例如,用户可以明确规定仿真的终止时间阈值或设定仿真的最大允许运行时长。通过调整这些变量,用户能够掌控仿真进程的起止节奏和总体时长,确保仿真过程满足预期的需求和资源限制。

11. 结果控制

在结果控制模块中,用户可以定制额外的仿真结果输出内容,决定输出结果的记录方式,包括但不限于输出数据的保存频率、存储路径以及所需统计信息的种类等。这一功能使得用户能够更精细地管理仿真过程中的数据记录,以便后期进行深度分析和解读。

12. 网格

网格划分是将仿真计算域转化为离散单元的过程,即将一个连续的空间分割成许多较小的单元(网格),并对这些单元分别求解相关方程。在进行不可压缩流体分析时,我们可以采用多种网格划分策略,其中包括常规的标准网格划分方法、以六边形单元(十六进制元素)为主导的网格生成技术以及基于参数优化的十六进制主导算法,以达到更高的计算精度和效率。

3.3 不可压缩(LBM)分析

在流体力学领域,当研究对象的马赫数小于 0.3 时,流体的压缩性对流动的影响可以忽略不计,这时可以用不可压缩流模型进行有效模拟。格子玻尔兹曼方法(Lattice Boltzmann Method, LBM)是一种用于模拟流体流动的有效数值方法,尤其适用于处理复杂几何形状和大规模瞬态外部空气动力学问题。

使用不可压缩 (LBM) 分析对"江南区"进行瞬态空气动力学仿真,并显示速度大小等值线,见图 3.6。

GPU 优化的求解器采用了格子玻尔兹曼方法(LBM),由 Numeric Systems GmbH 公司旗下的 Pacefish®1 技术研发团队精心打造,具备在多个 GPU 上并行处理的强大能力。通过高效的并行计算技术,这款求解器能够显著提升瞬态仿真的精确度,并在极大程度上缩短模拟运行时间,使得原本可能需要耗时几天甚至几周的仿真计算,在短时间内(几分钟或几小时内)即可完成,从而大大提高了工作效率。

下面介绍设置不可压缩的 LBM 仿真的步骤。

1. 创建不可压缩(LBM)分析

要创建不可压缩(LBM)分析,首先要选择所需的几何形状并单击"创建仿真"按钮,见图 3.7。

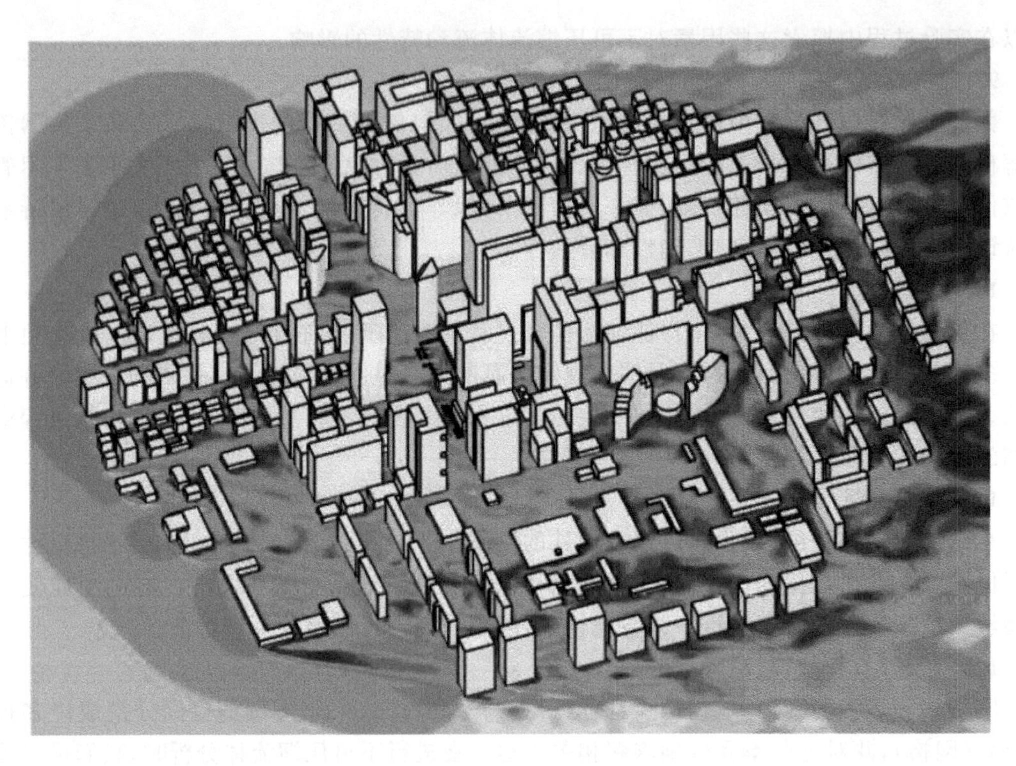

图 3.6　瞬态空气动力学仿真

图 3.7　在集成工业软件中创建仿真

接下来将显示一个窗口，其中列出了集成工业软件支持的多种分析类型，从上面的树中选择不可压缩(LBM)分析类型，然后单击“创建仿真”按钮，见图 3.8。

图 3.8 选择不可压缩(LBM)分析类型并单击"创建仿真"按钮

选择不可压缩(LBM)分析类型,并单击"创建仿真"按钮。这样做将自动生成一套围绕该分析类型构建的仿真流程结构,即仿真树,其中包含了与不可压缩流体仿真相关的各项详细设置,见图 3.9。

2. 全局设置

要访问全局设置,请单击仿真树中的"不可压缩(LBM)"按钮。您可以在此处定义需要应用于仿真的湍流模型,可以在 RANS、LES 和 DES 湍流模型之间进行选择。

3. 几何部分

在进行不可压缩(LBM)仿真设置时,几何部分是至关重要的。用户可以在此步骤浏览并选择适合仿真的 CAD 模型。确保 CAD 模型的质量和完整性对后续的网格划分和仿真至关重要。

4. 外部流域

在进行不可压缩(LBM)仿真时,您可以创建一个虚拟风洞环境。该环境通常被定义为一个立方体流域来进行流体流动的模拟。为了精确建立这样一个流域,您需要设置以下几个关键参数。

(1) 边界范围设定

① 最小值:流域在 X、Y 和 Z 轴方向的起始点(左下后)坐标。

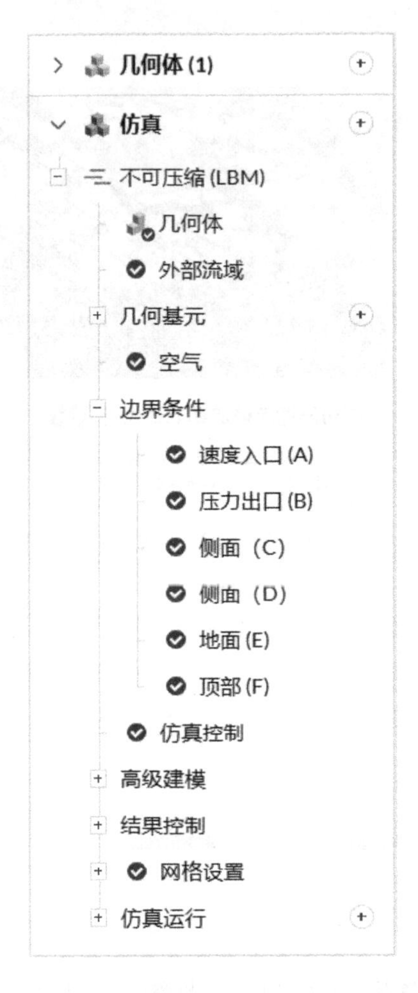

图 3.9 集成工业软件工作台中不可压缩(LBM)分析的仿真树

② 最大值:流域在 X、Y 和 Z 轴方向的结束点(右上前)坐标,能够确定流域的尺寸。

(2) 旋转配置

① 旋转点:指定流域绕哪个点进行旋转,您可以选择流域内的任意一点作为旋转中心,也可以根据观察者的视角来选定。

② 旋转角度:流域绕 X、Y 和 Z 轴各自旋转的角度。正值表示流域按右手法则逆时针旋转,负值则代表顺时针旋转。

通过精确配置以上参数,您可以灵活地模拟不同几何布局和流场条件下的流体流动情况。通过外部流域,您可以定义虚拟风洞尺寸及其方向,见图 3.10。

5. 材料

在使用基于格子玻尔兹曼方法(LBM)的不可压缩仿真时,尽管默认情况下可能仅预设了空气作为流体介质,但实际上,该方法可以适应多种流体介质的模拟。通过调整流体的物理属性(如密度、动力粘度等参数),即使是不可压缩 LBM 仿真也能模拟不同温度和压力下的空气以及其他气体的行为。

换句话说,即使 LBM 仿真直接指定了空气,用户也可以根据实验或设计条件下的实际气体属性输入相应的气体参数,从而间接实现对不同气体或同一气体在不同状态下的流体流动

外部流域
最低限度
X
-1000
米
Y
-400
米
Z
0
米
最大限度
X
3000
米
Y
1400
米
Z
935.9
米
旋转点
X
551.8
米
Y
465.1
米
Z
0
米
旋转角度
X
0
°
Y
0
°

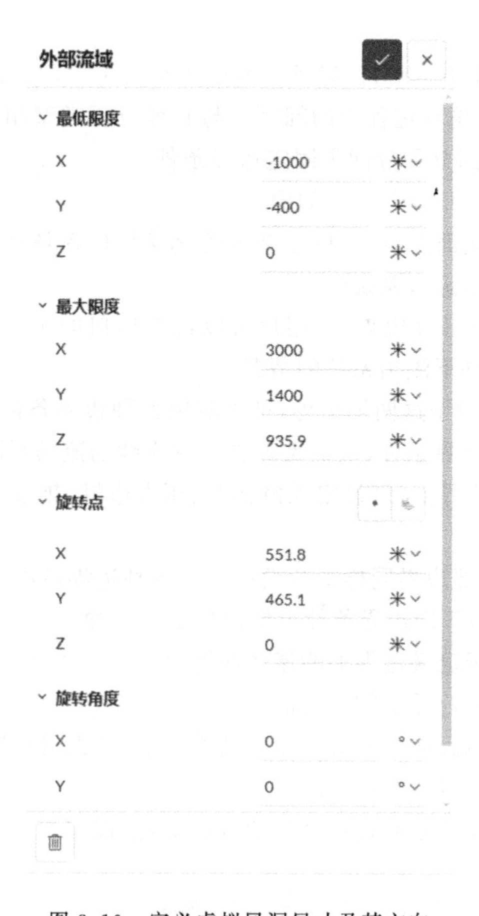

图 3.10　定义虚拟风洞尺寸及其方向

模拟。这也体现了 LBM 方法在处理复杂流体流动问题时的灵活性。空气是唯一可用于分配的材料，但其属性可以更改，见图 3.11。

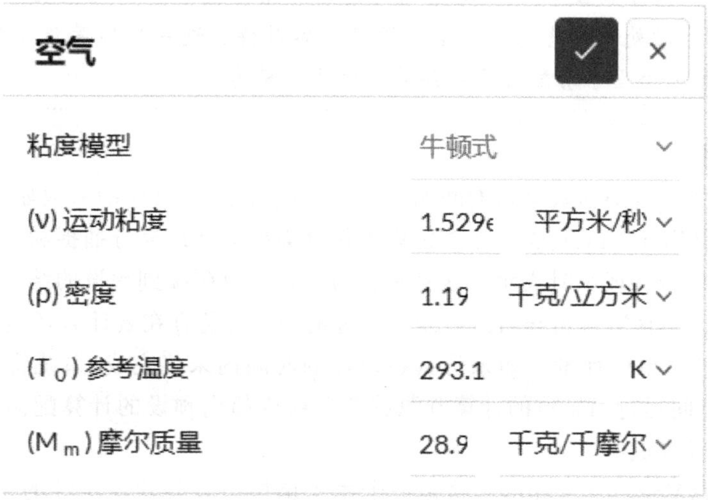

空气
粘度模型
牛顿式
(ν) 运动粘度
1.529ε
平方米/秒
(ρ) 密度
1.19
千克/立方米
(T₀) 参考温度
293.1
K
(Mₘ) 摩尔质量
28.9
千克/千摩尔

图 3.11　更改属性

6. 边界条件

在进行不可压缩 LBM 仿真时，边界条件的设置至关重要，它通过描述仿真区域与外部环境的相互作用方式，解决了仿真过程中的问题。与其他分析类型相比，不可压缩 LBM 仿真为 6 个标记为 A 到 F 的不同面分别分配了固定边界条件。

列举如下所示的边界条件及其适用的面。

① 速度入口 (A)：在此面上，可以指定进入仿真实体的流体速度。这种边界条件通常用于模拟流体从某个已知速度进入系统的场景。

② 压力出口 (B)：在这部分边界上，用户可以设置出口的压力值。这种边界条件通常用于模拟流体在特定压力条件下流出系统的情况。

③ 侧面 (C) 和 (D)：对于这两侧边界，可以应用各种边界条件，如无滑移壁（固定壁面速度为零）边界条件、周期性边界条件（模拟无限扩展或连续的流场）等。

④ 地面 (E)：在底部边界上，可设定无滑移壁、压力边界、热边界等多种情况，具体视应用场景而定。

⑤ 顶部 (F)：同理，顶部边界同样支持设定上述各种边界条件。

不可压缩 LBM 仿真的基础边界条件主要包括如下几种。

① 速度边界条件：用于定义边界上的流体速度。

② 压力边界条件：设定边界上的压力值。

③ 壁面边界条件：模拟固体壁面对流体流动的影响，如无滑移边界条件。

④ 周期性边界条件：模拟连续或无限扩展的流场。

⑤ 大气边界层条件：在开放或接近大气的区域中，模拟与大气配合时流体流动的特性。

在进行不可压缩 LBM 仿真时，对于 CAD 模型中未明确指定边界条件的所有剩余面，默认情况下将被视为无滑移壁边界条件。这意味着这些表面上的流体速度将自动设置为零，表明流体与这些壁面配合时不发生相对滑动。用户无须针对这些面单独设定边界条件，因为系统会自动处理并将它们当作无滑移边界对待。这一特性简化了仿真设置过程，节省了用户为每一个面手动配置边界条件的时间和精力。

7. 仿真控制

仿真控制设置包含对仿真运行期间的关键参数进行定义，具体的参数如下。

① 结束时间(End Time)：这个参数标识了仿真需要运行以充分捕捉和分析瞬态效应的时间长度，通常以秒、分钟或小时表示。这意味着仿真将一直延续到预设的结束时间为止。

② 最长运行时间(Maximum Run Time)：这是一种对仿真在云计算环境下运行时间上限的硬性限制，以秒为单位计量。如果仿真在设定的时间内未能完成，系统将自动停止仿真运行，以防由于长时间运行而导致的计算资源过度消耗或超出预设的计算配额。设置此参数有助于管理和控制计算成本。

③ 速度缩放(Velocity Scaling)：这是一个用于调控仿真实验稳定性的参数，默认值通常设为 0.1。速度缩放主要用于保持仿真的数值稳定性，在处理复杂或敏感的流体动力学问题时，通过调整流体流动速度的比例因子，可以确保仿真过程不因数值不稳定而中断或得出不准确的结果。

8. 高级建模

在“高级建模”设置部分，用户还能进一步配置一些特殊的仿真条件和场景参数，具体如下。

① 表面粗糙度：此选项允许用户定义或导入模型表面的粗糙度信息，以考虑实际表面纹理对流体流动或传热效果的影响。

② 多孔对象：对于包含多孔介质的模拟，用户可以设置相关参数来模拟流体通过多孔结构的流动特性，如渗透率、阻力系数等。

③ 旋转：此功能可用于模拟与流体相互作用的旋转表面，如车轮、螺旋桨叶片等，通过设置旋转速度和旋转方向，可以反映实际工况中的动态效应。

设置这些高级选项有助于提高仿真结果的真实性和准确性，便于工程师应对更为复杂的实际工程问题。

9. 结果控制

结果控制部分允许用户定义额外的仿真结果输出。它控制结果的写入方式，即写入频率、位置、输出数据的统计信息等。

10. 网格

网格划分在各种数值模拟方法中都是至关重要的一步，尤其在计算流体动力学(CFD)领域。采用格子玻尔兹曼方法(Lattice Boltzmann Method, LBM)对不可压缩流体进行分析时，网格划分过程尤为独特，分析如下。

在LBM中，计算域被划分为一系列微小的正方形单元格，形成一个笛卡尔背景网格。这个网格不是直接对应于物理几何结构的具体形状，而是覆盖在整个仿真实验区域内。每个单元格都代表了LBM方法中的一个“格子节点”，在其上模拟粒子的运动和碰撞，可以间接求解纳维-斯托克斯(Navier-Stokes)方程。尽管单元格不与复杂几何表面精确匹配，但可以通过边界条件处理来模拟固体壁面以及其他复杂的流体流动边界。

相比传统的基于有限体积方法(Finite Volume Method, FVM)的集成工业软件(打个比方，此处可能指的是一个软件)等分析工具，LBM的网格划分更加规范，其优点在于算法相对简单且并行计算友好。然而，在处理复杂几何时，需要特别关注流体与固体界面处的精确性，这通常涉及特殊的边界处理技术。

至于PWC(Piecewise Constant)分析网格，它同样是一种有限体积方法中常用的离散化策略，其中场变量在每个体积单元内被视为常数。在LBM中，虽然基本网格单元内的流动属性并非严格意义上的PWC，但由于格子节点上的分布函数在单元内部是均匀的，因此可以类比理解为一种局部恒定的特性。而对于感兴趣区域(Region of Interest, ROI)和参考长度的计算，LBM和FVM在实际应用中都需要根据具体问题的特点以及精度需求来合理确定网格尺寸和细化程度。

根据选择的网格设置是自动还是手动，可用的后续设置如图3.12所示。

在自动网格设置的过程中，网格细度控制着模拟空间的分辨率，即单位体积内的网格数量。更细的网格能更好地捕捉流场中的细节和局部变化，但也意味着需要更高的计算成本。通过允许用户指定网格密度或最小目标单元尺寸，仿真软件可以根据预设条件自适应地调整网格大小，特别是在感兴趣区域(ROI)，它能确保该区域内的网格不超过设定的最大尺寸，同时尽可能保证模拟的准确性和效率。最终的实际网格尺寸会在运行信息输出中给出。

另外，参考长度计算是基于仿真场景中最重要的几何特征尺寸来确定的。这一长度尺度

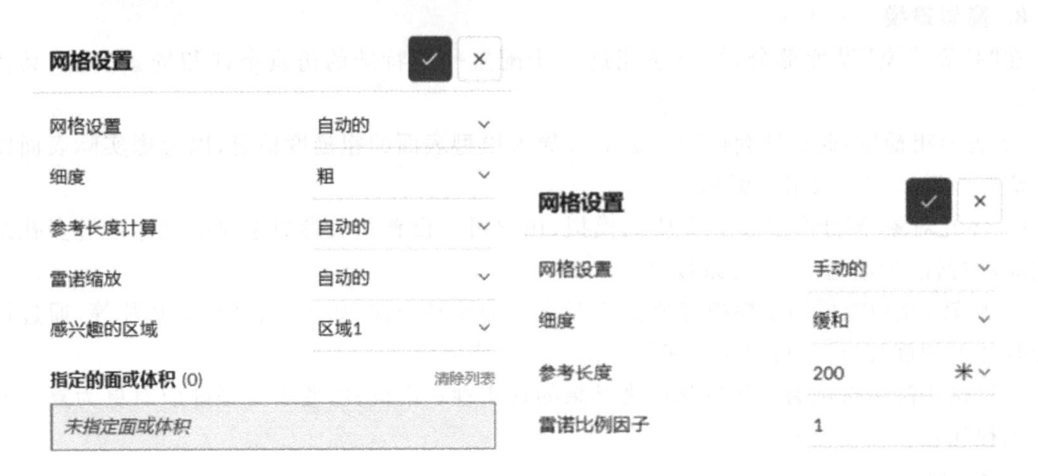

图 3.12　可用的后续设置

作为整个模拟的基础,用于指导全局网格划分的比例,确保模型的各部分保持合适的相对比例尺。在一些高级的仿真环境中,程序可以自动识别场景的主特征尺寸并据此设定参考长度;而在其他情况下,用户也可以根据需要手动输入特定的参考长度值,以便针对复杂几何结构或特殊流动现象进行网格布局设计。这样,无论是自动还是手动模式,都能保证网格划分既满足模拟精度的要求,又避免浪费计算资源。

参考长度计算如图 3.13 所示。这是仿真中感兴趣对象的最长特征长度尺度。

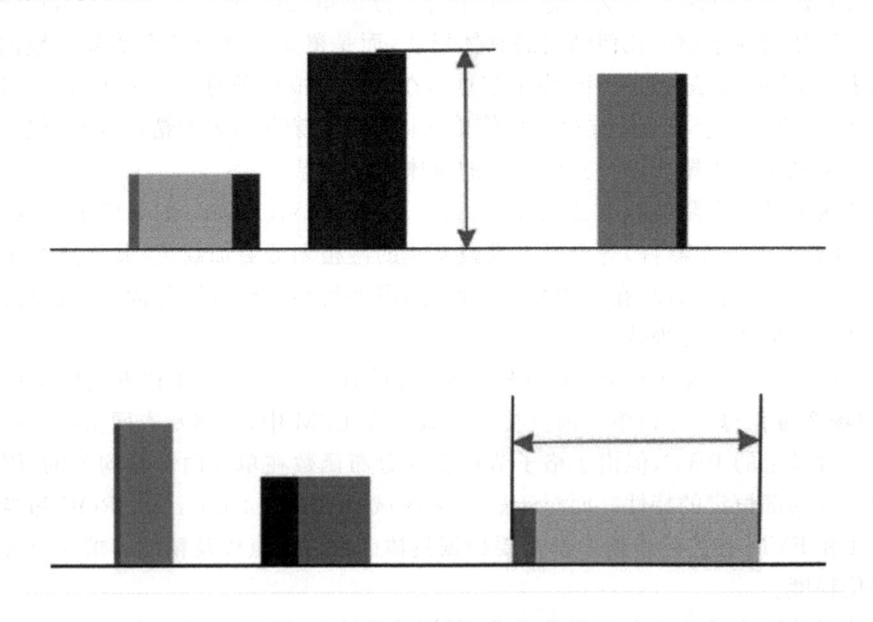

图 3.13　参考长度计算示意图

在不可压缩 LBM 分析中,感兴趣区域(Region of Interest, ROI)的定义方式与 PWC (Piecewise Constant)分析有一定的区别。在 LBM 分析中,感兴趣区域可以通过以下方式来定义。

① 用户可以直接利用几何模型中的现有元素来定义感兴趣区域,比如选择实体(一个或多个)、面片或体积部分作为研究的核心区域。

② 让用户直接从几何体中选取特定的面或体积部分来定义感兴趣区域，这为用户聚焦于特定的流体流动区域提供了便利。

对于手动网格设置，分析如下。

① 细度。与自动网格设置类似，手动网格设置同样允许用户调整网格的细度，只不过在手动模式下，可能不提供“目标尺寸”自动化选项，用户需要自行确定每个单元的大小。

② 参考长度。如同前述，无论在自动还是手动网格设置中，参考长度仍然是仿真场景中最大的特征长度，用户可以通过手动输入这个值确定网格划分的比例。

③ 雷诺缩放因子(RSF)。在集成工业软件中，用户可以应用雷诺缩放因子对全尺寸几何体进行自动缩放，这对于在亚音速流体流动场景中模拟建筑物或飞机等实体的小比例模型尤为有用。通过调整 RSF，可以确保仿真结果反映实际物体的流体动力学特性，也可以降低计算成本。

下面介绍局部网格细化。

(1) 区域细化

如果两座建筑物之间的区域或特定的感兴趣的开放区域需要细化，则区域细化是最合适的选择。要为网格细化分配特定区域，可以使用“＋”按钮在本地创建球体或笛卡尔框类型的几何基元，并通过激活其前面的滑块来实现，见图 3.14。

图 3.14　定义区域网格细化

感兴趣区域的尺寸可以通过在非常粗略和非常精细之间选择精细度来自动管理，也可以通过手动设置目标分辨率来管理。参数目标分辨率定义了整个指定区域将被细化的长度比例。

(2) 表面细化

表面细化技术是一种针对模型表面进行局部精细化处理的方法，特别适用于需要提高特定建筑物或其他实体的表面细节表现力的情况。这种方法允许用户根据实际需求，在保持整体模型结构的同时，仅针对选定的表面区域进行更细致的刻画。

表面细化的程度可以通过类比全局网格尺寸从非常粗糙至非常精细的连续变化来设定。在应用表面细化的过程中，选定表面附近会生成一系列逐渐增大的单元层级。例如，在紧贴表面的第一层可能会设置最小的单元尺寸，以便捕捉微小的几何特征，之后随着与表面之间距离的增加，相邻的层的单元尺寸逐渐增大，形成一种过渡，这样的设计有助于提高计算效率并保持模型的整体稳定性。具体到某些模拟场景中，可能表现为沿着建筑物或实体的表面创建4～6层不同大小的单元格，第一层的单元格外表精细，随后，各层的单元格逐渐增大，从而实现局部高精度和全局计算资源合理分配的平衡。

定义表面网格细化的方法如图3.15所示。

图3.15 定义表面网格细化的方法

3.4 亚音速分析

亚音速分析是针对流体力学中的亚音速流动问题设计的一种高效网格划分和求解策略。该策略通过自动化的方式构建高质量的六面体网格，这种网格尤其适应于有限体积法下的CFD求解器，能显著缩短网格生成的时间，并且由于网格单元的质量高，即使使用较少的单元也能确保所需的模拟精度，从而加快了求解过程的收敛速度。

亚音速分析的特点包括但不限于以下几个。

① 贴体笛卡尔网格划分：这意味着网格贴近物体表面，且以笛卡尔坐标系为基础，这种类型的网格有利于准确捕捉边界层效应和复杂几何形状的细节。

② 适用于有限体积离散化：生成的六面体单元非常适合应用于有限体积法，该方法在流体动力学领域广泛用于解决偏微分方程组，其因对复杂几何形状和物理现象的适应性而受到青睐。

③ 网格划分算法高度并行化：利用现代的高性能计算平台，网格划分算法能够高效地并行处理，大幅提升了网格生成的速度。

Subsonic 作为一款基于有限体积法的 CFD 求解器，专门设计用来处理亚音速流动问题，其中包括不可压缩流与可压缩流的模拟能力、覆盖层流以及湍流状态。它采用了 SIMPLE 系列算法的一个变体来实现压力-速度耦合求解。对于湍流模拟，Subsonic 采用了 RANS (Reynolds-Averaged Navier-Stokes)方程，并结合 k-epsilon 两方程湍流模型进行封闭。此外，它还运用了专有的壁函数技术来处理近壁区域的湍流特性，从而提高近壁流动模拟的准确性。

离心式压缩机的 CFD 仿真具有非正交性，速度轮廓显示在笛卡尔亚音速网格上，见图 3.16。

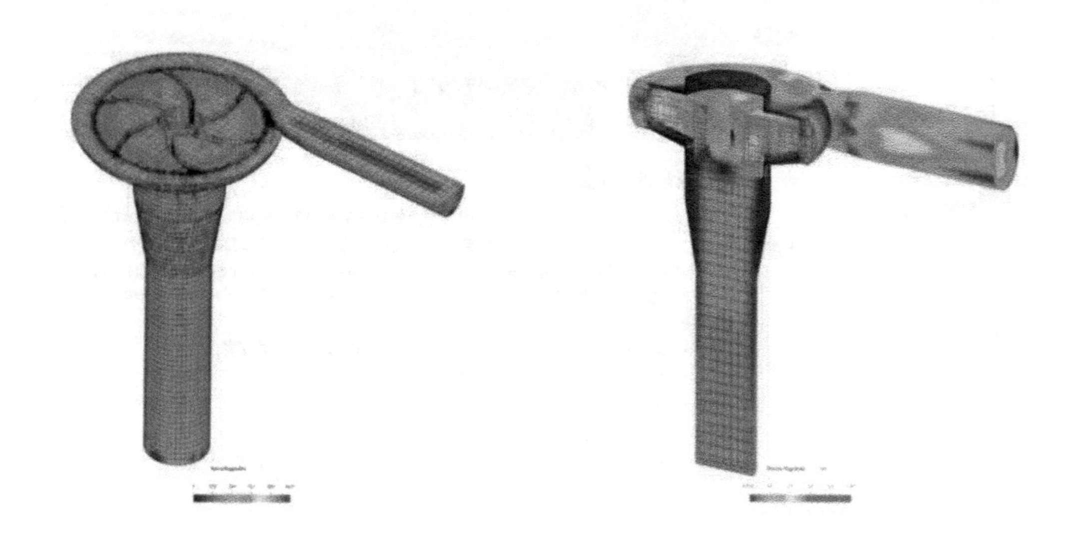

图 3.16　离心式压缩机的 CFD 仿真

Subsonic 求解器不仅限于稳态分析，也全面支持瞬态分析。在瞬态分析模式下，Subsonic 能够以时间分辨的方式精细模拟流体流动随时间演变的过程，这对于理解和预测流动系统随时间变化的行为至关重要。

下面介绍设置亚音速仿真的步骤。

1. 创建亚音速分析

要创建亚音速分析，首先要选择所需的几何体并单击“创建仿真”按钮，见图 3.17。

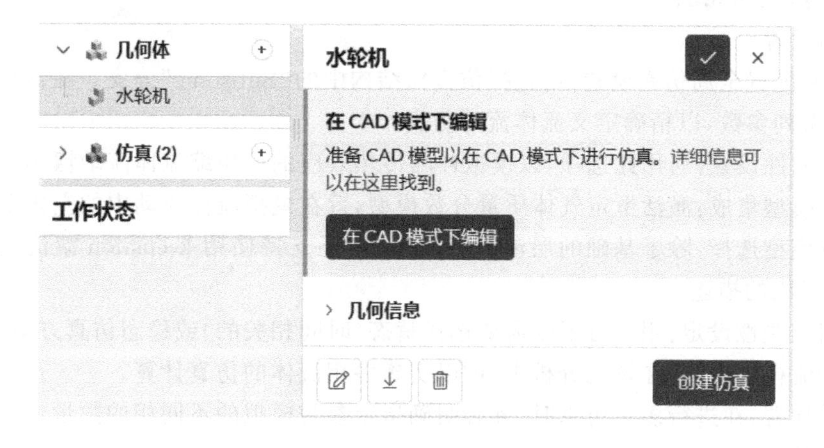

图 3.17　在集成工业软件中创建仿真的步骤(亚音速分析)

接下来将显示一个窗口，其中列出了集成工业软件支持的多种分析类型，从上面的树中选择亚音速分析类型，然后单击“创建仿真”按钮，见图 3.18。

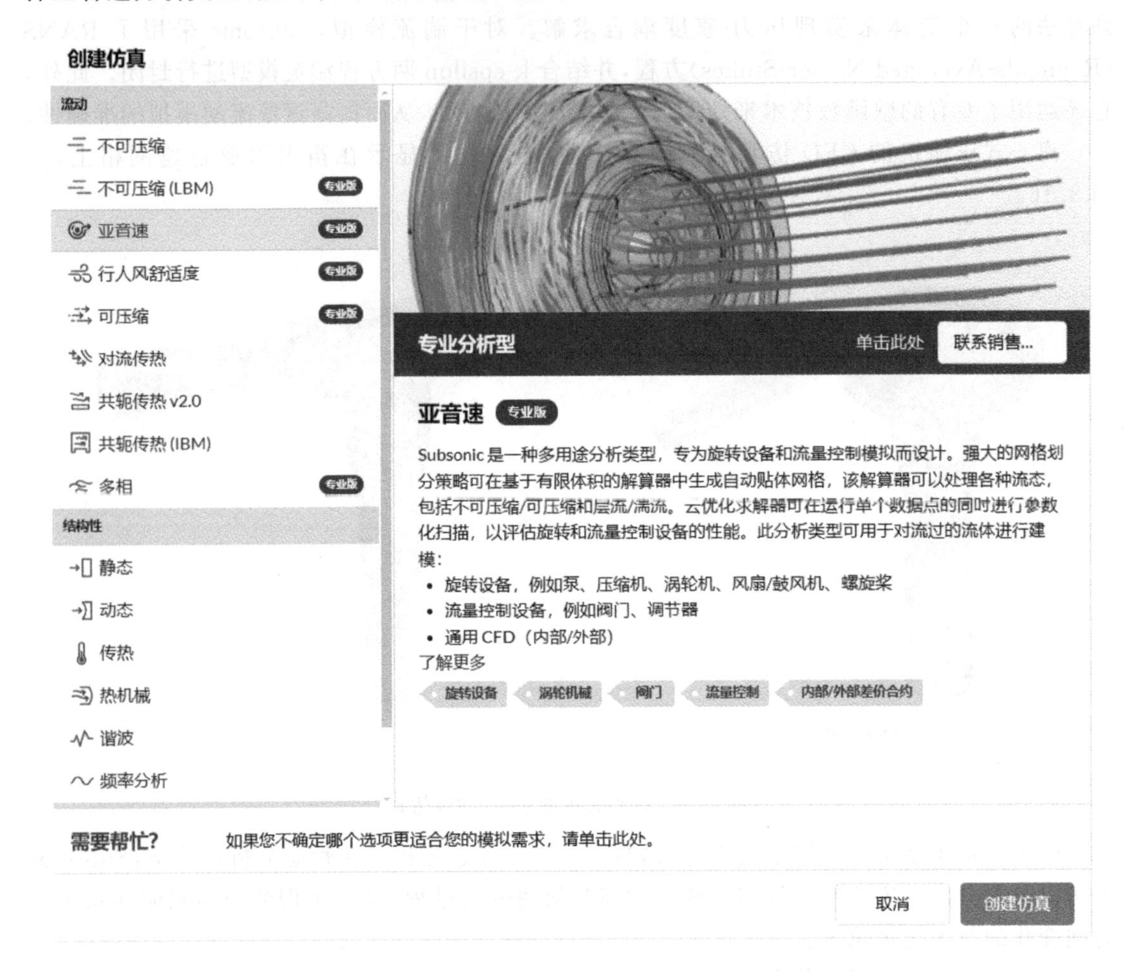

图 3.18　选择亚音速分析类型并单击“创建仿真”按钮

选择亚音速分析类型并单击“创建仿真”按钮，将使集成工业软件工作台具有以下仿真树和相应的设置，见图 3.19。

2. 全局设置

要访问并配置全局仿真设置，请选择仿真树结构中的“Subsonic”分支。在该模块下，用户可以调整一系列参数，以精确定义流体流动仿真。

① 可压缩性设置：启用此选项，以模拟伴随传热效应的可压缩流体流动情形。

② 空化模型集成：激活恒定气体质量分数模型，旨在模拟流体流动中的空化现象。

③ 湍流模型选择：除了基础的层流模型，求解器还支持使用 k-epsilon 湍流模型，以增强对复杂流动现象的描述。

④ 时间相关性设定：用户可根据需要选择瞬态（时间相关的）或稳态仿真方案。

⑤ 多相流模拟功能：在瞬态分析中，可以实施多相流体的仿真计算。

⑥ 相数配置：在进行多相仿真时，务必明确指定参与模拟的不同相的数量。

3. 几何部分

在进行流体流动或其他类型的工程仿真时，几何部分通常是整个流程的第一步，它允许用

图 3.19 集成工业软件工作台中亚音速分析的仿真树

户导入、查看和选择合适的CAD(计算机辅助设计)模型作为仿真的基础。确保CAD模型的准确性和质量至关重要,因为它直接影响到后续的网格划分和仿真实验结果的准确性。一个"干净"的CAD模型意味着其几何结构没有不必要或冗余的特征,如小的倒角、孔洞、多余的面或非流形几何元素等,这些特征都可能导致网格生成过程中出现问题。

如果CAD模型不够纯净或存在缺陷,尽管高级的网格生成器具有强大的自动修复和适应能力,也可能会在尝试生成网格时遇到困难。在这种情况下,网格生成过程可能无法顺利完成,并且会向用户报告网格生成失败的消息,同时给出关于CAD数据清理或特定区域需要进一步细化网格的建议。因此,在进行仿真前,对CAD模型进行预处理和优化是非常重要的步骤,便于生成高质量的有限元或有限体积网格,进而保证仿真的可靠性和精确度。

4. 模型

在模型下,重力可以通过向量定义。由方位立方体表示的全局坐标系适用于重力方向。矢量坐标 g_x、g_y 和 g_z 表示 x、y 和 z 方向。

另外，还可以为多相仿真设置表面张力。表面张力系数的默认值设置为零。定义表面张力和重力的模型设置如图 3.20 所示。

图 3.20　定义表面张力和重力的模型设置

5. 材料

在进行仿真设置时，用户可以在“材料”选项下从内置的材料库中选择或自定义适合仿真的流体类型。对于可压缩流体仿真，考虑到温度对流体性质的影响，用户需要特别指定所考虑流体的热物理属性，如比热容、密度、动态粘度等，这些都是随温度变化的关键参数。

此外，为了模拟更为真实的气体行为，用户不仅可以选择理想气体定律进行模拟，还可以根据实际情况设置流体的属性为压力和温度的函数，这样就可以更精确地反映真实气体在不同压力和温度条件下表现出的非理想性。

在高压或低温环境下，流体的性质往往偏离理想气体状态，这时就需要采用真实气体模型来准确描述流体的行为。真实气体模型考虑了分子间相互作用力和量子效应等复杂因素对流体状态方程的影响。

举例来说，在制冷压缩机中，制冷剂在高压、低温状态下流动时，其密度、焓值和熵值等特性不再遵循理想气体定律，因此需要应用真实气体模型来精确模拟其流动特性。同样，在蒸汽轮机中，蒸汽的状态变化范围广，也需要使用真实气体模型才能准确计算其热力学参数。另外，在管道系统中输送的气体混合物，由于组分多样且压力、温度变化复杂，同样需要考虑真实气体效应。

为了在仿真中体现真实流体的行为，用户需要在全局设置中开启可压缩流动选项，并输入或选择适当的流体状态方程和相关参数，以确保仿真结果与实际物理过程相吻合。

6. 初始条件

在进行亚音速分析时，初始条件的设定尤为重要，它定义了仿真初期整个计算域中流体状态（如速度、压力、温度等）的初始值。然而，在集成工业软件的仿真树结构中，对于亚音速分析，只有在全局设置中开启了多相流选项后，才能够针对不同相进行初始条件的设定。

当启用多相功能时，可以为整个计算域全局初始化相分数（即各相在总体积中的占比），也可以更精细化地为特定区域或子域分别设定各个相的初始条件。这样的设置有助于模拟多相流体在初始时刻的状态分布，为后续的仿真计算提供准确的起点。

多相仿真子域内的相分数初始化如图 3.21 所示。

图 3.21　多相仿真子域内的相分数初始化

7. 边界条件

在进行不可压缩流体仿真时,计算域主要关注压力场(P)和速度场(U)的求解。而对于可压缩流体仿真,除了压力场和速度场之外,温度场(T)同样是不可或缺的一部分。这是因为可压缩流体的性质会随温度和压力的变化而变化,从而影响其流动行为。

在设置边界条件时,用户需要定义系统与周围环境之间的相互作用方式,以确保仿真结果能够准确反映实际情况。根据选用的湍流模型(如 RANS、LES 或 DNS 等),用户可能还需要考虑额外的湍流传输量(如雷诺应力、湍动能和耗散率等)在边界条件中的设置。

总之,无论是不可压缩还是可压缩流体仿真,正确设置边界条件对于模拟的准确性和可靠性都至关重要。

在亚音速仿真中,可以应用以下几种典型边界条件来模拟流体与固体边界的相互作用。

(1) 速度输入边界

在速度输入边界上,用户可以指定进入计算域的流体速度。这对于模拟流体从已知速度开始进入流动区域的情况非常有用。

(2) 速度输出边界

在速度输出边界上,通常设置的是输出流体速度的约束条件或者背压条件,以模拟流体流出计算域的情形。

(3) 压力输入边界

在压力输入边界上,用户可以定义进入计算域的固定压力值,而不是速度值。

(4) 压力输出边界

压力输出边界上通常设置的是一个固定的压力值,以此模拟流体流出区域时的压力条件。

(5) 壁边界

壁边界可以设置不同的条件,包括:

① 无滑移条件:流体速度在配合到固体壁面时立即变为零,即流体与壁面之间没有相对速度。

② 滑移条件:允许流体在壁面上有一定的滑移速度。

③ 旋转壁条件:对于旋转的固体表面,如风扇叶片或旋转圆筒等,流体会受到壁面旋转的影响。

④ 壁面粗糙度条件:考虑壁面粗糙度对流动特性的影响,例如壁面摩擦阻力的增大。

(6) 对称边界

在对称边界上,模拟只考虑半个计算域,另一半计算域则是通过对称性推断出来的,这可以极大地减少模拟具有对称特性的流动问题时的计算量。

选择和设置每种边界条件时都需紧密结合具体仿真问题的实际物理情境,以确保仿真结果的准确性和有效性。

8. 高级概念

在"高级概念"部分,用户可以进一步配置与旋转区域相关的高级设置选项。旋转区域功能在模拟具有旋转部件的系统(如涡轮机、风扇、通风机以及其他类似的旋转机械设备)时非常有用。当前,软件支持多参考系(Multiple Reference Frame, MRF)这一类型的方法来处理旋转区域。

9. 仿真控制

仿真控制设置是定义仿真运行基本控制参数的部分,这些参数会根据仿真是瞬态分析还是稳态分析有所不同。在亚音速分析类型的仿真控制设置中,有两个特有的参数值得关注。

(1) 迭代次数

稳态分析:设置一个固定的迭代次数上限,当达到这个上限后,仿真就算没有达到理想的收敛状态也会停止运行。

(2) 收敛标准

① 稳态分析:通过监测相对残差(即当前迭代残差与初始残差的比值)来判断仿真是否达到理想的收敛状态。如果所有方程的相对残差都低于预设的收敛标准(如 0.001),则认为仿真已经成功收敛并自动停止。

② 瞬态分析:在瞬态仿真过程中,在每一个时间步长,都会检查所有方程的相对残差是否低于预设的收敛标准(推荐值为 0.1)。只要在某一个时间步长中所有方程的相对残差都达到了这一标准,即便尚未达到预设的迭代次数,该时间步长也被认为是收敛的,仿真将继续推进至下一个时间步长。

10. 结果控制

结果控制部分是用户自定义仿真结果输出的关键环节,它允许用户灵活地管理输出数据的收集和存储方式,包括但不限于输出频率(例如每多少时间步长或每多少物理时间单位输出一次结果)、输出的位置(例如存放在哪个文件夹或数据库中)以及输出数据的统计信息(如平均值、峰值、积分值等)。

在结果控制部分,用户可以控制和获取以下类型的仿真结果。

(1) 力和力矩

在特定表面或一组表面上计算流体作用力和力矩的大小和分布。例如,在进行流体动力学分析时,用户可能希望计算涡轮叶片表面受到的压力分布和粘性力,以便评估其性能和负载情况。

(2) 表面数据

用户可以选择对指定的表面区域进行详细的数据提取,如计算表面速度、压力、温度等物理量的平均值或积分值。这有助于深入了解流体与固体界面之间的相互作用以及流场的整体特性。

11. 网格设置

在亚音速流体动力学分析中,使用笛卡尔网格(也称为直角网格或结构网格)是一种常见且便于数值求解的方法。笛卡尔网格的特点在于,它是由一系列平行于 x、y、z 轴的线构成的网格单元,每个单元的形状都是立方体,具有高度的正交性,这对于基于有限体积法或有限差分法的计算流体动力学(CFD)模拟来说特别有利,因为它能够简化数学处理过程并保证良好的精度。

网格划分算法采用自动化过程,尤其是自上而下的二叉树分割策略,这种策略有利于高效地生成和细化网格。具体而言,首先从一个包含整个流动区域的大边界框开始,通过递归地在不同方向(首先是 x 轴,然后是 y 轴,最后是 z 轴)上划分单元,实现对感兴趣区域的逐步细化。这种方法可以根据设定的准则(比如几何复杂度、流场梯度变化率或用户指定的边界条件附近的要求)非均匀地细化网格,从而确保关键区域获得足够的分辨率,同时保持计算效率。这种各向异性的细化技术尤其适用于那些需要局部高精度模拟的情况。

对于仿真域内特定体积区域的额外网格细化,可以选择区域细化。区域细化设置需要指定目标单元格大小,见图 3.22。

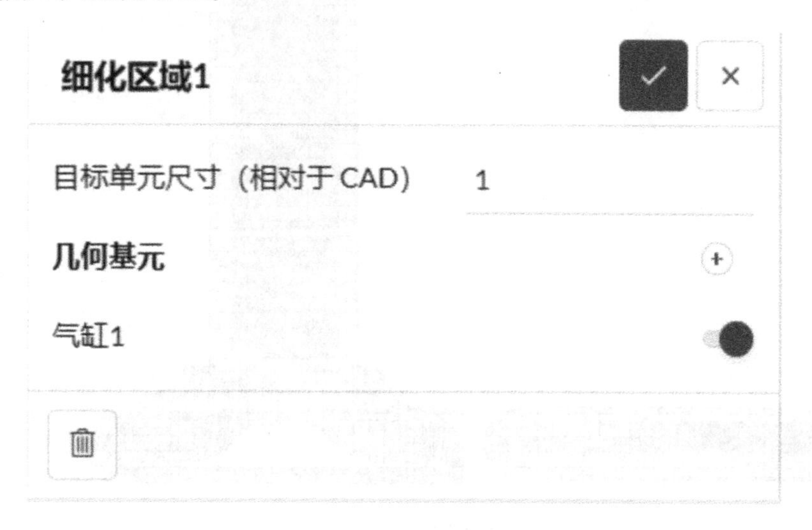

图 3.22 区域细化设置需要指定目标单元格大小

在创建和细化笛卡尔网格的过程中,确实可以通过设置目标单元大小来控制网格分辨率。这个参数指定了在特定细化区域内,网格单元的理想或期望尺寸。在实际应用中,网格生成软件会尽量按照这个目标值去划分单元，但最终生成的单元尺寸可能会因满足二叉树网格算法的要求或者适应复杂的几何形状而有所调整。

目标单元设置得越小，意味着网格中的单元数量越多，对应的体积区域越会被划分为更细小的部分，从而提高了空间分辨率。然而，这一精细化的过程也会导致整体网格规模扩大，进而增加计算的复杂度，使得仿真运行时间显著增加。这是因为计算量与网格单元的数量通常是成正比的，在某些情况下甚至可能是二次函数关系，所以网格细化是一项需要在精确度和计算成本之间取得平衡的技术决策。

网格划分日志和网格仅在仿真完成后才可见。然而，与其他求解器相比，其每次迭代的时间和收敛时间要短得多。仅在仿真运行成功后才会消耗您的核心时间。

定义所有设置后，单击“仿真运行”按钮开始仿真。

12. 后期处理

仿真完成后，集成工业软件的集成后处理器可用于可视化网格以及仿真结果。

(1) 网格可视化

对于亚音速仿真，用户可以在集成工业软件的集成处理器中查看网格质量参数。这允许用户检查网格标准并使用此信息来改进网格。以下是可用的网格参数：体积比、单元体积、最小边长、非正交性、边缘比。

用户可以使用各种过滤器显示网格标准。图 3.23 为通过离心泵在切割平面上显示的非正交性示例。

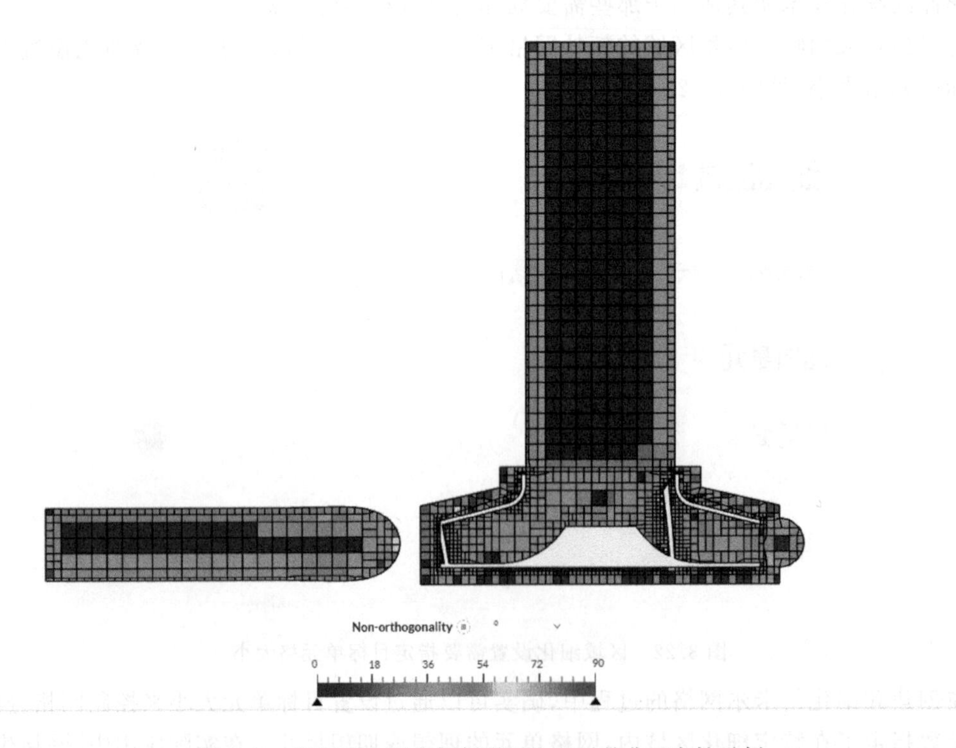

图 3.23　通过离心泵在切割平面上显示的非正交性示例

（2）相对速度

在亚音速仿真中，一项独特的附加场输出是相对速度场。这一输出主要用于测量流体在面对旋转区域时的速度，即流体速度与旋转区域表面速度之间的相对值。这一输出仅在涉及旋转区域的仿真中才有意义，对于非旋转区域，相对速度场会被设定为不可见或以灰色表示。相对速度的计算方法如下：

$$相对速度=绝对速度-旋转速度\times本地半径 \tag{3.1}$$

局部速度是旋转区域内单元质心处的速度，局部半径是单元质心到旋转区域原点的距离。将旋转区域的旋转速度与局部半径相乘，可以计算出局部旋转速度。因此，相对速度是将局部速度减去局部旋转速度得到的。

图 3.24 为绝对速度与相对速度的对比示例。

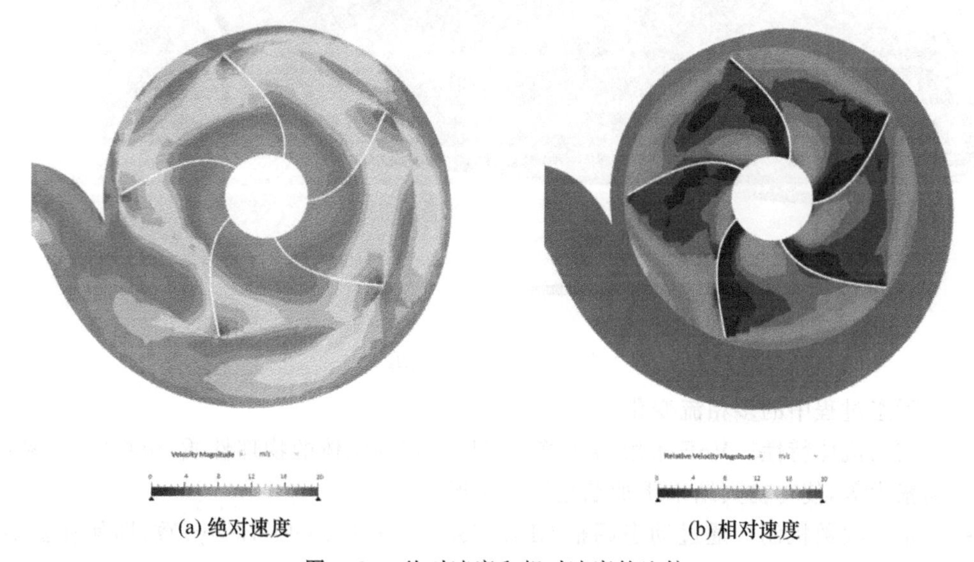

(a) 绝对速度　　(b) 相对速度

图 3.24　绝对速度和相对速度的比较

使用涉及旋转流的亚音速分析的优点是直接输出绕旋转轴的功率。

13. 亚音速多相

如果想要使用流体体积（Volume of Fluid，VoF）方法执行涉及两种流体随时间变化的行为的多相仿真，Subsonic 求解器可能是一个不错的选择。

运河溢洪道如图 3.25 所示。

VoF（Volume of Fluid）求解器是一种专门针对多相流问题开发的数值模拟技术，尤其擅长处理自由表面流动现象，如液滴、气泡的运动和变形。这种求解器采用了高级的高阶重构方案来精确追踪和建模流体界面，确保了对流体体积分数捕捉的准确性和连续性。

结合先进的基于二叉树的网格生成器，VoF 求解器能够快速适应复杂几何形状，生成高质量的非结构化或结构化网格，这对于保证仿真结果的精度和稳定性至关重要。在亚音速仿真环境下，VoF 求解器具备以下优势。

- 快速多相分析。VoF 求解器能够快速地对多种流体间的相互作用进行模拟，适合于研

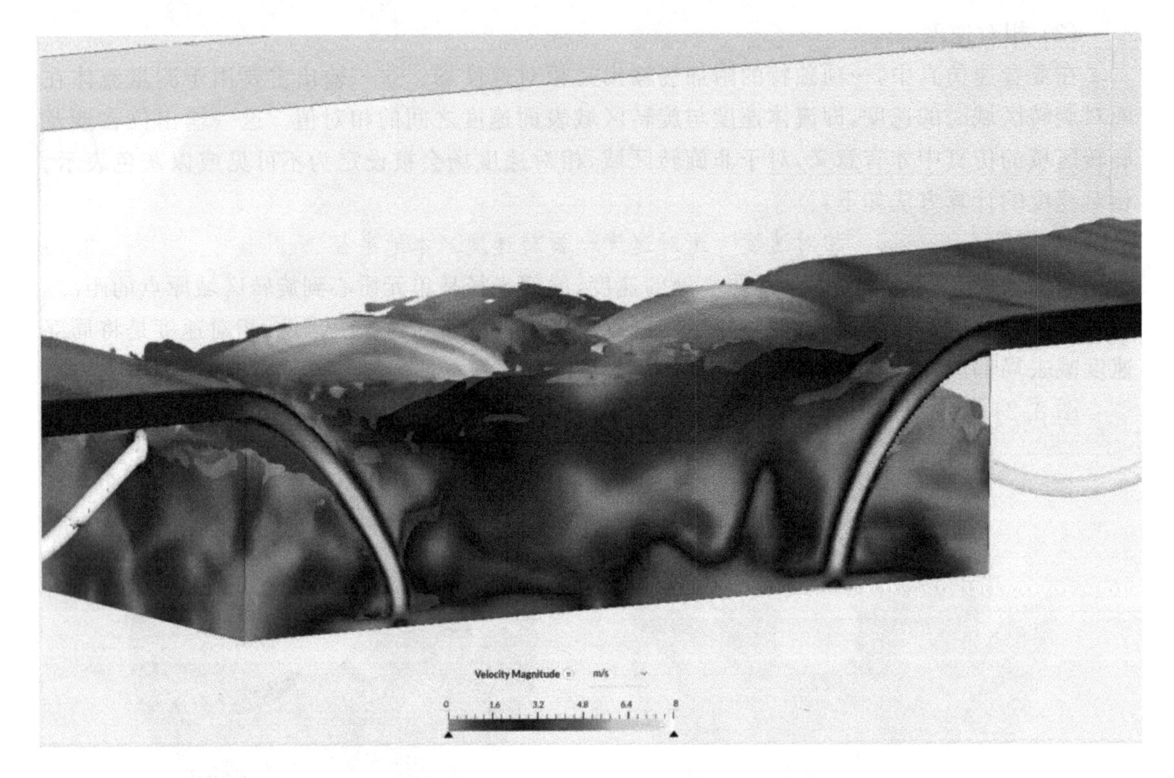

图 3.25　运河溢洪道

究瞬态过程中的多相流变化。

- 真实的流体特性。VoF 求解器能够真实反映不同流体的物理性质，包括密度、粘度、表面张力等，使得仿真结果更加贴近实际工况。
- 稳定的收敛机制。通过动态调整 CFL(Courant-Friedrichs-Lewy)数，即使在复杂的几何形状和变化剧烈的流场中，VoF 求解器也能保持稳定的数值模拟过程。
- 直观的仿真设置。用户友好的界面和预设选项使得工程师能快速配置并启动仿真任务，减少前期的准备时间。
- 快速设计迭代。VoF 求解器支持输入条件参数化，与计算机辅助设计(CAD)模型紧密关联，这使得更改设计变量后能够迅速更新仿真设置并重新运行，从而加快产品设计优化进程。因此，VoF 求解器成了在亚音速条件下进行多相流仿真应用的理想工具。

(1) 集成工业软件中的设置

在进行多相仿真时，由于多相流体系统通常涉及相之间的相互转换、扩散或分离等瞬态过程，因此这类仿真本质上具有时间依赖性。在设置多相仿真时，软件通常会要求用户首先确认是否启用瞬态模拟模式，这样软件才能在不同的时间步长内跟踪各相的变化状态。

具体操作步骤如下。

① 在亚音速或多相流分析的全局设置中，用户首先需要将时间依赖性设置为“瞬态”，这意味着模拟将在一系列时间间隔(时间步长)内推进，而不是仅考虑某一固定时刻的状态。

② 接下来，用户需要明确指定参与多相仿真的相的数量，如水、油、空气等，并为每种相定义相应的物理属性和行为规则。

③ 用户需要定义各个相之间的交互参数，如质量转移速率、界面张力、扩散系数以及初始

条件和边界条件。

④ 对于亚音速多相流问题，除了需要考虑常规的多相参数外，还需考虑流体速度相对于声速的影响，以确保仿真过程满足亚音速流动的数学模型和物理规律。

通过上述设定，多相求解器能够在时间和空间维度上精确解析流体系统的演变，为用户提供有关流体流动、混合、分离以及其他瞬态现象的深入分析。

(2) 初始条件

初始条件定义了解决方案字段将使用的初始化值。相分数可以全局初始化，也可以针对特定区域作为所有涉及的相的子域进行初始化。多相仿真子域内的相分数初始化如图 3.26 所示。

图 3.26 多相仿真子域内的相分数初始化

3.5 行人风舒适度分析

行人风舒适度(Pedestrian Wind Comfort, PWC)分析是一种专注于研究建筑物和城市环境中空气动力学对行人舒适度影响的专业模拟技术。在这一分析中，通过计算流体动力学(CFD)软件进行模拟，可以得到在建筑物周围不同地点和风向下的风速分布，从而生成舒适度地图。这些舒适度地图基于国际公认的标准，如风速极限、风速指数等，用以量化行人暴露在不同风速条件下的舒适感受。地图通常会显示出哪些区域是适宜步行的，哪些区域可能出现令行人不适的强风区，以及在何种风向下这些区域会发生改变。

开发商和设计师在规划新建筑物或改造现有结构时，利用 PWC 分析来验证设计方案是否会造成不良风效应，以确保公共空间的安全性和舒适性。此外，PWC 分析还可用于测试和评估改善行人舒适度的措施，如将树木作为风屏障、安装挡风设施（如屏风和檐篷）等。总之，PWC 分析在建筑设计阶段起到了至关重要的作用，能够确保城市建设以人为本，营造出宜人的室外环境。

在集成工业软件中计算的典型城市环境中行人水平的平均风速如图 3.27 所示。

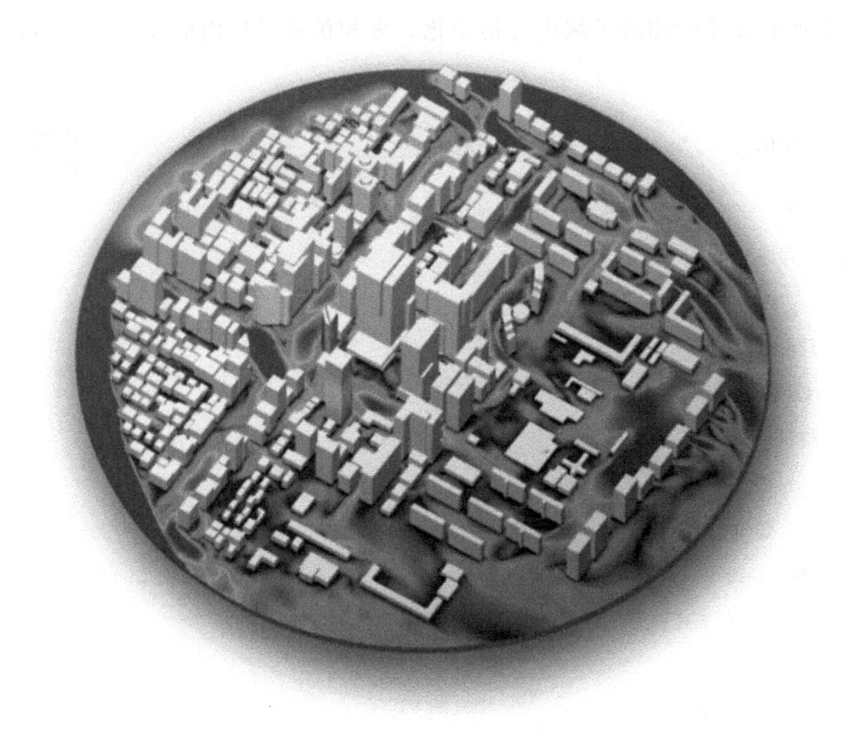

图 3.27　在集成工业软件中计算的典型城市环境中行人水平的平均风速

PWC 分析采用了一种高效的自动化工作流程，能够让用户在短时间内通过简单的三个步骤上传建筑物几何模型并启动仿真。该流程依托优化的最佳实践和验证程序，在确保快速获得结果的同时也具备较高的准确度。即便如此，系统依然允许用户根据具体需求对多种参数进行手动微调，实现了灵活性和精确性的完美结合。

在核心技术上，PWC 解决方案运用了名为"Pacefish®"的格子玻尔兹曼方法（Lattice Boltzmann Method，LBM）。这种方法的独特之处在于它对几何形状的适应性强，不需要过多的预处理，大幅缩短了 CAD 模型准备所需的时间，原本可能需要几周，现在可能只需要几个小时。

LBM 相较于传统的 OpenFOAM 等求解器，其优势在于利用 GPU（图形处理器）进行并行计算，相比 CPU，GPU 更擅长处理大规模并行任务，尤其是在复杂的流体流动场景下，求解时间显著减少，往往可在数小时内完成。PWC 求解器内部采用的是 k-omega SST DDES 湍流模型，这是一种混合 RANS/LES 方法，能够有效模拟不同尺度的湍流现象，确保行人风舒适度分析结果更为准确、可靠。

总之，借助 LBM 及 GPU 加速技术，PWC 求解器能够在保证高精度的同时极大提升效率，使得工程师和设计师能够在较短的时间周期内完成从建模到仿真输出的全过程，并据此优化建筑设计，以达到理想的行人风舒适效果。

1. 行人风舒适度的几何模型

PWC 分析广泛兼容各类主流的几何格式，以适应不同来源的设计数据。特别是在建筑师和风工程专家群体中，PWC 分析支持 Autodesk Revit（.rvt 或 .dwg）和 Rhinoceros（.3dm）产生的几何模型，因为它们是业界普遍采用的设计工具。除此之外，由于 STL（.stl）格式在 3D 打印和 CFD 领域应用广泛，因此，PWC 分析也支持用户直接导入 STL 格式的几何模型。

2. 感兴趣的区域

在 PWC 分析中，感兴趣的区域(Region of Interest，ROI)扮演着核心的角色。它的主要作用在于界定待评估的主体建筑或区域周边的一定范围，以便在这个范围内对行人可能会感受到的风速和风向进行精确模拟和评估。这个区域的选择直接影响到分析结果的准确性，因为正是在这里，风环境对行人舒适度的影响将被着重考察。

另外，感兴趣区域还作为一个关键参照点，用于自动调节虚拟风洞的大小和方向。在进行风洞模拟时，系统会根据感兴趣区域的设定，自动调整虚拟风洞的边界条件和风速分布，以确保全面覆盖并精确模拟该区域内的风环境，从而有效评估和改善行人风舒适度。通过这种方式，用户可以快速而准确地定位潜在的风害区域，并制定相应的风环境改善措施，如增设遮挡物、调整建筑布局等，以确保行人在该区域内享受舒适的步行环境。

设置面板有以下参数，见图 3.28。

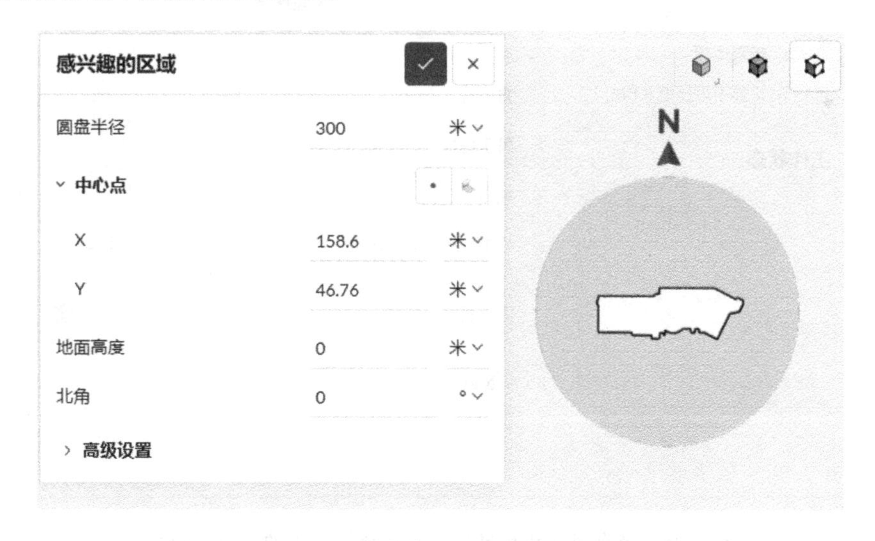

图 3.28 指示北向的城市模型上的感兴趣的区域

3. 风况

在进行风环境模拟和行人风舒适度分析时，集成工业软件平台提供了对多种国际和地区风工程标准的支持。用户可以根据项目的地理区域和适用法规选择相应的标准进行分析。

① Eurocode EN 1991-1-4。这是欧洲统一的建筑结构设计标准，其中包括风荷载的计算方法，适用于包括英国在内的多个欧洲国家。

② AS/NZS 1170.2。这套标准是澳大利亚和新西兰的联合风荷载标准，为这两个国家的

建筑设计和评估提供了风荷载的计算依据。

③ NEN 8100。这是荷兰本国的风荷载计算标准，为荷兰境内的建筑物和结构设计提供了风环境方面的指导。

④ 伦敦城市风微气候指南。这是一种专门针对伦敦城市区域制定的风环境设计指南，旨在帮助城市解决高楼林立带来的风环境问题，以提高城市空间的行人风舒适度和安全度。

通过在集成工业软件平台上选择正确的风工程标准，用户能够确保仿真分析结果符合当地的法规要求，进而有效地优化设计方案，改善目标区域内的行人风环境条件。

带有风工程标准定义和风统计导入的风条件设置如图 3.29 所示。

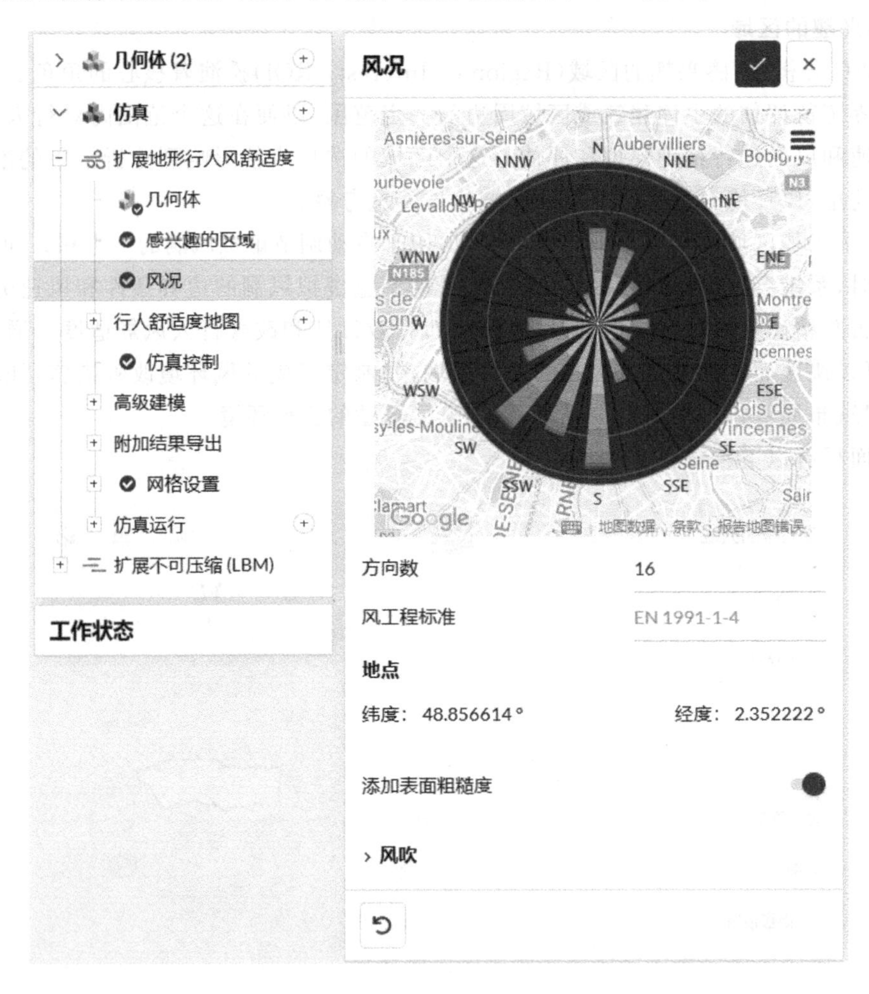

图 3.29 带有风工程标准定义和风统计导入的风条件设置

4. 行人风舒适度地图

在进行行人风舒适度研究时，需要在平均行人头部高度的层面进行评估，因为行人对风的感受与风在人体高度处的特性密切相关。在设置输入参数时，必须考虑风速和风向在行人头部附近的具体数值，一般会设定一个距地面的参考高度，例如 1.5 m。

在集成工业软件中，用户可以根据实际需求设置地面参考高度，既可以将其定义为绝对数值（例如绝对海拔），也可以将其定义为相对建筑物或其他地标物的相对高度。计算行人风舒适度时，软件会依据设定的参考高度采集数据，并采用相应的舒适度评价准则进行评估。

目前,集成工业软件支持多种全球公认的舒适度评价准则,包括但不限于以下几种。

① Lawson 准则。这是适用于英国、爱尔兰以及澳大利亚等地的准则,主要考量风速与人体感知舒适度的关系。

② Davenport 准则。这是美国及加拿大等地广泛采用的准则,侧重于户外活动区域的风环境舒适度评估。

③ NEN8100 准则。这是荷兰制定的国家标准,针对荷兰地区的风环境进行行人舒适度评估。

通过采用上述不同的舒适度评价准则,用户可以根据项目所在地和适用标准,选择合适的方法对行人风舒适度进行全面且准确的评估。

5. 仿真控制

在仿真控制设置中,用户可以通过配置一系列参数来控制仿真的运行过程。这部分包括了对仿真运行总时长以及流体通过次数的设定。

① 最长运行时间。此参数用来规定仿真的物理时间上限,即仿真将持续运行直至达到预设的最大物理时间。例如,如果最长运行时间设置为 10 s,那么仿真将会持续计算,直到实际的物理时间达到 10 s 为止,之后便会自动停止。

② 流体通过次数。在瞬态仿真(例如模拟流体随时间变化的过程)中,流体通过次数是指仿真在指定时间内计算流体通过特定区域或设备的完整循环次数。例如,若设定的流体通过次数为 10,那么仿真将至少运行到流体在系统内完成了 10 次完整的流动循环。

综上所述,在仿真控制部分,通过设置这些参数,可以有效地控制仿真过程的时长以及满足特定仿真目标所需的计算周期,从而确保仿真的准确性和合理性。

6. 高级建模

在高级建模阶段,用户可以添加更多的物理细节以提高仿真精度和真实性。其中两个重要的附加参数是表面粗糙度和多孔介质。

① 表面粗糙度。在流体动力学仿真中,特别是对于涉及壁面流动的场景,表面粗糙度是一个关键参数,它反映了固体表面微观不规则性对流动的影响。用户可以手动设置等效的砂粒粗糙度值,以模拟壁面对流动阻力和能量损失的影响。粗糙表面会导致湍流加剧、流动分离和边界层增厚,这些因素对于计算流动性能、摩擦损失和传热特性至关重要。

② 多孔介质。在某些情况下,仿真需要考虑流体流经具有渗透性的物体(如植被、多孔建筑材料或带有孔隙结构的防风屏障)的情形。多孔介质模型可以简化此类复杂的几何结构,通过引入渗透率和阻力系数等参数来模拟流体通过多孔体时的压力损失和流速变化。这种方法降低了对 CAD 模型精细度的要求,并减少了网格划分的复杂性,从而节约了计算时间和成本,同时也能较为准确地预测流体通过多孔材料后的流动特性。

7. 附加结果导出

在附加结果导出下,用户可以定义附加结果,例如:定制舒适度和安全标准;力和力矩;探测点;额外的瞬态结果;附加统计平均结果。

在进行 PWC 分析和不可压缩 LBM 分析时,用户可以利用 CSV 文件定制舒适度和安全标准。这意味着用户可以根据特定的研究需求或地方规范,自行导入或定义不同风速阈值对应的不同舒适等级或安全级别。

此外,无论是 PWC 分析还是不可压缩 LBM 分析,在进行瞬态输出和统计平均设置方面,二者共享相似的设置方法。在瞬态仿真过程中,用户可以要求软件输出不同时刻的详细流动数据,以便分析流体随时间变化的动态特性。同时,软件也支持统计平均功能,用户可以利用这一功能计算出一段时间内风速、风向等参数的平均值、最大值、最小值等统计量,这对于评估长期风环境的平均舒适度或安全性非常有用。通过这样的设置,用户能够从瞬态和统计平均两个层面全面分析流体流动对行人舒适度及安全性的影响。

8. 网格设置

在采用格子玻尔兹曼方法(Lattice Boltzmann Method, LBM)进行行人风舒适度模拟时,通常会建立一个三维笛卡尔坐标系下的背景网格来模拟风环境。这个背景网格由许多均匀的立方体单元组成,它们可能并不直接与模拟场景中的建筑物表面或地形特征完全匹配或者对齐,但能覆盖整个计算域,确保模型化区域内的风场得到精确描述。

为了获得准确的风环境预测,特别是在复杂城市环境中考虑建筑对风速、风向的影响,网格细度的选择至关重要。在全局网格设置阶段,用户可以根据仿真精度需求以及计算资源限制,预先设定基础网格尺寸。对于需要更高分辨率模拟的关键区域,比如建筑物拐角、开口处或行人活动频繁的地方,可以通过细化设置进一步增加局部网格密度,实现网格的非均匀划分,从而捕捉到更为精细的流体动力学细节,提升行人风舒适度模拟的准确性。

9. 开始运行

当完成所有必要的网格设置、物理条件(如边界条件、初始条件、源项等)配置以及可能的局部网格细化后,行人风舒适度仿真的准备工作就绪。接下来,便可以启动求解器来执行模拟过程。利用格子玻尔兹曼方法的并行计算特性,求解器能够在每个笛卡尔坐标方向上同时处理计算任务,高效地模拟流体(空气)在三维空间中的运动状态。

在仿真结束后,系统会对得到的数据进行全面分析,依据相关的行人风舒适度评价标准(例如 PMV/PPD 指数、风压舒适度指标等)对模拟结果进行量化评估和统计整合。

在 PWC 分析或不可压缩 LBM 分析中,通常不会直接出现残差或收敛图,这是因为这两种分析方法采用的是显式求解器。显式求解器在计算过程中并不直接寻求残差的收敛,而是按照固定的计算步骤推进,每个时间步长都依赖于前一个时间步长的结果。在 CFD(计算流体动力学)领域,残差和收敛图更多的是与隐式求解器相关联,隐式求解器在迭代过程中不断调整解直到残差下降到预定阈值,从而达到收敛状态。

10. 行人风舒适度分析仿真结果评估

在完成所有设定风向的独立仿真计算后,系统会自动对风舒适度进行综合统计分析。一旦所有数据分析完毕,仿真状态将更新为“已完成”。此时,系统会通过预先设定的通知方式(例如电子邮件)告知用户,仿真结果已经整理完毕并可供可视化查看和进一步分析。

单击“后处理结果”按钮或突出显示的“统计表面解”将在在线后处理器中打开舒适度分析结果,见图 3.30 和图 3.31。

各个风向的结果以及导出的其他结果将存储在“统计表面解”下方的“方向”下。

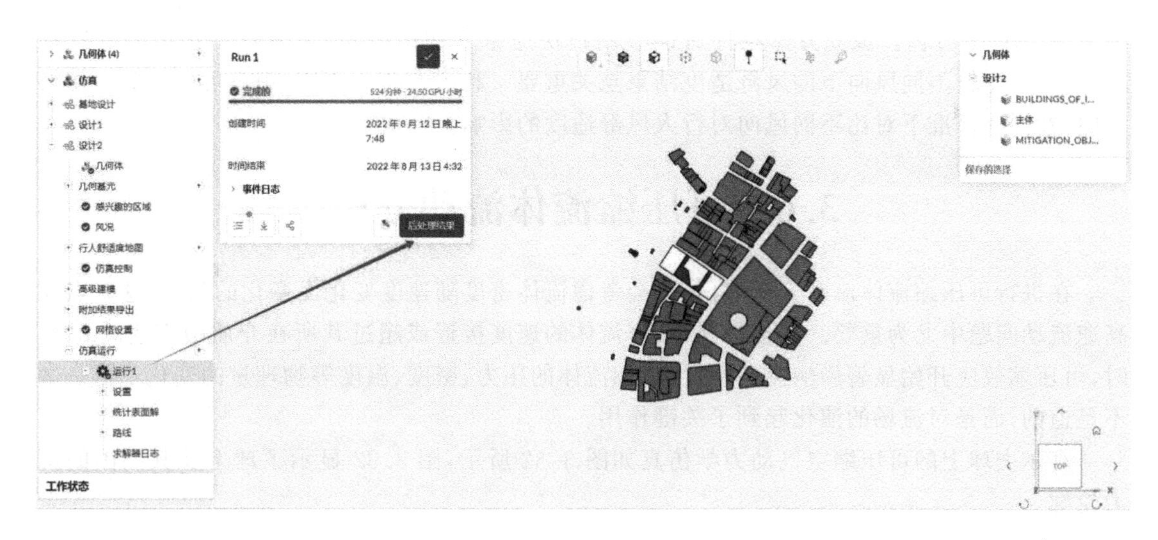

图 3.30 完成的行人风舒适度分析的结果结构

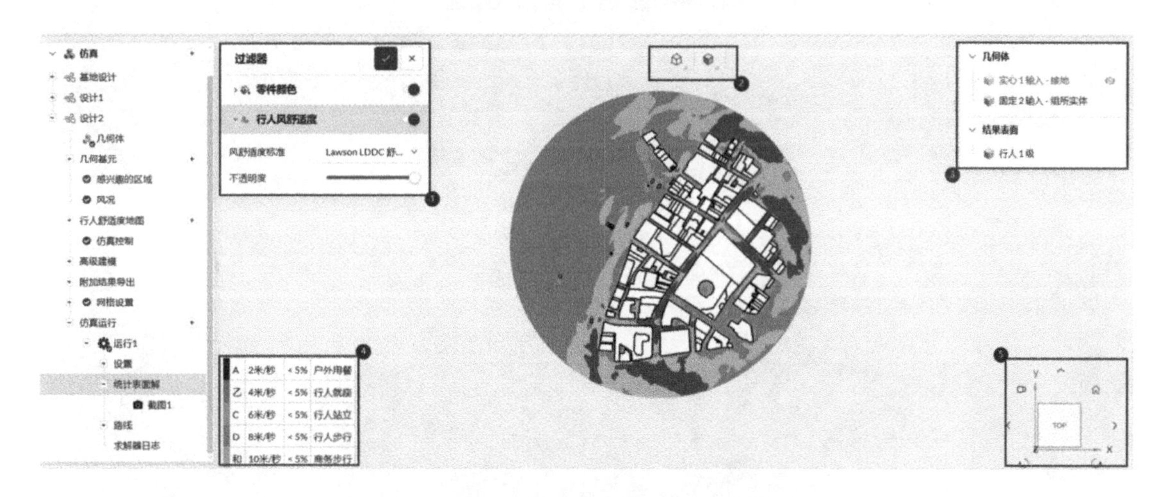

图 3.31 行人风舒适度结果评估的后处理器界面

在后处理器中，针对 PWC 分析，用户可以充分利用五个主要的交互组件进行深入分析和可视化。

① 过滤器面板。这是用户选择和控制结果显示的核心区域。在行人风舒适度过滤器中，用户可以选择特定的舒适度标准（如 Lawson、Davenport 等）来可视化不同风向下的舒适度等级。此外，用户还可以通过零件颜色过滤器调整建筑物或其他结构的颜色和透明度，以便更清楚地突出显示舒适度区域。

② 后处理器工具栏。该工具栏提供了多种实用功能，如在不同视图和渲染模式之间切换，隐藏或显示结果图例，选择特定位置放大查看结果细节，以及抓取当前视图的屏幕截图以便保存和分享。

③ 结果拓扑树。这是一个层次化的结构面板，用户可以通过展开和折叠它来控制不同结果区域和特定行人区域的显示状态，从而有针对性地查看和分析不同部位的风舒适度情况。

④ 结果图例。结果图例清晰地展示了风舒适度标准与颜色编码的对应关系。对于每种舒适度标准，结果图例都会列出对应的风速阈值或频率阈值，使得用户可以快速解读可视化结果的颜色所代表的含义。

⑤ 方向立方体。该立方体控件有助于用户快速恢复初始视角,或者选择预设的标准视图,这对于比较不同风向下的风舒适度结果至关重要。利用方向立方体,用户可以便捷地切换风向,在同一标准下对比不同风向对行人风舒适度的影响。

3.6 可压缩流体流动分析

在进行可压缩流体流动分析时,仿真会考虑流体密度随速度变化而变化的效应,这一点在高速流动问题中尤为重要。通常情况下,当流体的速度接近或超过其所在介质中声速的 30% 时,可压缩效应开始显著影响流动特性,诸如流体的压力、密度、温度等物理量的变化不再是微不足道的,而是对流场的演化起到了关键作用。

高尔夫球上的可压缩空气动力学仿真如图 3.32 所示,图 3.32 显示了球上及其周围的压力轮廓。

图 3.32 高尔夫球上的可压缩空气动力学仿真

在集成工业软件(此处可能指的是某种 CFD 软件或仿真平台)中进行可压缩仿真时,用户需要对一系列参数进行设置,以确保准确模拟流体在高速流动或压力变化较大的情况下的行为。以下是一些可压缩仿真的关键设置。

1. 创建可压缩分析

要创建可压缩分析,首先要选择所需的几何体,然后单击"创建仿真"按钮,见图 3.33。

接下来将显示一个窗口,其中列出了集成工业软件支持的多种分析类型,从上面的树中选择可压缩分析类型,并单击"创建仿真"按钮,如图 3.34 所示。

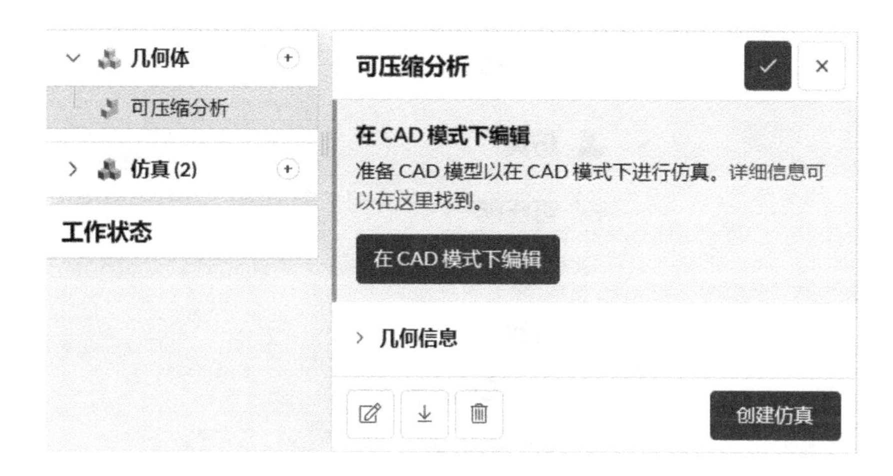

图 3.33 在集成工业软件中创建仿真的步骤(可压缩分析)

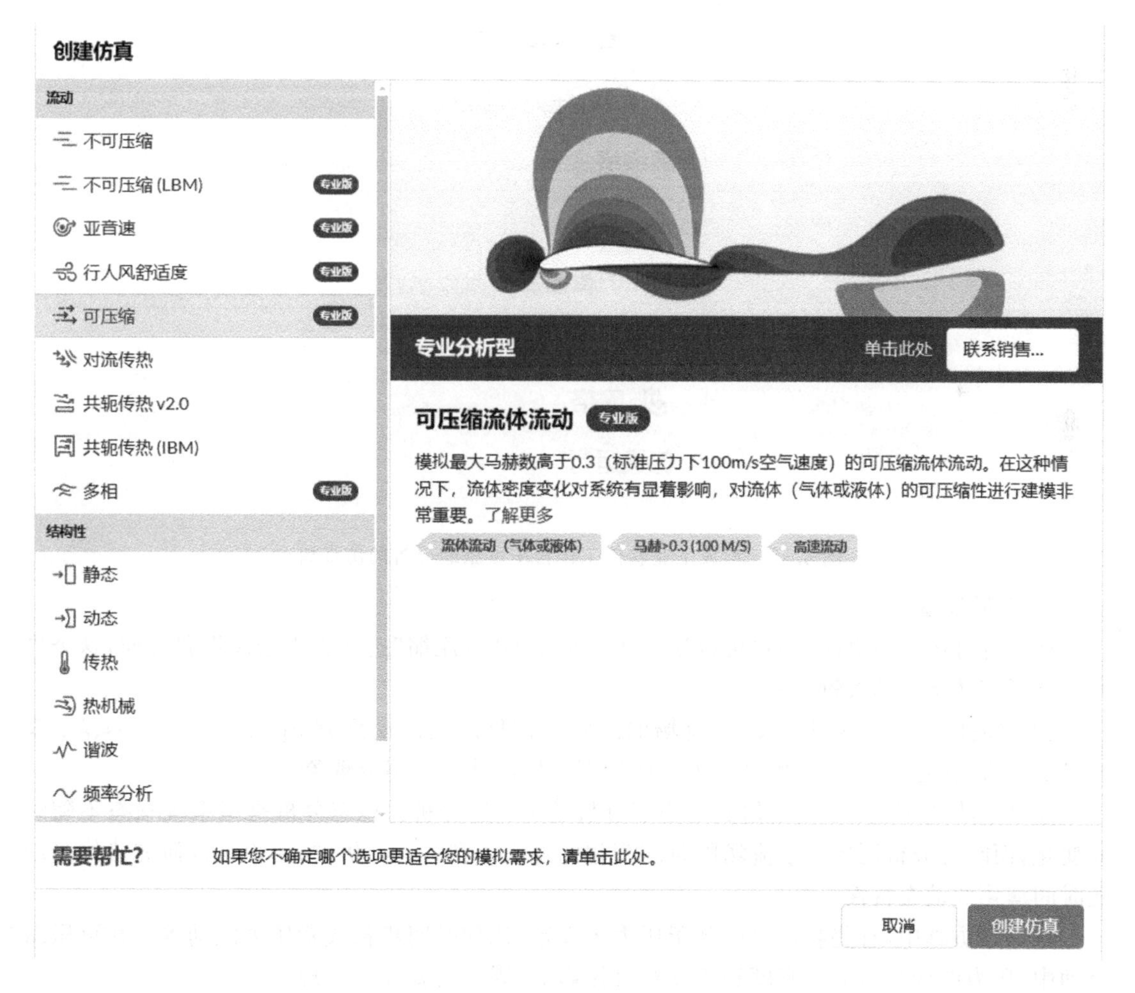

图 3.34 选择可压缩分析类型并单击“创建仿真”按钮

选择可压缩分析类型并单击“创建仿真”按钮，将导致可压缩流仿真的工作台具有以下仿真树和相应的设置，见图 3.35。

图 3.35　集成工业软件工作台中可压缩分析的仿真树

2. 全局设置

在进行可压缩仿真时,用户可以通过仿真树中的“可压缩”选项进入全局设置界面,这个界面包含了定义仿真的关键参数。

① 湍流模型:用于模拟湍流对流场的影响。常见的湍流模型有 Spalart-Allmaras、k-ε 模型、k-ω SST 模型等,这些模型决定了如何处理流体流动中的湍流现象。

② 时间依赖性:用于确定仿真是稳态分析还是瞬态分析。稳态分析是指系统状态不随时间变化,而瞬态分析则模拟了流场随时间变化的过程。在瞬态分析中,用户可以研究流体流动随时间演化的动态特性。

在瞬态仿真中,有些参数可能基于压力来设定,比如时间步长或者压力波动等。在可压缩流动中,压力的变化对流体密度和速度有直接影响,因此需要妥善处理。

通过调整以上参数及其他相关设置,用户可以为可压缩流动问题设定恰当的仿真条件,以获得准确可靠的分析结果。

3. 几何结构

在进行可压缩仿真之前,几何部分是整个仿真流程的重要开端。用户在此阶段可以导入并选择用于仿真的CAD(计算机辅助设计)模型。为了确保后续的网格划分和仿真计算顺利进行,CAD模型的准备工作至关重要。CAD模型的良好准备是可压缩仿真成功的第一步,它直接影响到后续网格划分的质量、计算的稳定性以及仿真结果的准确性。

4. 模型

在进行大涡模拟(Large Eddy Simulation, LES)时,用户需要在全局设置中选择LES湍流模型,并配置与LES算法密切相关的参数。其中,"delta系数"通常指的是LES中的滤波宽度(Filter Width)尺度,它可以是特征长度或者是一个与流动相关的可变参数。

5. 材料

在进行可压缩仿真时,选择合适的流体类型并为其指定准确的热物理属性是至关重要的。由于温度是可压缩仿真的重要属性,因此用户需要指定所考虑流体的相应热物理属性。

6. 初始条件

在进行可压缩流体仿真时,计算域内的主要变量包括压力(P)、速度(U)和温度(T)。这三个基本场量需要通过数值求解方法得到,以描绘流体在空间和时间上的动态变化。

具体来说,在初始化阶段,用户需要为整个计算域或特定子域设定压力、速度和温度的初始值。这些初始条件是仿真开始的前提,它们会影响整个仿真过程的收敛速度和最终结果的准确性。

此外,根据所选用的湍流模型(如RANS、LES、DNS等),用户可能还需要求解额外的湍流传输量,例如雷诺应力、湍动能及其耗散率等。这些湍流模型参数的计算和初始化是整个仿真过程的关键环节,它们能够更好地捕捉和描述流体内部的湍流结构和动力学行为。

总之,在可压缩仿真中,用户不仅要关注基本的物理场量(压力、速度和温度),还要根据所选的湍流模型适当地考虑和处理湍流相关的传输量,以确保仿真结果的可靠性。

在进行任何种类的仿真研究时,为确保仿真过程的准确性和可靠性,务必在每个边界上明确规定所有必需变量的初始条件和边界条件。

在进行仿真前,明智的做法是将初始条件精心设定为接近预期解的状态,以最大限度地减小收敛问题发生的可能性。此外,值得一提的是,集成工业软件仿真平台还提供了一个独特的功能,即在正式启动实际仿真运算之前,用户可通过势流求解器对场进行初步初始化。这一功能可以在"仿真控制"设置菜单下找到。利用该功能,用户能够基于预估的物理条件准确地初始化仿真场,从而提高仿真结果的精确度和收敛效率。

7. 边界条件

边界条件在解决问题的过程中起到了关键作用,它们通过详尽地定义系统与外界环境的相互作用方式,为仿真提供了必要的约束条件。为了更好地理解和应用这些条件,请参阅可压缩仿真中列举的边界条件列表,并学习如何将这些条件恰当地施加于计算域的各个边界上。

参数化实验功能进一步加深了对可压缩仿真中边界条件的探究,它支持多种边界条件设置,用户可以通过实验调整不同的边界参数,以便在实际仿真过程中探寻最优解或深入了解边界条件变化对系统性能的影响。

如果不特意为某个面指定特定的边界条件，在默认情况下，该面将自动采纳无滑移壁边界条件。这意味着在该面上，流体的速度矢量与其垂直，即不存在沿着壁面的流体滑移现象。与此同时，针对湍流模拟，边界条件还包括壁函数(Wall Function)，以便用户精确模拟壁面附近流体的湍流结构和边界层发展情况。

此外，对于温度场，在未明确指定其他条件的情况下，默认给予温度场零梯度条件，即假设温度在壁面上没有发生变化，从而维持温度场的连续性。这一系列默认边界条件确保了在用户未明确设置边界条件的情况下，仿真过程仍能基于一定的物理原理进行。

8. 高级概念

在高级概念下，您将找到其他设置选项，例如旋转区域、动量源、多孔介质、固体运动和被动标量源。此外，参数实验支持动量源和旋转区域。

9. 数值

数值设置在仿真配置环节中占据核心地位，它们负责指导用户运用精准的离散化技术和求解器策略对控制方程进行求解。这些设置对于提升仿真的稳定性与稳健性至关重要。尽管用户具有全面操控数值设置的权限，但在没有特殊理由的情况下，建议采用默认设置，因为它们通常是基于大量实践经验和理论得出的最佳选择。

集成工业软件使用其内部开发的 OpenFOAM® 求解器版本。

10. 仿真控制

仿真控制设置在整个仿真流程中扮演着关键角色，它涵盖了对仿真实验进行一般性调控的各项参数设定。在此功能模块中，用户能够灵活配置一系列关键变量，诸如仿真的终止时间阈值以及允许的最长运行时间等核心参数。这些具体的调控设定为仿真实验的有效实施和精确分析提供了有力支撑。

11. 结果控制

结果控制板块赋予了用户定制仿真结果输出的能力，使其能够精准把控结果数据的记录方式，包括但不限于数据的写入频次、存储位置以及统计信息的详细程度等关键参数，从而确保仿真成果以最为贴合需求的形式呈现出来。

12. 网格划分

网格划分是将仿真所涵盖的大规模连续物理域转化为一系列离散化的小型子域的过程。通过这一过程，我们可以对每个细分区域内的物理方程逐一进行求解。

在进行可压缩流体分析时，我们可以采取多种网格划分策略以适应不同场景的复杂需求。其中，标准网格划分方法、以六面体为主导的网格生成技术以及参数化的六面体网格算法均可用于构建适用于可压缩流动问题的高质量离散网格结构。这些算法旨在确保网格既能够有效地捕捉流场中的复杂流动特性，又能保证仿真计算的稳定性和准确性。

3.7　对流传热分析

对流传热分析特别适用于研究因流体温度变化而引发密度差异进而驱动流体循环流动的情形。在这种情况下，流体由于温度变化引起的密度梯度在重力作用力的影响下会发生自然或强制对流现象，从而形成热量传递与流体运动相互耦合的动态过程。通过对流传热分析，我们可以深入探究这种由温度差异驱动的流体循环机制及其相关的传热效应。

车厢内的对流如图 3.36 所示。

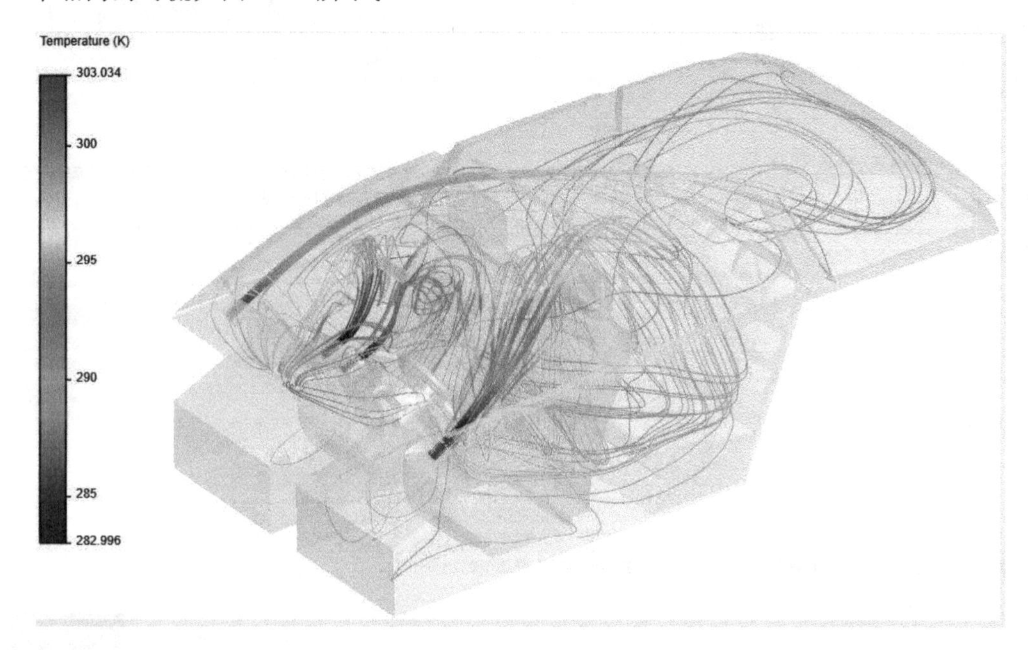

图 3.36　车厢内的对流

1．创建对流传热分析

要创建对流传热分析，第一步是选择所需的几何形状，然后单击“创建仿真”按钮，见图 3.37。

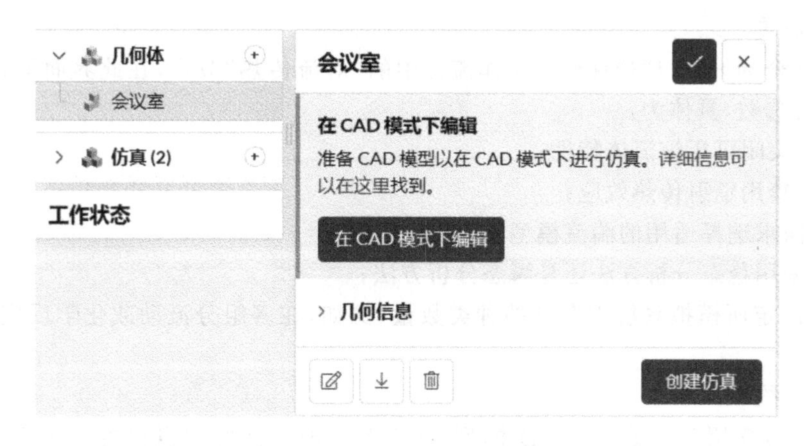

图 3.37　创建新的对流传热分析

之后，将出现一个包含可用分析类型的窗口，如图 3.38 所示。

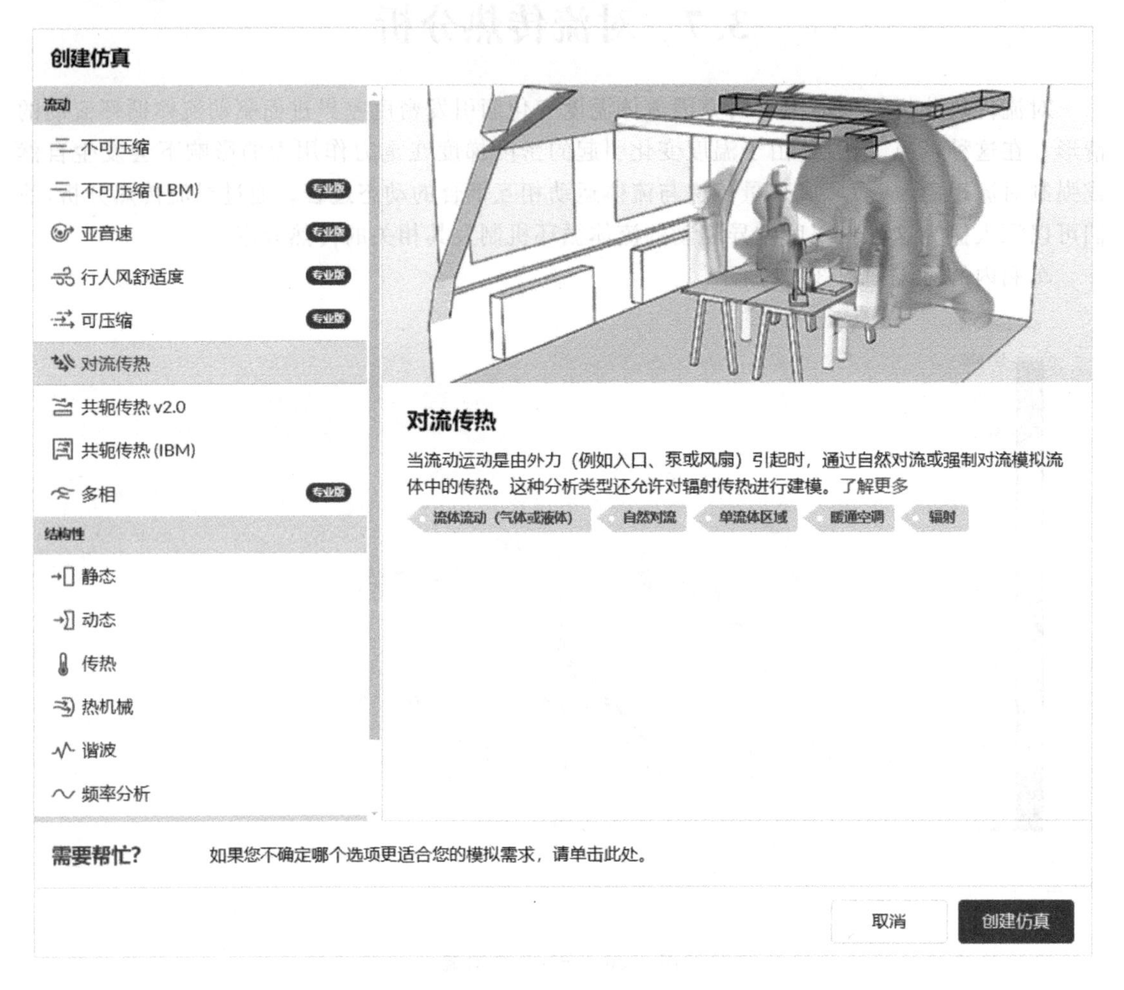

图 3.38　在集成工业软件中创建对流传热分析的步骤

从列表中选择“对流传热”类型，然后单击“创建仿真”按钮，应出现以下具有相应设置的仿真树，见图 3.39。

2. 全局设置

若要访问全局设置，请选择仿真工作流程中的“对流传热”节点，在此界面下，用户能够配置一系列核心参数，具体为：

① 开启/关闭可压缩流体特性；

② 启用/禁用辐射传热效应；

③ 根据需求选择适用的湍流模型；

④ 决定采用稳态分析方法还是瞬态分析方法；

⑤ 明确设定所模拟系统中存在的种类数量（例如，在多组分流动或化学反应模拟中涉及的物质种类）。

3. 几何结构

几何选项包含用于仿真的 CAD 模型。CAD 处理的详细信息已在预处理部分进行了描述。

图 3.39　显示对流传热分析类型条目的仿真树

在进行对流传热仿真时，需要注意的是，实体部分不应存在于计算流体域内部，我们仅需关注流体填充的区域。为此，在集成工业软件仿真平台中，可通过执行流体区域提取操作，轻松识别并分离出流体域，同时排除实体部分，确保仿真专注于流体流动和传热分析。另一种可行方案是在本地 CAD 软件中提前完成这一过程，即在设计阶段便创建出仅包含流体区域的流域模型，从而确保导入集成工业软件进行仿真的模型仅为所需的流体域部分。

4. 模型

在模型框架中，用户可以自主设定重力参数的影响，这在涉及物质迁移时显得尤为关键。此外，若需要模拟不同物质之间的扩散效应，亦可精确指定各自物质的扩散系数。而在选择了 LES(大涡模拟)中的 Smagorinsky 或 Spalart-Allmaras 湍流模型时，系统还支持用户对其截止长度进行个性化配置，以优化对湍流细节的模拟效果。

5. 材料

在“材料”配置选项中，用户应当明确指定仿真区域内所涉及的流体类型及其相关属性。这一操作是确保仿真结果准确无误的重要步骤，因为流体的物理性质(如密度、粘度、热传导率、比热容等)都将直接影响对流传热过程的计算结果。因此，正确设置流体材料是开展对流传热仿真分析不可或缺的前提。

6. 初始条件

初始条件在设置解决方案起始状态时发挥着决定性的作用，对仿真的稳定性和计算所消耗的时间具有重大影响。在对流传热分析中，既可以一体化设定速度场、温度场、压力场以及被动标量场的初始化,也可针对每个独立的区域或子域进行单独配置,以确保仿真过程能够精确反映实际物理环境的初始状态。

建议将初始条件设置为接近预期解,以避免潜在的收敛问题。

7. 边界条件

在对流传热仿真过程中,边界条件的设定至关重要,它规定了仿真系统与外部环境互动的方式,相当于为仿真实验设定了外部输入参数。在集成工业软件这款软件中,用户可以运用参数实验功能,灵活应用并探索多种适用于对流传热仿真的边界条件,从而确保仿真结果准确反映实际物理状况。

未经明确设定边界条件的面,在默认状态下将自动采用无滑移壁边界条件,并配合绝热温度条件,即设定温度梯度为零。另外,值得注意的是,如果辐射功能已被激活,那么这些面将默认被视为辐射率为0.9的灰体,以纳入辐射传热效应的计算。

8. 高级概念

在"高级概念"下,您将找到其他设置选项,例如旋转区域、电源、动量源、多孔介质和无源标量源。

如果启用辐射功能,则无法创建旋转区域。

9. 数值

数值设置在仿真配置中扮演着举足轻重的角色,对于确保仿真过程的稳定性与鲁棒性至关重要。通常情况下,系统提供的标准数值设置足以满足常规仿真需求,因此在缺乏充足理由的情况下,不宜随意对其进行调整。只有在必要时,用户才能对这些数值设置进行变更,以期优化仿真效果并提升结果准确性。

10. 仿真控制

仿真控制设置功能区块在仿真流程中扮演了核心控制者的角色,用户在此界面下能够对一系列关键变量进行设定,其中包括但不限于预设仿真的预计终止时间以及仿真运行的最长时间限制等基本参数,以确保仿真进程按计划进行并得到有效管控。

11. 结果控制

结果控制功能赋予了用户额外定义仿真输出结果的权限,这一功能对于评估仿真的收敛性至关重要。在众多可选的结果控制选项中,包含探测点监测与面积平均值计算等功能,便于用户更全面、更深入地掌握仿真的细微变化及总体趋势。

12. 网格

网格划分实质上是对仿真域进行离散化处理的过程,即将一个庞大的连续问题转化成若干个易于解决的离散数学子问题。在对流传热分析中,我们可以运用多种网格划分技术(包括标准网格划分法、以六边形单元为主的网格生成算法以及参数化六边形单元算法)，以确保对流传热问题得到精确而高效的模拟。

3.8 共轭传热 v2.0 分析

共轭传热 v2.0(CHT v2.0)分析方法能够有效地模拟固体与流体域间因界面热能交换导致的传热过程。这一分析方法广泛适用于诸多场景，其中包括但不限于对热交换器内部工作机理的精密建模、电子设备散热系统的设计与优化以及各类通用冷却与加热系统效能的仿真分析。

热交换器周围的自然对流见图 3.40。由图 3.40 可知，冷水进入了热交换器，并被与其方向相反的热空气加热。

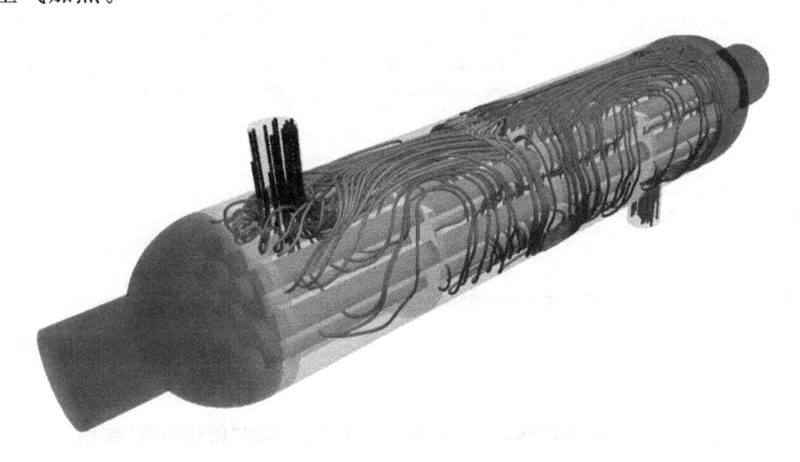

图 3.40 热交换器周围的自然对流

在集成工业软件平台内设置共轭传热 v2.0 仿真的过程如下。

1. 创建共轭传热 v2.0 分析

要创建共轭传热 v2.0 分析，首先要选择所需的几何体并单击“创建仿真”按钮，如图 3.41 所示。

图 3.41 在集成工业软件中创建仿真的步骤(共轭传热 v2.0 分析)

请注意，共轭传热 v2.0 分析不支持 .stl 模型。接下来将显示一个窗口，其中包含集成工业软件支持的分析类型列表，从上面的树中选择共轭传热 v2.0 分析并单击底部的“创建仿真”按钮，见图 3.42。

图 3.42 选择共轭传热 v2.0 分析并单击底部的"创建仿真"按钮

选择共轭传热 v2.0 分析并单击"创建仿真"按钮，将使仿真的工作台具有以下仿真树和相应的设置，见图 3.43。

2. 全局设置

若需访问全局设置，请在仿真结构树中选择"共轭传热 v2.0"选项，以便配置一系列用于定义仿真的核心参数。这些参数包括但不限于以下几种。

① 辐射传递选项：开启或关闭辐射功能。

② 湍流模型：根据具体需求选取适用的湍流模型。

③ 时间依赖性：确定仿真是稳态分析还是瞬态分析。

④ 可压缩性选项：切换仿真中的流体为可压缩流体或不可压缩流体。

⑤ 太阳辐射负荷：添加或调整太阳能对仿真区域的影响。

⑥ 被动式样：定义和配置被动热传递现象的相关参数。

⑦ 相对湿度参数：考虑湿度对传热过程的影响。

⑧ 焦耳热贡献：包括由电流、机械功或其他内部能源产生的热量影响。

对上述参数进行配置的宗旨是构建一个更为精准、全面的共轭传热仿真环境。

3. 几何结构

在执行共轭传热 v2.0 分析时，需要遵循一系列 CAD 相关规范。具体要求如下。

① 模型构造必须包含多个明确区分的区域，其中至少应有一个区域被指定为固体域，其他区域则作为流体域。若原始几何模型尚未包含流体区域，建议使用内置的流量提取工具进行有效区分和创建。

图 3.43 工作台中共轭传热 v2.0 分析的仿真树

② 配合区域之间的接口定义必须准确无误。请注意，这里的“区域”是指 CAD 模型中的封闭体积部分，即实体零件。要确保固体与流体域之间的界面边界正确标识，以便进行精确的能量传递模拟。

4. 接口

在“接口”选项下，用户会发现所有已识别的区域间的接口一览无余。为了实现两个区域间的传热仿真，创建相应的接口是必要的。在构建新的 CHT v2.0 仿真或者为现存仿真分配新的仿真域时，平台将自动检测所有潜在的接口。这些接口必须由两个相互配合区域上的完全对称的面来精确界定。

如果现有的 CAD 模型中的面未能满足完美对齐的要求，平台会智能地推荐执行自动压印操作。这项操作会将现有的不完全吻合的面分割成多个部分，确保两侧区域的面能够实现无缝重叠，从而满足精确的传热仿真条件。

自动压印操作效果如图 3.44 所示。为了在 CHT v2.0 仿真中正确定义配合，要求配合面一致。

如前所述，在仿真创建和域分配时，平台将自动检测所有可能的接口。

5. 模型

在模型设置范畴内，用户可自行配置重力参数。此外，如果选择 LES Smagorinsky 湍流

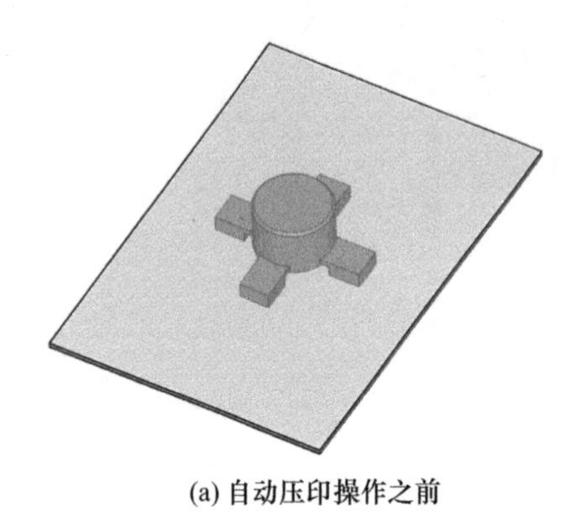
(a) 自动压印操作之前

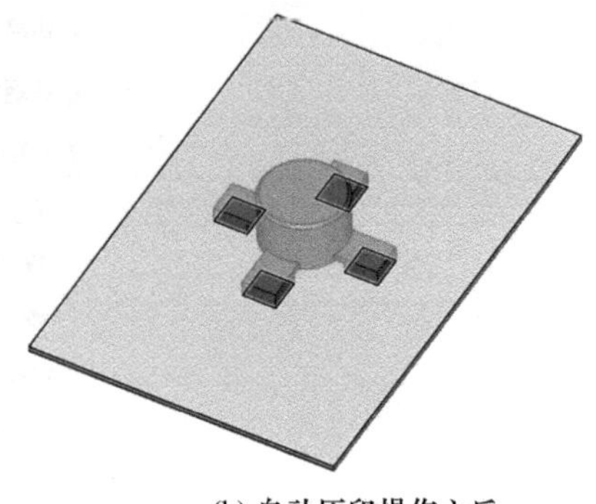
(b) 自动压印操作之后

图 3.44　自动压印操作前后对比

模型进行仿真，那么除了重力参数之外，用户还能进一步定义该模型的截止长度及与 delta 系数相关的其他参数，从而实现对湍流细节的精细化控制。

6. 材料

CHT v2.0 分析赋予了用户极大的灵活性，使得他们能够针对仿真中的不同区域指定不同的材料属性，既可应用于流动区域，也可应用于固体区域，抑或应用于两者相结合的场景。

简而言之，利用 CHT v2.0 分析，用户不仅可以进行共轭传热模拟，还可在此基础上扩展至单纯的对流传热或简单传热仿真。得益于内置的优越数值算法和辐射模型，该分析类型能够满足多种类型的仿真需求。

7. 初始条件

在共轭传热仿真过程中，用户将在计算域内针对三个关键场变量进行求解，即压力(P)、速度(U)以及温度(T)。这里提及的压力实际上是修正后的压力，只取其绝对值进行计算。根据所选用的湍流模型，在仿真过程中，可能还会纳入额外的湍流传输量。

在设置初始条件阶段，用户能够为整个计算域或各个子区域独立初始化这些场变量的值，从而确保仿真过程始于一个符合实际情况的初始状态。

建议将初始条件配置得尽可能接近预期解，以最大限度地减少潜在的收敛难题。

8. 边界条件

边界条件通过明确系统与周围环境的相互作用方式，为用户解决当前问题提供关键指导。针对边界条件的详细说明已链接至专用页面，其中每个页面都详尽阐述了各个边界条件的重要性及其在域边界上的具体应用方法。此外，参数实验功能支持在共轭传热仿真中采用多种适用的边界条件，便于用户进行深入探究和优化模拟。

如果没有为面指定边界条件，则默认为带有壁函数的无滑移壁边界条件，以实现湍流解析。

9. 高级概念

在“高级概念”下，您将找到其他设置选项，例如旋转区域、动量源、电源和热阻网络。此外，参数实验支持动量源、电源和旋转区域。

10. 数值

数值设置在仿真配置中占据核心地位，决定了如何运用适当的离散化方案和求解器对数学方程进行有效求解。恰当的数值设置有利于提升仿真的稳定性与鲁棒性。虽然用户能控制所有的数值参数,但在无特殊需求的情况下,建议保持系统默认值,以免因调整不当导致仿真效果变差。

11. 仿真控制

仿真控制设置用于界定仿真的整体控制参数,其中包括但不限于迭代次数、仿真时间间隔、时间步长等多个关键参数的设定。通过对这一系列参数进行合理设定,用户能够实现对仿真过程的整体把握与精准控制。

12. 结果控制

结果控制模块赋予了用户自定义仿真结果输出的权限,它管理着结果数据的输出方式,包括但不限于写入频率的设定、输出位置的选择等,旨在满足用户对仿真结果多样化的展示与分析需求。

13. 网格

网格划分是对仿真区域进行离散化处理的过程,即把单一的大型计算域细分为多个小型子域,并在这些子域的基础上求解对应的物理方程。在共轭传热仿真中,这一过程尤为关键,因为它要求生成一个多区域网格结构,以便准确界定和处理计算域中不同介质间的交互界面。一旦正确设置了各个区域之间的接口,集成工业软件便会自动识别并妥善处理这些界面,以确保共轭传热仿真的顺利进行和仿真结果的精确性。

3.9 共轭传热(IBM)分析

共轭传热(IBM)分析能够有效地模拟固体域与流体域间通过其交界面传递热能的过程。这种方法尤其适用于热交换器性能分析、电子器件冷却系统设计以及各种普遍存在的冷却与加热系统仿真等实际场景。相较于传统的共轭传热模拟版本 2.0,IBM 的优势在于它能够灵活地应对复杂的几何结构,无需对原始 CAD 模型进行简化处理,从而提高了模拟精度和扩大了适用范围。

LED 聚光灯周围的自然对流如图 3.45 所示。

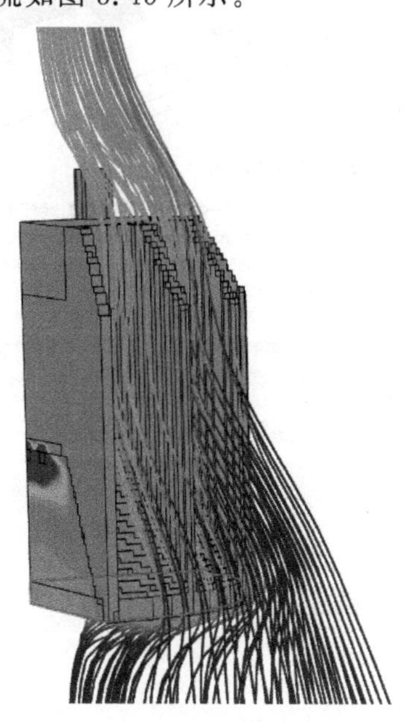

图 3.45 LED 聚光灯周围的自然对流

在集成工业软件平台内设置共轭传热（IBM）仿真的过程如下。

1. 创建共轭传热（IBM）分析

要创建共轭传热（IBM）分析，首先要选择所需的几何体并单击“创建仿真”按钮，见图 3.46。

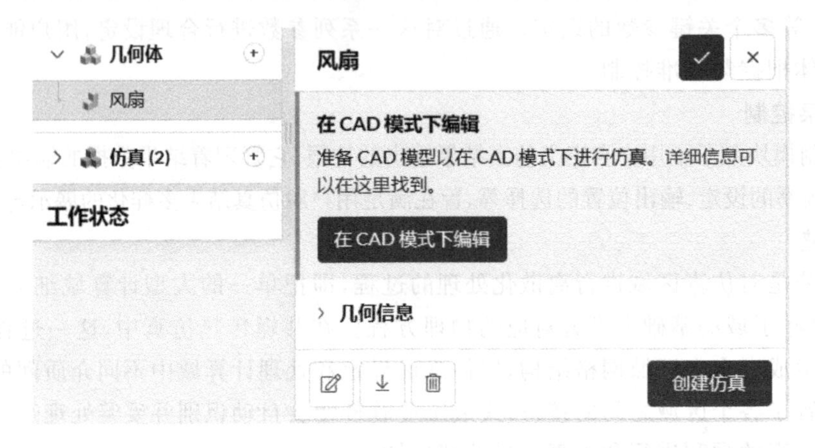

图 3.46　在集成工业软件中创建仿真的步骤（共轭传热（IBM）分析）

请注意，共轭传热（IBM）分析不支持.stl 模型。

接下来将显示一个窗口，其中包含集成工业软件支持的分析类型列表，从上面的树中选择共轭传热（IBM）分析并单击“创建仿真”按钮，见图 3.47。

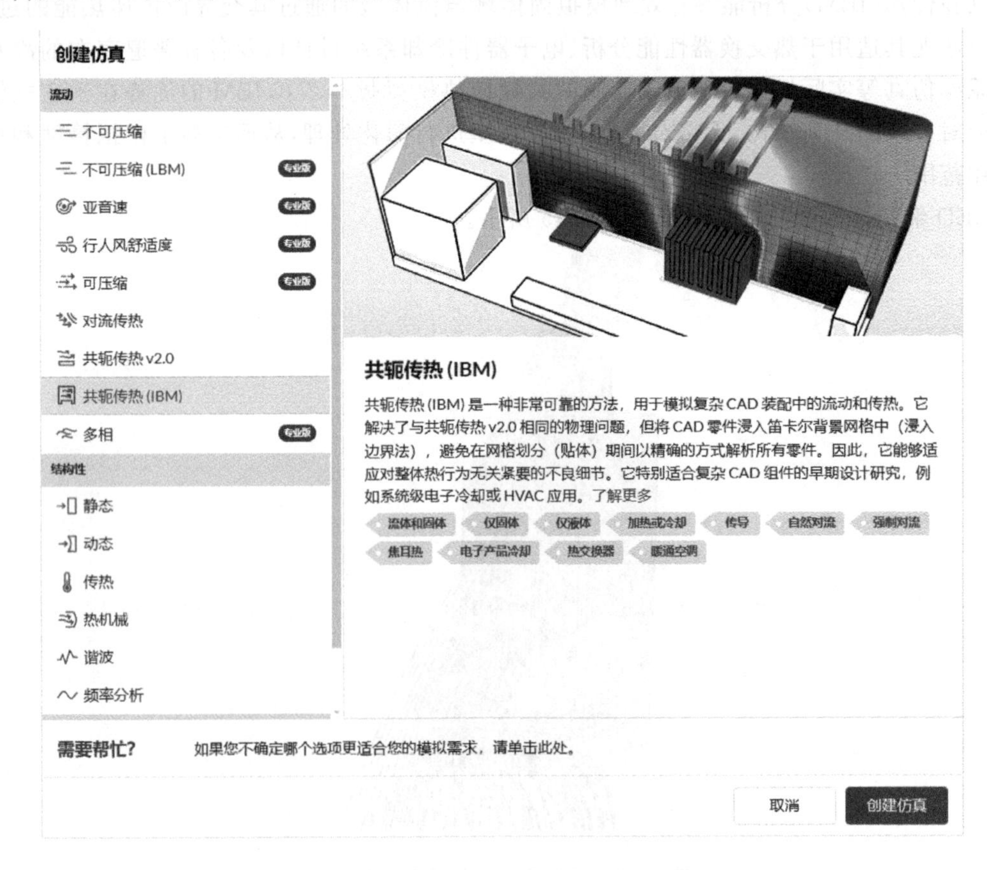

图 3.47　选择共轭传热（IBM）分析并单击底部的“创建仿真”按钮

选择共轭传热 (IBM)分析类型并单击“创建仿真”按钮,将使仿真的工作台具有以下仿真树和相应的设置,见图 3.48。

图 3.48 共轭传热(IBM)分析的仿真树

2. 全局设置

若欲访问全局设置,请选择仿真结构树中的“共轭传热 (IBM)”选项,其中包含了若干可自定义的参数,用以精确定义仿真的具体条件。这些参数包括但不限于外部流体流动特性、流体可压缩性选项、焦耳热效应、湍流模型(如 k-omega SST 湍流模型或层流模型)、时间依赖性(可选择稳态分析或瞬态分析)。

通过调整上述参数,用户能够根据实际应用场景和需求实现对共轭传热仿真的深度定制。

CHT(IBM)的全局设置如图 3.49 所示,用户可以通过在稳态或瞬态之间进行选择来调整仿真的常规设置。

3. 几何结构

在运行共轭传热(IBM)分析时,用户无须过分关注其他特定的 CAD 要求,尤其是已在“全

图 3.49　CHT (IBM) 的全局设置

局设置"中启用了"外部流"选项时,也无须额外创建外部流体流域。然而,若未启用该选项,则需在 CAD 环境下手动创建内部或外部的流体流域,以确保仿真模型的完备性。

4. 模型

在模型设置阶段,用户可自定义重力的方向和大小。在进行热分析时,强烈建议考虑重力因素,因为重力产生的浮力效应将直接影响流体内部的温度分布,对于准确模拟热传递过程至关重要。

定义 CHT(IBM)仿真的重力方向,如图 3.50 所示。

模型

(g) 重力

g_x	0	m/s²
g_y	0	m/s²
g_z	-9.8	m/s²

图 3.50　定义 CHT (IBM) 仿真的重力方向

5. 材料

CHT (IBM)分析赋予了用户在仿真中灵活运用不同材料的自由,无论是应用于流体区域、固体区域,还是应用于两者的复杂组合。

如今,用户能够运用 CHT (IBM)分析进行共轭传热、纯对流传热乃至简单传热等多种类型的仿真模拟。CHT(IBM)分析在处理未简化的复杂几何结构时的优势尤为突出。

在启用全局设置下的“外部流”选项时，需要定义一个外部流域。值得注意的是，虽然CAD几何模型不是必要的，但是可以通过创建几何基元替代，并将这些几何基元关联到流体材料。若要创建几何基元，只需在流体材料属性设置面板底部单击“+”图标即可，见图3.51。

图3.51 创建一个新的几何基元

6. 初始条件

在共轭传热仿真过程中，用户需要在计算域中对三个关键场变量进行求解，即压力(P)、速度(U)以及温度(T)。关于压力，若在可压缩流体条件下，其表述为修正表压或修正绝对压力。修正表压是相对于周围环境压力的相对值，而修正绝对压力则以绝对值的形式给出。依据所选用的湍流模型，有可能会涉及额外的湍流传输量的计算。

在设定初始条件阶段，用户能够为整个计算域或各个子区域单独设定上述场变量的初始值，从而确保仿真从贴近实际情况的初始状态开始演算。

建议将初始条件配置得尽可能接近预期解，以最大限度地减少潜在的收敛难题。

7. 外流边界条件

当启用外部流边界条件时，这类条件会自动应用于流域的所有表面。用户可根据实际需求，选择设置自然对流进/出风口条件或壁面边界条件。若要将对称边界应用至流体体积内部，用户需在CAD模式下的编辑功能中手动创建并指定流体体积范围。

定义外部流域的边界条件，如图 3.52 所示。

图 3.52　定义外部流域的边界条件

8. 边界条件

边界条件规定了系统与周围环境之间的相互作用方式，在解决实际问题中发挥了关键作用。以下是共轭传热仿真中可用的一系列边界条件：速度输入边界条件、速度输出边界条件、压力输入边界条件、压力输出边界条件、固壁边界条件、扇风机边界条件、对称边界条件、自然对流输入/输出边界条件。

参数实验功能支持对上述共轭传热仿真中的多种边界条件进行灵活运用与测试，便于用户根据具体情况进行深入研究和优化仿真结果。

如果没有为面指定边界条件，则默认为无滑移壁边界条件，其中包含用于湍流解析和绝热热行为的壁函数。

9. 高级概念

在“高级概念”下，您可以发现一系列额外的设置选项，包括但不限于旋转区域定义、动力学驱动力配置、热源/冷源参数设定、热阻网络模型构建、配合界面热阻设置。

值得注意的是，参数实验功能同样支持对动量源、热源以及旋转区域等参数进行灵活调整与实验分析。

10. 数值

数值设置在仿真配置中占据了关键地位，决定了如何运用适宜的离散化方案及求解器对数学方程进行有效求解。这些设置对于保障仿真的稳定性与鲁棒性至关重要。尽管用户能对所有数值参数进行全方位调整，但在没有特殊需求的前提下，建议维持系统默认配置，以确保仿真过程更加可靠且高效。

11. 仿真控制

仿真控制设置用于定义仿真的总体控制策略，在此模块，用户可以自定义多项关键参数，包括但不限于迭代次数、仿真时间间隔、时间步长以及其他相关参数。仿真控制设置有助于确保仿真过程按照预设方案准确、高效地进行。

调整仿真结束时间以及结果的写控制，见图 3.53。

仿真控制

时间结束	1000	s
德尔塔	1	s
写控制	时间步长	
写入间隔	1000	
处理器数量 专业版	自动（最多 16 个）	
最长运行时间	2e+4	s
分解算法	分层的	
分解顺序	XYZ	
Delta	0.01	
子域数量 x	1	
子域 y 的数量	1	
子域 z 的数量	1	

图 3.53　调整仿真结束时间以及结果的写控制

12. 结果控制

结果控制模块赋予了用户定制仿真结果输出内容的权限，使得他们能够灵活调整结果的存储方式，包括但不限于数据写入频率、存储位置以及输出数据的统计信息等内容。该模块支持以下几种输出选项。

① 表面数据统计：用户可以选择计算并输出面积平均值或进行积分计算的表面数据。

② 探测点数据：用户可在特定点位设定探测点，收集并记录该点在仿真过程中的数据。

③ 额外场变量计算：允许用户添加更多感兴趣的场变量输出，例如流体的平均年龄等特定物理量的计算结果。

13. 网格

网格划分是将仿真空间划分为多个小单元的过程，也就是将大规模连续域转化为离散计算单元，并逐一对这些单元内的物理方程进行求解。在浸入边界仿真技术中，我们采用了笛卡尔网格架构，不同于贴体网格划分方法对每个几何细节都进行单独处理，而是将几何体嵌入到细密的笛卡尔网格之中，无须直接对几何体边界进行精细化网格划分。相反，对几何细节的精确模拟是在求解器层级内部进行的。

笛卡尔网络划分如图 3.54 所示。将笛卡尔网格细化为几何和拓扑细节，并将几何体浸入其中。

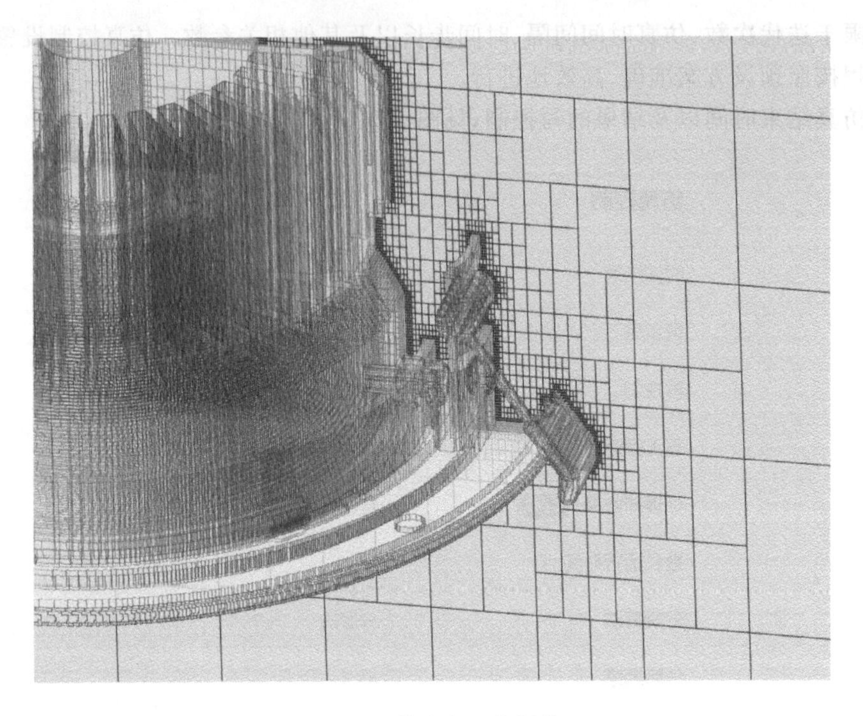

图 3.54　笛卡尔网格划分

上述网格划分方法具有下列优势。

① 网格尺寸具有极高的灵活性,能够满足从极其粗略到极其细腻的各种需求,适用于各种复杂程度的CAD模型。

② 自动忽略微小几何特征,简化了网格生成过程。

③ 提供完美的六面体网格布局,以提高仿真精确度。

④ 网格细化决策基于物理现象而非纯粹的几何形态,从而确保了对关键区域的精确模拟。

在CHT(IBM)仿真中,为实现对网格大小的精准控制,可采用三种不同的网格划分方法。对于每一种网格划分方法,用户都能够进一步应用区域细化或局部单元尺寸细化,以针对性地优化仿真区域的网格结构。

(1) 自动网格划分

借助自动配置功能,您可以便捷地通过指定细度级别迅速设定网格参数。该级别的范围在0到5之间,其中数值越高代表网格精细化程度越高,即网格尺寸越小精度越高。通过选择相应的数字等级,即可轻松实现从粗糙到精细的连续网格划分。自动网格设置如图3.55所示。

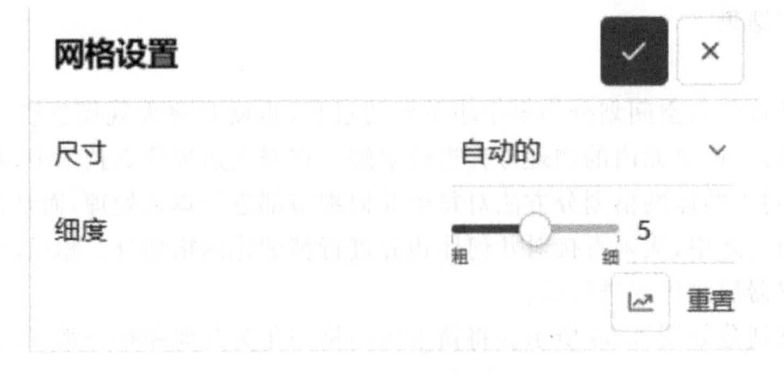

图 3.55　自动网格设置

在进行自动网格划分时，可以将精细化程度作为参数变量，进而开展快速且自动化的网格敏感性研究。这样，用户能够系统地探究不同网格尺寸对仿真结果的影响，从而确定最佳的网格分辨率，确保仿真结果的准确性和有效性。

(2) 手动网格划分

手动网格划分赋予用户自定义单元尺寸的权限，使得他们能够精确设定网格中单元的最大与最小边长，以满足具体的仿真需求和适应模型复杂性，实现对网格划分的精细化控制。手动网格设置如图 3.56 所示。

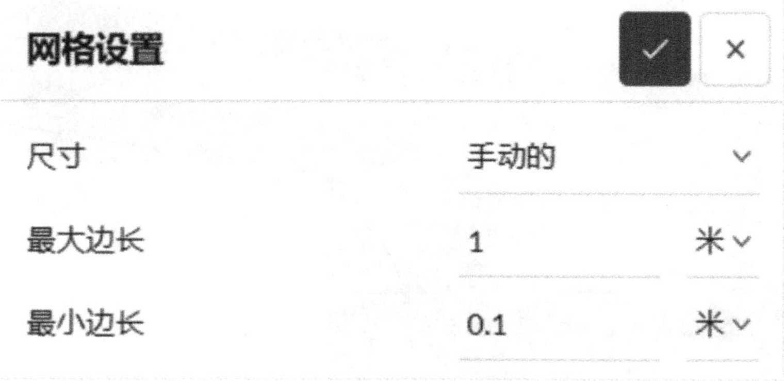

网格设置

尺寸 手动的

最大边长 1 米

最小边长 0.1 米

图 3.56 手动网格设置

(3) 自定义网格划分

在创建自定义网格时，用户不仅要明确指定各个方向上的单元数量，还要设定细化级别的数目。细化级别的数量对于确定网格中的最小单元尺寸至关重要，因为在每一级细化过程中，都会将单元尺寸等比例地缩小一半，以逐步提高仿真区域的分辨率和精确度。自定义网格设置如图 3.57 所示。

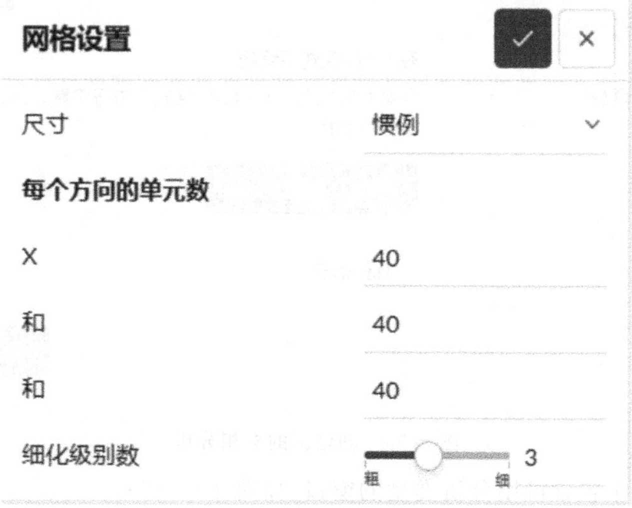

网格设置

尺寸 惯例

每个方向的单元数

X 40

和 40

和 40

细化级别数 3

粗 细

图 3.57 自定义网格设置

3.10 多相流体流动分析

多相流体流动分析运用 VoF 方法模拟两种不可压缩、等温且互不相溶的流体在时间演变过程中的混合行为。请注意，当前版本的多相分析功能对流速有所限制，仅适用于流速不超过 15 m/s 的情况。

瀑布的多相流仿真如图 3.58 所示。

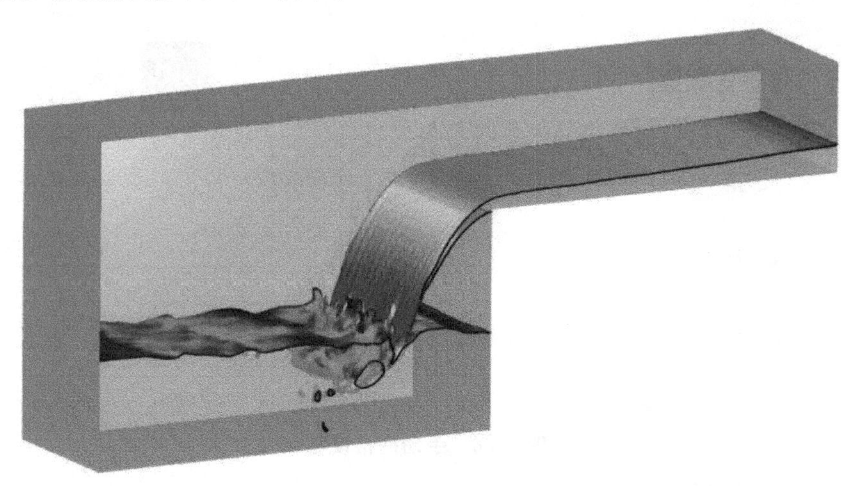

图 3.58 瀑布的多相流仿真

1. 创建多相分析

要创建多相分析，第一步是选择所需的几何形状，然后单击“创建仿真”按钮，见图 3.59。

图 3.59 创建新的多相分析

之后，将出现一个包含可用分析类型的窗口，如图 3.60 所示。

从列表中选择多相分析类型，然后单击“创建仿真”按钮，应出现具有以下设置的仿真树，见图 3.61。

用户可在亚音速仿真场景中运用多相流体仿真功能，并进行瞬态模拟。这一多相功能位于全局设置选项内。

图 3.60　在集成工业软件中创建多相分析的步骤

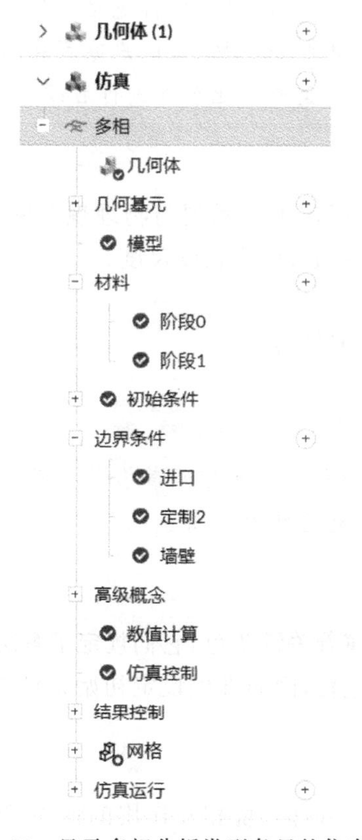

图 3.61　显示多相分析类型条目的仿真树

相较于常规多相求解器，亚音速多相仿真具有如下优势。

① 能够实现快速且稳定的收敛，这得益于自动调整的 CFL 数值。

② 采用了基于鲁棒二叉树算法的先进网格划分技术，能够确保网格划分的高效性且适应性强。

③ 支持参数化设置并与 CAD 数据紧密关联，从而提高了仿真精度和实用性。

2. 全局设置

要访问全局设置，请在仿真结构树中选择"多相"选项，以便进入相关配置界面。在此界面中，用户可以自定义如下参数：时间步长和湍流模型。

多相分析本质上属于瞬态仿真范畴。通过激活本地时间步进功能，用户能够有效地加快仿真进程，从而使仿真更快地逼近稳态。

3. 几何结构

在"几何"选项卡中，用户可以找到用于仿真分析的 CAD 模型。关于 CAD 模型的详细处理步骤和信息，在预处理阶段中有详尽说明。

在进行多相仿真时，不应将实体部件置于仿真域内部，仅需保留流体区域作为必需成分。在集成工业软件仿真平台上，可以通过执行流量提取操作来划分和生成流体区域，并同步移除仿真域中不必要的实体部分。另外，用户亦可在本地 CAD 软件中直接创建适合的流体区域(流域)后再将其导入集成工业软件进行后续仿真分析。

4. 模型

在模型参数列表下，系统地规定了一系列与物理现象紧密相关的变量：地球重力作用强度；不同相之间的界面表面张力系数；截止长度尺度。

5. 材料

在"材料"选项中，用户应指定材料。

在多相仿真过程中，同一空间区域可以承载多种材料。然而，请务必注意，当前系统仅支持对两种不混溶流体阶段进行建模和分析。

6. 初始条件

初始条件在多相分析中扮演着关键角色，它们规定了解决方案字段初期所采用的初始值。鉴于多相分析本质上属于瞬态过程，因而准确设定初始条件对于整个仿真过程的成功与仿真结果的准确性至关重要。

7. 边界条件

边界条件用于确定仿真中与外部环境相互作用的输入参数。在进行多相流体研究时，参数实验功能可支持并应用于多种适用的边界条件设置，以便用户灵活地探索和分析多相流体系统的边界效应。

若未能为某一表面明确指定边界条件，则默认采用相分数梯度为零的无滑移壁边界条件。

8. 高级概念

当本地时间步进功能被禁用时，以下两项"高级概念"方可启用：旋转区域模拟和固体部件的运动模拟。

另外，即使在常规仿真条件下，参数实验功能也同样支持对旋转区域进行深入的分析与研究。

9. 数值

数值设置在仿真配置中起着重要作用。恰当的数值设置有助于提升仿真的稳定性和可靠性。通常情况下，推荐采用默认的标准设置，因其经过精心设计和验证，能确保仿真过程的合理性。除非有充分的理由，否则不建议用户随意改动这些数值设置。

10. 仿真控制

仿真控制设置界定了仿真运行的一般性控制规则。在此模块，用户可以对一系列关键变量进行自定义设置。例如，用户可以设定仿真的时间步长以及仿真终止的具体时间点。

11. 结果控制

结果控制功能赋予了用户自定义额外仿真结果输出的权限。通过配置结果控制，用户可以追踪并观察关键参数随时间的演变过程。

在所提供的结果控制选项中，主要包括探测点的数据记录、力的测量以及力矩的变化情况。

12. 网格

网格划分是对仿真域进行离散化处理的过程，其本质是将一个大规模连续问题分解成多个便于求解的离散化子问题。

针对多相流体分析，我们可以采用标准网格划分算法以及以六面体元素为主的算法进行精细化处理。

我们建议在进行多相分析时优先采用六面体主导的网格划分算法。值得注意的是，网格单元的尺寸与库朗数之间存在直接联系，尺寸越小，所需的时间步长也越小。

3.11 静态分析

静态分析旨在对一个或多个实体中的位移、应力和应变进行不随时间变化的精确计算，其结果反映了施加在实体上的各种约束与载荷（如轴承约束、重力、外力等）所产生的效应。在集成工业软件中，可采用 Code Aster 求解器来执行此类静态分析任务。

静态分析所得的结果有助于评估组件在受力状态下的变形情况，也有助于判断是否存在可能导致结构失效的临界应力区域。基于这些仿真结果，设计师能够反复迭代设计方案，并根据需求同时运行任意数量的仿真,以对比不同设计方案的效果。通过对汽车悬架进行非线性静态分析,可以获得该部件的应力,如图 3.62 所示。

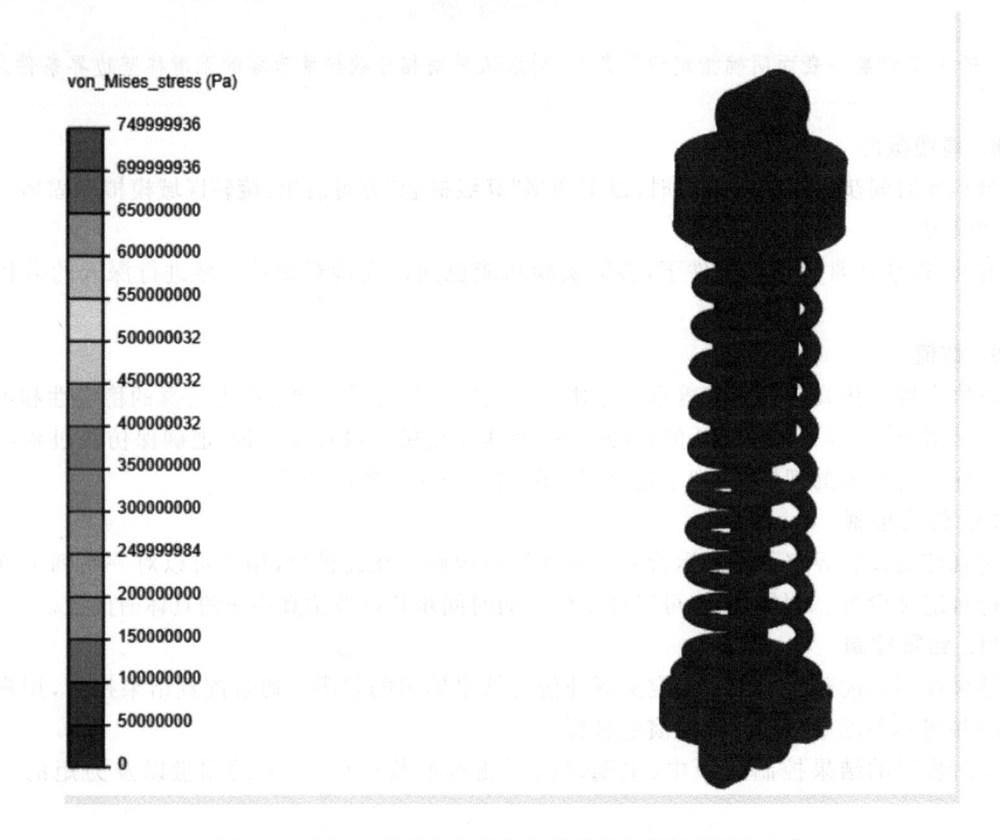

图 3.62　通过对汽车悬架进行非线性静态分析获得的应力

1. 创建静态分析

要创建静态分析,请首先选择所需的几何体,然后单击“创建仿真”按钮,见图 3.63。

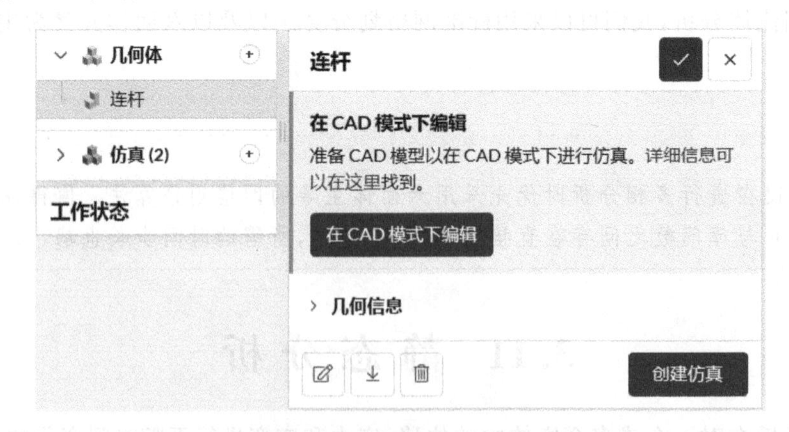

图 3.63　创建新的静态分析

接下来将显示具有可用分析类型的集成工业软件仿真库,见图 3.64。

从列表中选择静态分析类型,然后单击“创建仿真”按钮,应出现以下具有相应设置的仿真树,见图 3.65。

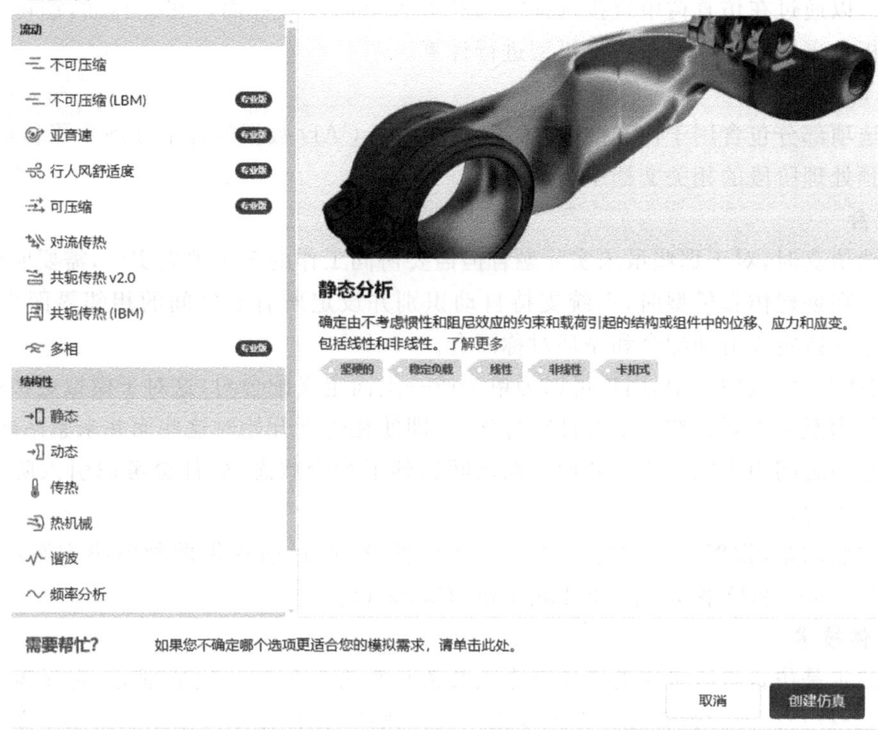

图 3.64　具有可用分析类型的集成工业软件仿真库

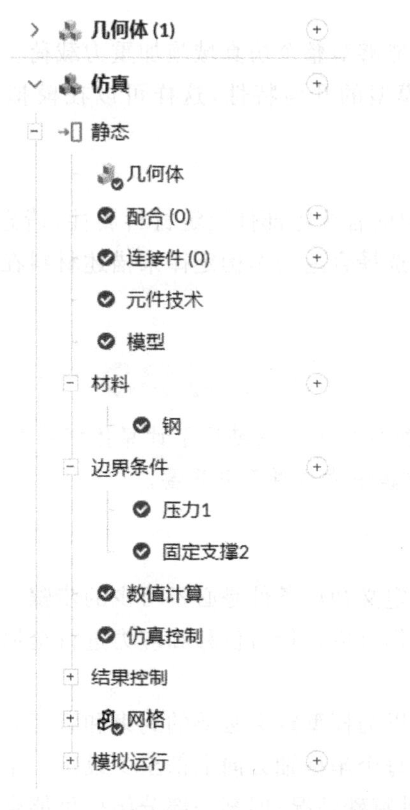

图 3.65　显示非线性静态分析条目的仿真树

2. 全局设置

用户可以通过在仿真树中直接选择“静态”进入全局设置界面。在此界面，您可以明确指定本次分析是采用线性还是非线性模型进行计算。

3. 几何结构

几何选项部分包含用于仿真的 CAD 模型。关于 CAD 数据的详细处理步骤和相关信息，您可以在预处理阶段的相关文档中查阅。

4. 配合

在构建仿真时，对于那些虽未实际融合但需要协同工作的多个独立实体，需要明确定义其装配关系。在创建仿真模型时，系统支持自动识别并设定所有实体间的相邻界面为“粘合配合”，同时也支持定义滑动配合和循环对称配合。

在“物理配合”选项卡中，用户可以为单个或一组面定义配合对，这对于模拟更接近真实世界的配合行为至关重要。在非线性计算过程中，即使在仿真开始时这些面并未紧贴配合，系统也能监测它们之间距离的变化。若面与面之间达到了配合状态，软件会考虑引入防止互相穿透的相互作用力。

值得注意的是，物理配合功能仅适用于非线性分析，目前提供两种解决方案：惩罚配合(Penalty Contact)和拉格朗日配合(Lagrange Contact)。

5. 元件技术

元件技术是仿真中所采用的实体有限元数值计算方法的核心组成部分，它涵盖了网格层次、简化积分技巧以及质量集成等多种要素。具体来说，元件技术涉及仿真模型中单元网格的细化程度、采用的积分近似方法以及单元上的质量属性等关键技术要点。

6. 模型

在模型配置环节，用户能够对整个仿真域施加重力载荷。另外，当用户的分析设定为非线性时，他们还有权限定义模型的几何特性，这样可以在模拟过程中体现几何结构的变形与响应。

7. 材料

为了精确地为仿真域内的各个零部件设定材料属性，请您务必为每一个零部件明确指定一种材料。此外，您还可以选择合适的本构定律来描述材料在应力-应变关系以及材料密度方面的特性。

请注意，密度这一参数在仿真中主要用于计算体积载荷，例如重力的作用。然而，惯性效应的考量则仅在动态仿真中才显得至关重要。

8. 初始条件

在非线性分析场景中，定义初始条件是必不可少的步骤。而对于静态分析类型，尽管定义初始条件不是必要的，用户仍可以选择对位移和应力进行全局范围或特定子域的初始化设定。

9. 边界条件

在静态分析中，用户可以为模型定义必要的约束和载荷条件。通常情况下，为了固定结构的位置或限制其运动，应在每个坐标轴方向上都至少设定一个位移约束。然而，在基于物理配合的实际载荷模拟中有一种特殊情况，即某一部分结构可能会因特定载荷模式而自由活动。

如果没有施加任何力边界条件(包括重力),模型将会被视为不受载荷影响,此时除了预先设定的位移约束(即约束条件)以外,模型不会产生任何变形。但这并不意味着这样的分析没有意义。实际上,这种无载荷分析可以用来揭示预加载结构部件内部的应变分布情况。

10. 数值

在数值设置选项中,用户能够设置仿真的求解器算法,这一选择对仿真所需的计算时间和内存资源有着显著影响。

11. 仿真控制

仿真控制设置涵盖了整个计算过程的基础配置。例如,用户可以在此设定仿真运行时的时间步长和仿真过程的最长运行时间。

12. 结果控制

在结果控制模块,用户可以根据需求指定额外的计算参数,并设立监测点。例如,用户可以设置面积和体积平均值的计算以及定点数据监测,以跟踪特定点上物理量随时间的变化。

13. 网格

网格划分是将仿真域离散化的过程,即将一个大的连续问题转化为多个容易处理的数学子问题。在静态分析中,可以采用标准的网格划分算法。

3.12 动态分析

动态分析能够模拟一个或多个实体随时间变化的位移、应力和应变。相比静态分析,动态分析还包括对惯性效应的考量,其执行的时间步长对应于实际时间。在集成工业软件中,动态分析任务由 Code_Aster 求解器执行。

在后处理阶段,用户不仅能够对单个时间步长的结果进行分析,还可以考察随时间变化的动态性能曲线。类似于静态分析,用户在动态分析完成后同样可以判断是否存在不良变形或临界应力状态,并据此优化设计方案。

在戴头盔和不戴头盔两种情形下,撞击对头骨造成的应力如图 3.66 所示。

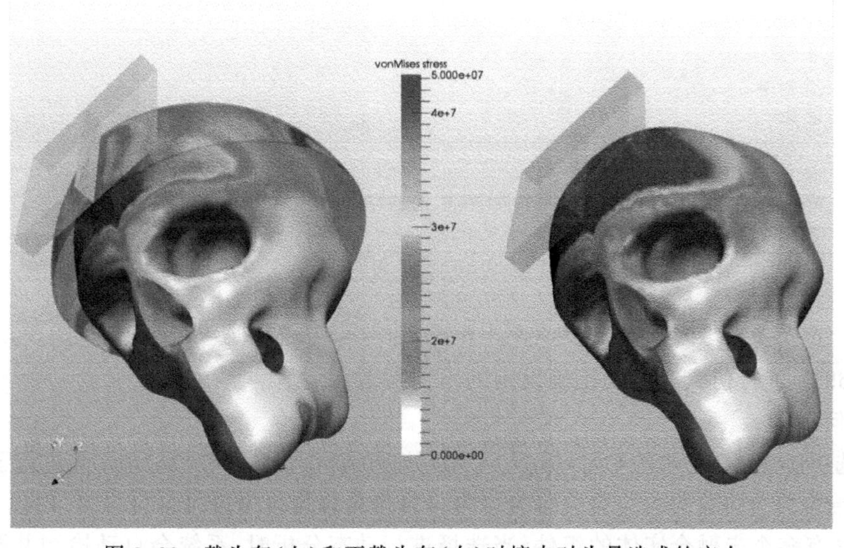

图 3.66 戴头盔(左)和不戴头盔(右)时撞击对头骨造成的应力

1. 创建动态分析

要创建动态分析，首先要选择所需的几何体，然后单击“创建仿真”按钮，见图 3.67。

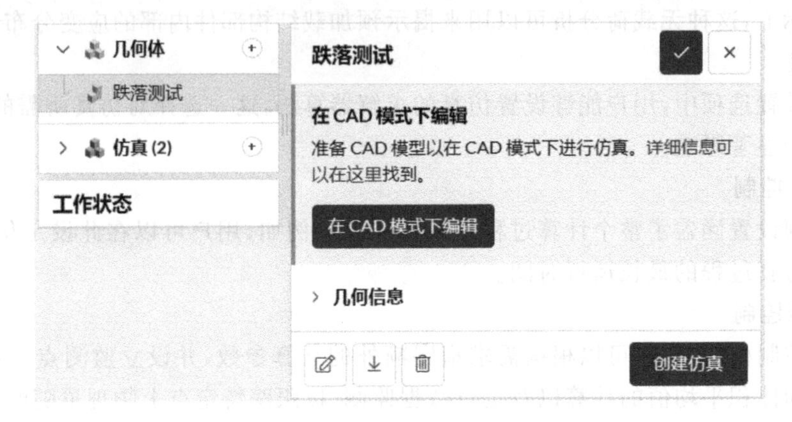

图 3.67　创建新的动态分析

随后，将出现一个包含多种分析类型的窗口，从列表中选择所需的类型，见图 3.68。

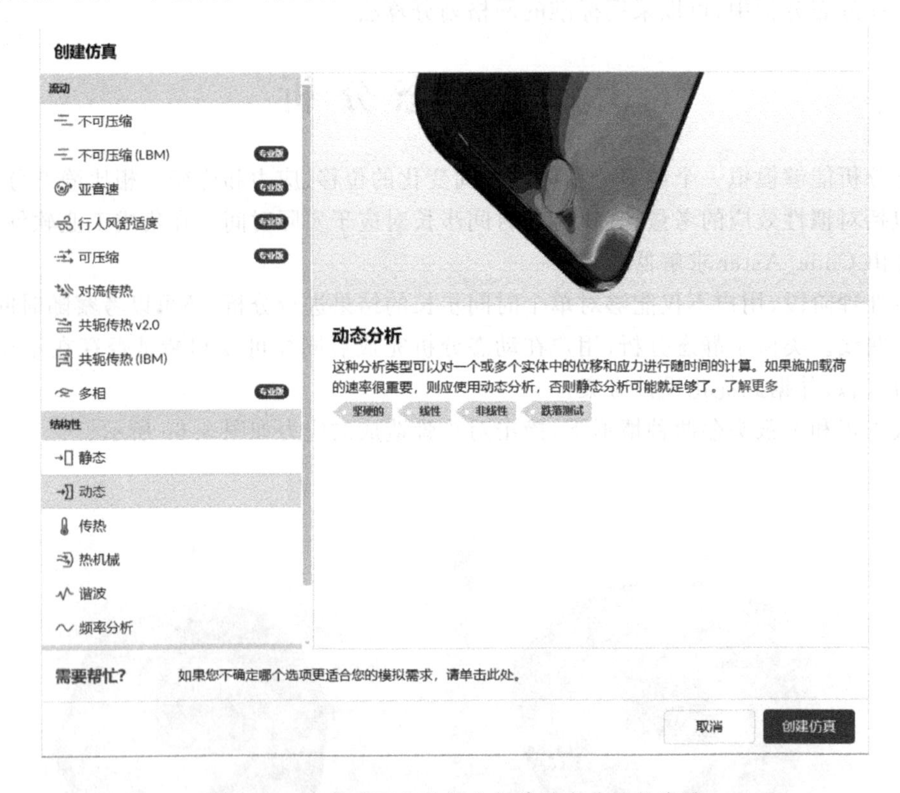

图 3.68　在集成工业软件中创建动态分析的步骤

图 3.69 为进行仿真时需要正确设定的不同参数和设置。

2. 几何结构

几何选项包含用于仿真的 CAD 模型。CAD 处理的详细信息已在预处理部分进行了描述。

3. 配合

对于含有多个未融合实体的组件，当选择进行动态分析时，系统会自动检测并配置所有配合。系统默认设置为粘合配合，同时提供滑动配合和循环对称配合的选择。在“物理配合”选

图 3.69 显示动态分析类型条目的仿真树

项卡中，您可以详细定义面或面集合之间的配合对，并在仿真过程中监控这些配合面之间的距离。如有相互配合，系统将考虑施加防止面相互穿透的相互作用力，解决方法主要有惩罚配合和拉格朗日配合。

4. 元件技术

元件技术涵盖了仿真中所采用的实体有限元数值计算方法，包括网格排序、简化积分法和质量汇总等关键要素。

5. 模型

在模型部分，用户可以为整个仿真域定义重力载荷，并进一步决定模型的几何特性。

6. 材料

为了准确模拟，用户需为每个零部件精确分配相应的材料属性。另外，用户还需要选择合适的本构定律来描述材料在应力-应变关系和材料密度方面的特性。值得注意的是，密度在计算体积载荷(如重力)时尤为重要，而在动态仿真中还需考虑惯性效应。

7. 初始条件

在分析固体结构的时间相关行为时，设定初始条件至关重要，因为它们决定了分析结果的初始状态。在动态分析中，位移、速度和加速度均为随时间变化的变量。默认情况下，这些变量会被初始化为零幅值向量，即初始状态下无位移和速度。此外，在进行非线性分析时，可以定义初始应力状态；若用户未进行更改，默认视其为零应力。

8. 边界条件

在动态分析过程中，用户可以通过设置边界条件来定义对模型的约束和载荷。为了确定模型某个部分的位置，通常需要在每个坐标轴方向至少施加一个位移约束，否则该部分将在三维空间中自由移动。当然，在特定场景(如跌落测试)中，允许部件自由移动也是有意义的。

缺少包括重力在内的力边界条件时，模型将表现为无载荷状态，仅在给定位移约束(即约束条件)作用下才会变形。这种情况也可能出于某种目的，例如分析预紧固结构部件内部的应变分布。

9. 数值

在数值设置层面，用户可以配置仿真的方程求解器。这一选择对仿真所需的计算时间和内存资源具有显著影响。对于动态分析，用户还可在此处设定时间积分方案。

10. 仿真控制

仿真控制设置界定了整个计算流程的规则，用户可以在此处设定仿真的时间间隔、最小/最大时间步长以及仿真的最长运行时间。

11. 结果控制

在结果控制模块中，用户能够指定希望计算的额外参数，并设定监视器。比如，用户可以设置面积和体积平均值的计算，以及监测追踪物理量的变化。

12. 网格

网格划分是对仿真域进行离散化处理的过程，即将一个复杂的连续问题拆分为多个较小的数学问题进行求解。

3.13 传热分析

传热仿真类型能够计算固体材料在热载荷(如对流和辐射)作用下的温度分布和热通量，支持稳态和瞬态仿真。在集成工业软件中，可以采用 Code Aster 求解器来执行传热分析。

PCB 的热变化如图 3.70 所示。

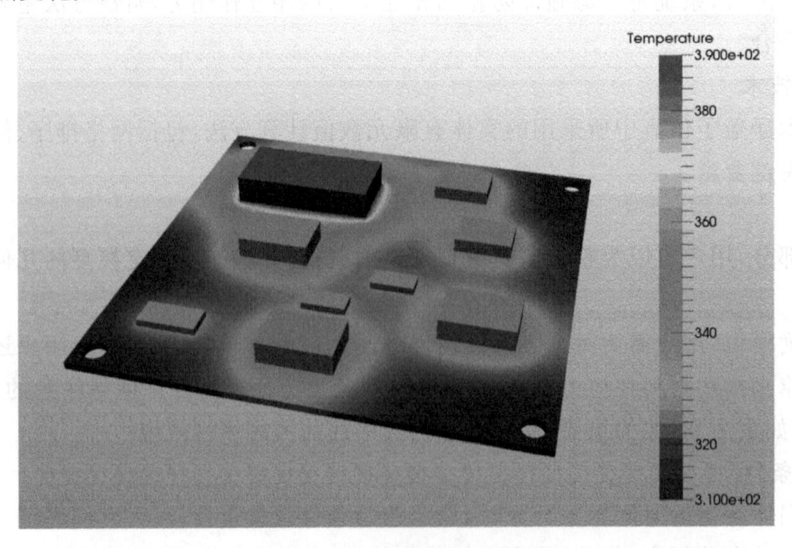

图 3.70 PCB 的热变化

1. 创建传热分析

要使用集成工业软件的传热仿真器创建传热分析，首先要选择所需的几何体，然后单击"创建仿真"按钮，见图 3.71。

图 3.71 创建新的传热分析

随后，将出现一个包含多种分析类型的窗口，从列表中选择所需的类型，见图 3.72。

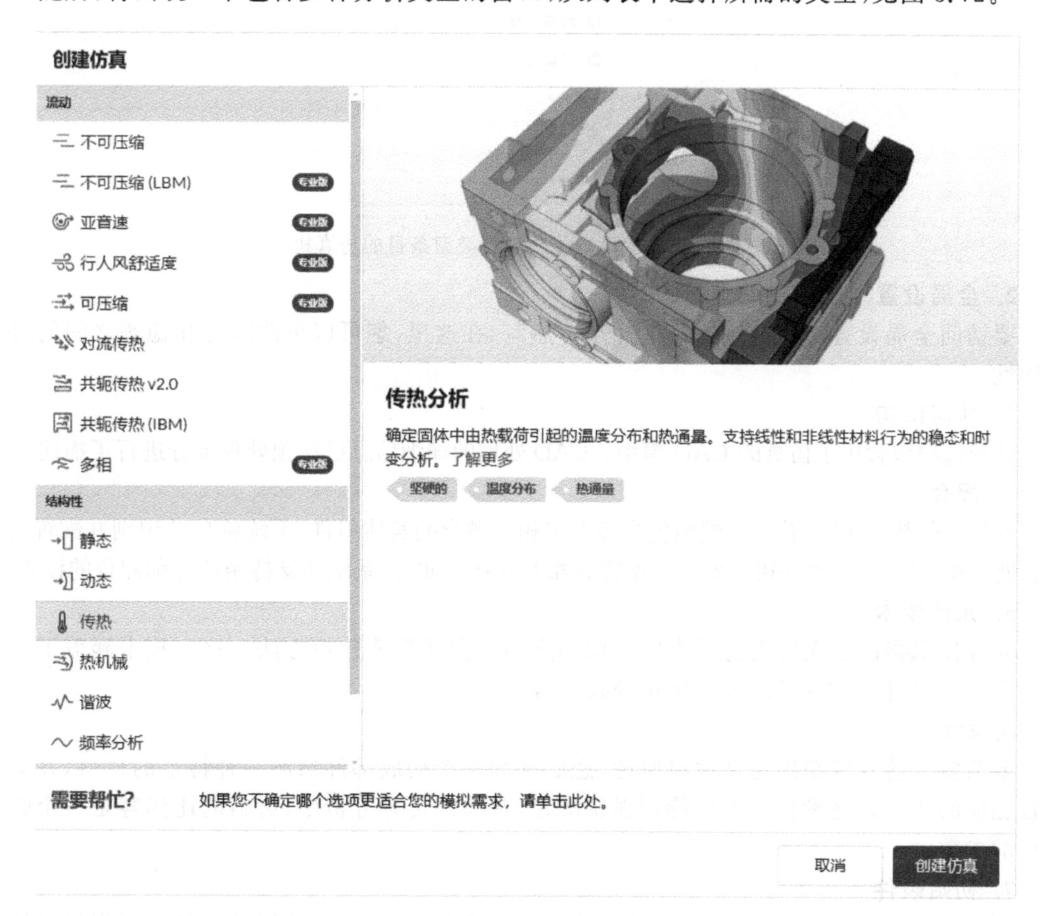

图 3.72 在集成工业软件中创建传热分析的步骤

图 3.73 为在进行仿真时需要正确设定的不同参数和设置。

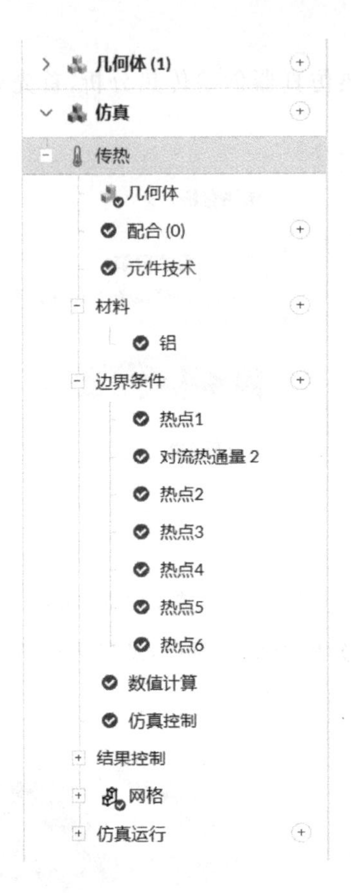

图 3.73　显示瞬态传热分析类型条目的仿真树

2. 全局设置

要访问全局设置，请选择仿真树中的“传热”。在这里，您可以更改瞬态和稳态之间的时间依赖性。

3. 几何结构

几何选项包含用于仿真的 CAD 模型。CAD 处理的详细信息已在预处理部分进行了描述。

4. 配合

在进行传热分析时，若您的模型包含多个未相互融合的实体组件，系统将自动识别并配置所有接合处。默认情况下，这些接合处会被设置为相互连接。此外，系统还支持循环对称配合的设置。

5. 元件技术

元件技术指的是在仿真过程中所采用的实体有限元数值建模方法。这一技术涵盖了一系列关键元素，如网格排序策略、简化积分技术等。

6. 材料

要为整个仿真域精确定义材料属性，您必须为每个构成部件指派一种特定的材料，并为其配置相应的热学特性参数。需要特别强调的是，在瞬态传热分析中，材料的比热容是一个必不可少的参数。

7. 初始条件

在瞬态传热分析中，初始条件的准确设定至关重要，因为它直接影响到最终仿真结果的精确性。默认情况下，温度的初始值设为 20 ℃。

8. 边界条件

在瞬态传热分析中,可设定温度和热负荷的边界条件。当为实体指定温度边界条件时,该实体内所有包含的节点温度都将被设定为预设值。

热载荷边界条件则是通过不同的方式来描述进入或离开仿真域的热流强度。请注意,负热流值表示该区域正在向周围环境散发热量。

同时,不可在同一实体上同时指定温度值和热通量作为边界条件,因为这会导致该情况受到过度约束,不符合物理学原理。

9. 数值

在数值设置方面,用户可以配置仿真中采用的方程求解器。这一选择对仿真的计算效率以及所需内存资源具有显著影响。

10. 仿真控制

仿真控制设置用于定义整个计算过程的关键参数,例如,仿真的时间步长间隔以及仿真运行的最长时间就是在这一设置项下进行配置的。

11. 结果控制

在结果控制部分,用户能够指定计算其他关注的参数,并设定相应的数据监测点。举例来说,用户可以设置面积和体积的平均值计算,以及用于观测特定点数据变化的点监控器。

12. 网格

网格划分是将仿真域转化为离散化模型的过程,本质上就是将一个复杂的大型问题转化为多个便于计算机处理的小型数学问题。

在进行传热分析时,我们可以采用标准网格划分算法,也可以利用四面体主导的网格生成方法。

3.14 热机械分析

热机械分析借助于Code_Aster软件能够一次性同步求解一个或多个物体的结构响应与热行为。在该分析过程中,热场与结构场的计算是相互耦合并逐次迭代进行的:首先计算出热力学阶段的结果,然后将这些结果作为输入传递给后续的结构计算步骤。结构部件在其承受的常规结构约束与载荷作用下,其应力状态还会受到因温度变化引起的热膨胀效应的影响。

热冲击对截止阀产生的应力如图3.74所示。

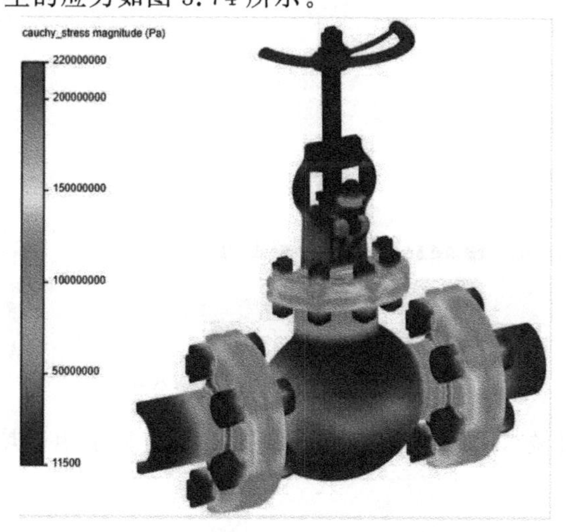

图3.74 热冲击对截止阀产生的应力

热机械分析能够帮助您研究模型的结构和热行为，以及热对零件结构载荷状态的影响。

1. 创建热机械分析

要创建热机械分析，请首先选择所需的几何形状，然后单击“创建仿真”按钮，见图 3.75。

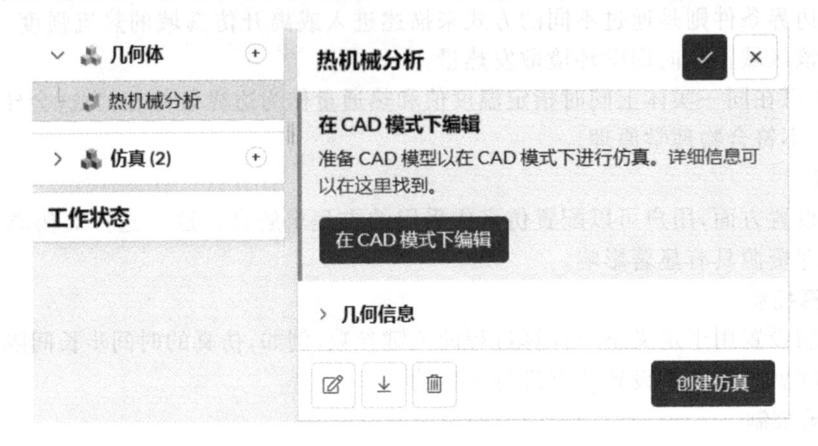

图 3.75　在集成工业软件中创建新仿真(热机械分析)

接下来将出现集成工业软件分析类型列表，见图 3.76。

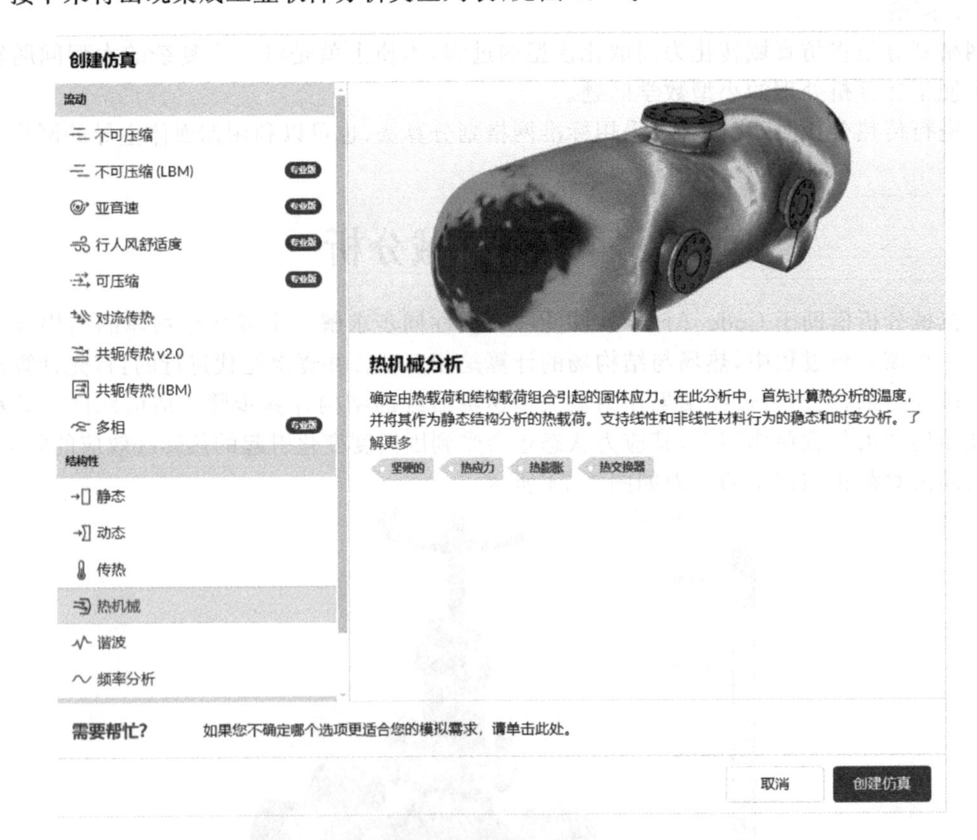

图 3.76　创建新的热机械分析

从列表中选择“热机械”，然后单击“创建仿真”按钮，应显示用于热机械仿真的设置概览，见图 3.77。

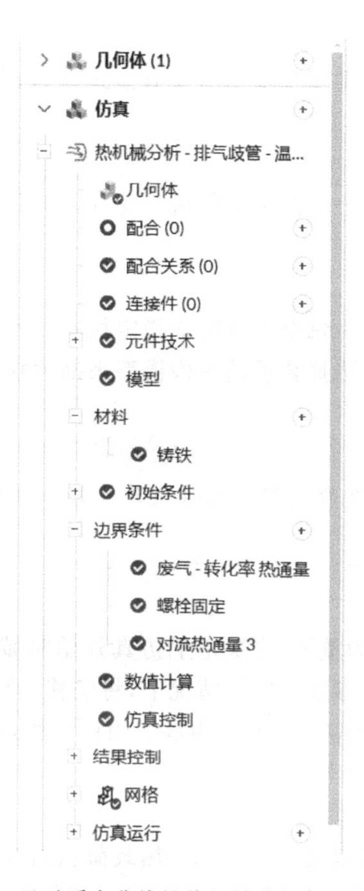

图 3.77　显示瞬态非线性热机械分析条目的仿真树

下面将描述运行仿真所需定义的不同仿真设置。

2. 全局设置

通过选择仿真树中的"热机械",用户可以访问并配置全局设置。在这个界面中,您可以:

① 选择时间特性为稳态分析或瞬态分析;

② 在瞬态分析模式下,决定采用线性分析方法还是非线性分析方法;

③ 定义惯性效应的处理方式,将其设置为静态或动态(只有当选择"动态"选项时,仿真才会考虑物体的惯性效应)。

3. 几何结构

几何选项卡中包含用于仿真的三维 CAD 模型。有关 CAD 模型的详细处理和预处理步骤,已在相关章节详细阐述。

4. 配合

在进行仿真前,对于未融合却需要相互配合的多个实体组成的装配体,必须对配合进行定义。在创建仿真时,系统会自动识别并默认设置物体间的接触界面为粘结配合。除此之外,系统还提供了滑动配合和循环对称配合的选项供用户选择。

5. 物理配合

物理配合功能仅在非线性分析中启用,允许用户定义面或面组之间的配合对,以更准确地模拟现实中复杂的接触行为。在仿真过程中,系统会实时监控配合面之间的距离,并在它们发生接触时考虑引入相互作用力,以防穿透现象的发生。

6. 元件技术

在仿真中,元件技术涵盖了实体有限元的数值公式,包括网格排列、简化积分和质量集总等关键要素。

7. 模型

在模型部分,您可以定义整个域的重力载荷。此外,如果您的分析设置为非线性,您可以确定模型的几何行为。

8. 材料

在"材料"选项卡中,用户应为每个零件精确指定材料属性,包括机械性能(如杨氏模量)和热性能(如导热系数)等参数,并选择合适的本构模型来描述材料的应力-应变关系。

要定义域的材料属性,请确保为每个零件准确分配一种材料。请参阅材料部分了解更多信息。

9. 初始条件

初始条件在瞬态分析中尤为重要,它决定了仿真开始时域的状态。用户可以设置初始位移、速度、加速度、压力和温度等参数。默认情况下,将位移、速度和加速度初始化为零值向量,将全局温度设为20℃,而将初始应力状态设为零。用户可通过全局或子域初始化方式修改这些参数。

10. 边界条件

在热机械分析中,用户可以定义约束、载荷、热载荷和温度边界条件。

11. 约束和载荷

为了确定几何体的位置,应在每个坐标轴方向至少添加一个位移约束,否则部件将处于自由状态。没有定义力边界条件(包括重力)时,几何体将被视为无载荷状态,仅在位移约束下发生变形。

12. 温度和热通量

用户可以为实体指定温度边界条件,使包含的节点温度设定为给定值。热载荷边界条件则定义了进出域的热通量,负热通量表示热量流失到环境中。

需要注意的是,不能在同一实体上同时指定温度值和热负荷,以避免边界条件过约束。

13. 数值

在数值设置中,用户可选择仿真所用的方程求解器,这对仿真的计算时间和内存需求有很大影响。

14. 仿真控制

仿真控制设置则定义了整个计算过程,包括仿真的时间步长和最长运行时间。

15. 结果控制

在结果控制模块下,用户可指定计算其他感兴趣的参数,并定义监视器。例如设置面积和体积平均值计算以及用于监测特定点数据的探测点。

16. 网格

网格划分是将仿真域离散化为多个小规模数学问题的过程。在热机械分析中推荐使用标准网格划分算法,以确保计算的稳健性。

3.15 谐波分析

谐波分析允许用户模拟在固体结构上施加周期性(正弦)载荷时的稳态响应,虽然与考虑惯性效应的瞬态动态分析类似,但其结果不随时间变化而与频率相关。该仿真仅适用于线弹性材料,但可以考虑阻尼效应。

所有线性边界条件均可应用于谐波分析,载荷可能与激励频率有关。用户可以在结果控制中选择以幅度和相位或实部和虚部的形式导出结果,并在点数据下设置探测点以收集特定点的数据,这些数据可用于与实际测量结果进行比较。

两种刀柄设计的位移轮廓谐波分析如图 3.78 所示。

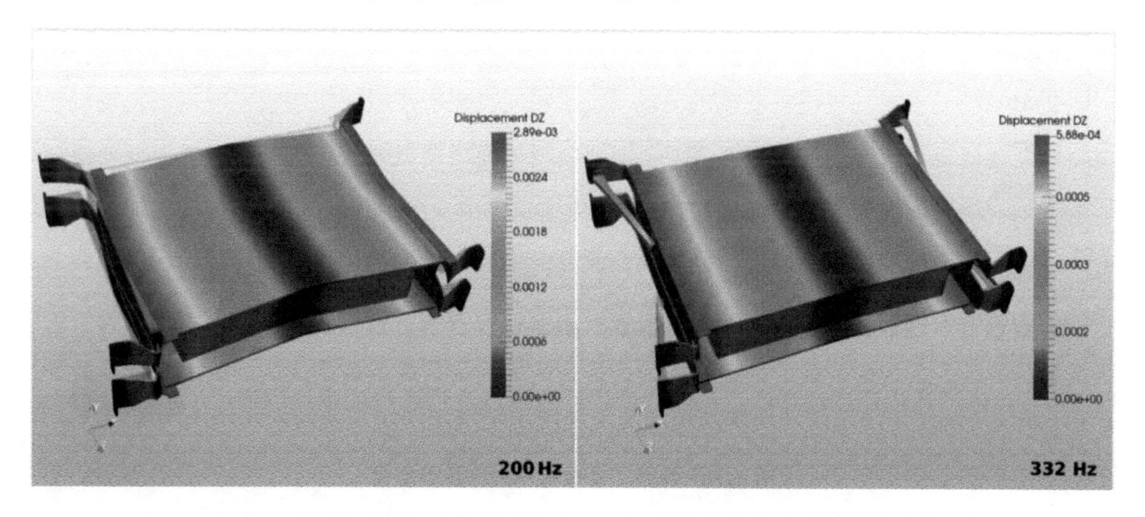

图 3.78 两种刀柄设计的位移轮廓谐波分析

1. 创建谐波分析

用户可以通过选择上传的几何体,然后单击“创建仿真”按钮来创建谐波分析,几何对话框如图 3.79 所示。

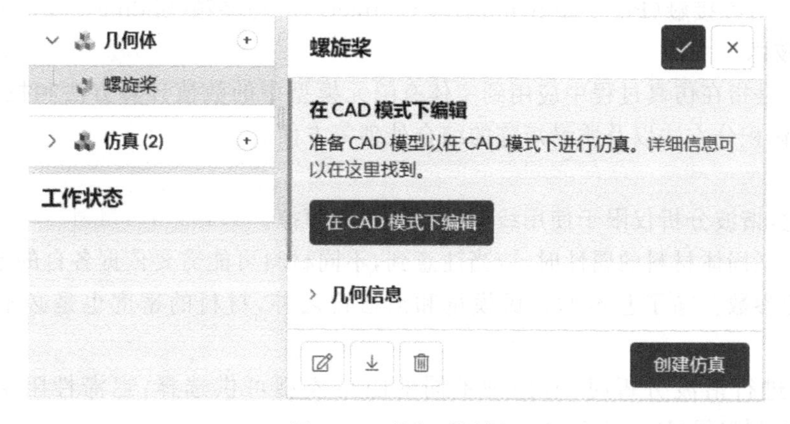

图 3.79 几何对话框

之后，用户将能够从集成工业软件中的可用仿真类型列表中选择谐波分析，见图 3.80。

图 3.80　集成工业软件中的分析类型树

最后，用户将能够遵循必要的步骤来成功配置谐波分析仿真，见图 3.81。

2. 配合

在模型中，若存在相互配合的部分，集成工业软件系统将自动识别并配置这些配合关系。不过，用户也可以自行手动建立联系，并在三种不同类型的接触中做出选择：固定接触（Fixed Contact）、循环对称接触（Periodic Symmetry Contact）、滑动接触（Sliding Contact）。

3. 元件技术

元件技术是指在仿真过程中应用到实体有限元模型中的数值计算方法和技术，涵盖了网格序列化、简化积分方法以及质量矩阵的综合处理等方面。

4. 材料

如前所述，谐波分析仅限于使用线弹性材料进行模拟。

用户在定义固体材料的属性时，应当注意到，不同材料可能需要依据各自的本构定律来设定不同的属性参数。除了基本的杨氏模量和泊松比之外，材料的密度也是必不可少的输入参数。

另外，在进行谐波分析时，有两种不同的阻尼模型可供选择：迟滞性阻尼（Hysteretic Damping）和瑞利阻尼（Rayleigh Damping）。

图 3.81 谐波分析的特征树

5. 边界条件

如前所述，所有线性边界条件都可以应用于谐波分析，并且用户无须显式考虑正弦载荷的应用，因为系统会自动隐式处理。另外，用户还可以为每个边界条件指定一个相位角，以便考虑到不同边界条件间可能存在的相位偏移。

边界条件的值可能随着激励频率的变化而在特定频率范围内有所不同。对于向量值类型的边界条件，可以通过设置标量、与频率相关的函数或表格数据来实现其随频率的缩放。

边界条件主要分为两大类：约束条件（位移边界条件）和载荷条件（力边界条件）。

(1) 约束条件

① 固定值约束；

② 远端位移约束；

③ 对称约束。

(2) 载荷条件

① 压力载荷；

② 点力载荷；

③ 远端力载荷；

④ 表面载荷；

⑤ 体积载荷；

⑥ 节点载荷；

⑦ 离心力载荷。

上述边界条件的选择和配置极大地影响着谐波分析的结果。

6. 数值

在数值设置环节，用户可以配置仿真的求解器算法。集成工业软件整合了先进的有限元求解器 Code_Aster，并针对谐波分析提供了三种直接线性求解器选项：Multfront、MUMPS、LDLT。

这些求解器均适用于谐波分析场景，能够助力用户高效、准确地求解相关线性方程组。

7. 仿真控制

用户有权设定仿真的频率范围，既可以是一个单一频率值，也可以是一系列频率。频率列表由起始频率、频率步长以及终止频率共同确定。此外，用户还能自主调配参与仿真的处理器(CPU)数目，以及设定仿真过程允许的最长运行时间。

8. 结果控制

在结果控制环节，用户可以自定义需要导出的数据内容。用户可以在"解决方案字段"类别下明确指出需要计算和导出的解决方案变量，并在"点数据"部分设定监测点，以便获取特定位置的数据。

(1) 解决方案

用户有权添加或剔除需要计算和导出的解决方案字段。此外，用户还可以选择以幅值和相位或实部和虚部的形式来呈现每个解域的结果。

(2) 点数据

用户可以设定特定的测量点，也可以通过几何基元来监测模型在不同位置的结构响应。此外，用户还能够调控解域范围、向量分量及其在每个特定监测点上复数表示形式的导出。

务必留意，对于每个测量点，只能导出一个解字段的数据。

9. 网格

一阶或二阶网格技术可对几何形状进行离散化处理。用户在该步骤中具备自定义细化网格等级的能力。

一旦网格生成完毕，系统将会提供详尽的网格信息，并且允许用户观察和评估网格的整体质量。

3.16 频率分析

频率分析仿真技术能够精确计算出结构在其无外界动态激励下的自然振动频率及其相应的振动模态形态。这些频率值和形变模式的确定性高度依赖于结构的具体几何配置、材料属性分布情况以及是否存在位移约束条件。在"集成工业软件"项目中，我们运用 Code Aster 求解器来执行这一频率分析过程。

通过频率分析得出的结果，用户能够深入理解并评估整个结构的全局刚度性能以及各个局部区域的刚强度量。其中，识别出的较低的振动频率对于地震响应分析、风荷载效应评估等工程应用至关重要，它们可以作为此类计算的重要输入参数。此外，在那些承受变化频率载荷的部件及结构设计中，识别出的基础频率对于确保避免结构固有振动模式与外加载荷引发共振现象同样极为关键。

四分之一环的固有振动模态形状见图 3.82。

图 3.82　四分之一环的固有振动模态形状

1. 创建频率分析

要创建频率分析，首先要从左侧仿真树顶部选择所需的几何体，然后单击“创建仿真”按钮，见图 3.83。

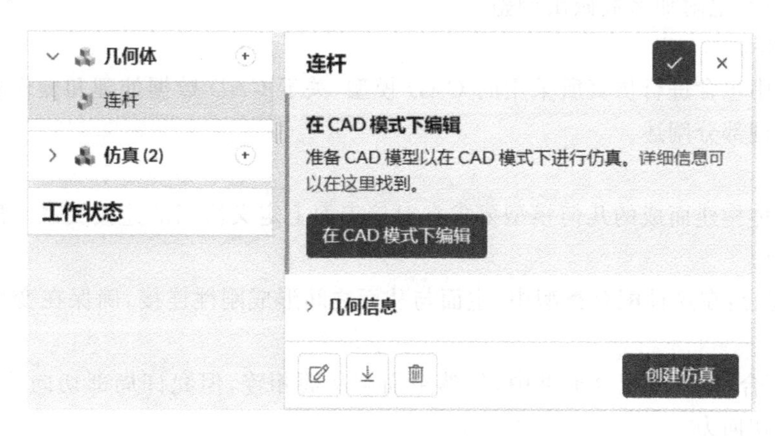

图 3.83　为所选几何体创建仿真

接下来将出现仿真库窗口，其中包含所有可用的分析类型，见图 3.84。

图 3.84　集成工业软件仿真库

从列表中选择“频率分析”，然后单击“创建仿真”按钮，仿真树中将出现一个新元素，其中包含所有可用设置，见图 3.85。

接下来描述运行仿真需定义的不同仿真设置。

2. 全局设置

在仿真树中直接选择“频率分析”，即可访问并配置全局设置。对于频率分析这一特定类型，一般无需对其他附加参数做出调整。

3. 几何结构

几何模块中包含进行仿真所采用的 CAD 模型，关于 CAD 数据处理和操作的详细步骤与信息已在预处理部分阐述。

4. 配合

由多个实体构建而成的几何模型要求在对接表面上定义恰当的连接关系。以下是两种可能的选择。

① 粘结配合：在这种配合类型中，主面与从面之间形成刚性连接，确保在变形和力传递上保持连续性。

② 滑动配合：在这种配合类型中，虽然主面与从面相连，但允许局部切向位移的存在，而不传递相应的切向力。

在创建仿真后，所有接触界面都会被自动识别并默认设置为绑定配合，但用户可以根据实

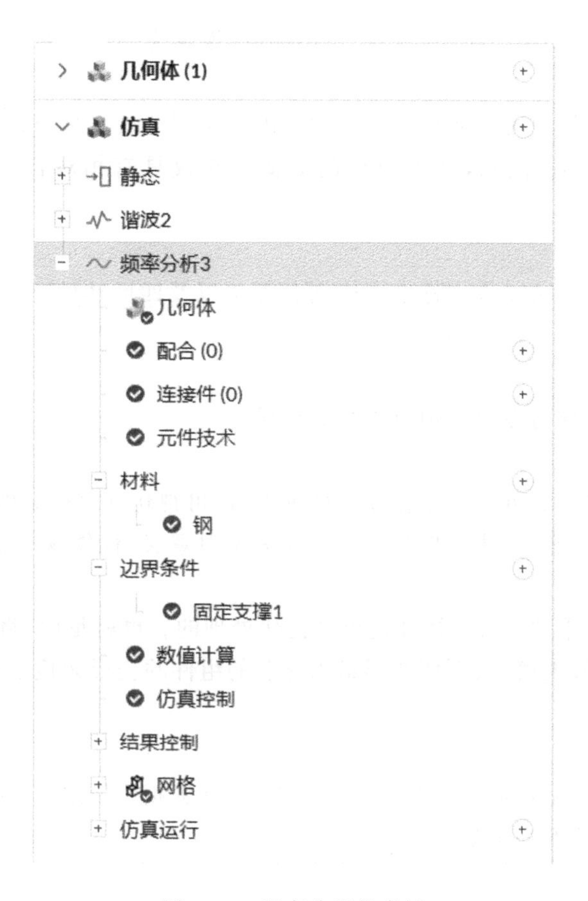

图 3.85 频率分析仿真树

际需求对其进行更为细致的配置与调整。

5. 元件技术

元件技术涵盖了仿真过程中实体有限元所采用的数值计算方法和公式,其中包括但不限于网格序列化技术、简化积分方法以及质量矩阵的归一化处理。

6. 材料

在仿真过程中,用户可以从材料库中选取预设材料或根据自身需求自定义材料参数,以创建个性化材料模型。接下来,用户将所创建的材料模型逐一对应并分配给几何体内的各个体积部分。

7. 边界条件

在进行频率分析时,您会注意到边界条件仅支持位移约束。这是基于分析对象在无任何外力干扰下进行自由振动的假设。因此,若分析目的在于揭示结构的自由振动模态,那么无需对位移加以限制。

8. 数值

对于模态分析以及线性方程求解器的相关参数,可在数值设置部分进行管理和调控。通常情况下,系统提供的默认选项已经足够准确,能够在大多数应用场景下带来满意的结果。

9. 仿真控制

在"仿真控制"设置中明确计算模式。可选的计算模式如下。

① 单一模态计算:根据较低的振动频率,仅计算首阶"模态数目"。

② 频率范围计算:计算从预设的"起始频率"到"结束频率"区间内的所有振动模态。

当需要求解自由振动模态时，建议将“起始频率”设置为一个小的负数值，如－0.1。

10. 结果控制

在结果控制模块，用户可以从计算结果中导出所需的参数。对于频率分析情境，唯一可获取的输出参数即为位移。注意，此处位移的数值大小仅具有相对含义，不具备直接的物理解释。

11. 网格

在进行频率分析时，可以采用标准网格划分算法以及四面体（Tetrahedral）主导的网格划分方法。

12. 结果

仿真成功运行后，您将在以下项目中找到结果。

（1）解决方案

在完成频率分析后，您可以启动在线后处理器，以可视化计算得到的每个固有振荡频率所对应的变形模式。请注意，这些变形数值本身并无绝对意义，仅体现了振型间的相对变形，不具有额外的物理内涵。

变形的幅度是以“平移-旋转”标准进行规范化处理的。也就是说，将所有的计算变形值都除以所有自由度中的最大值，从而使变形最为显著的组件的变形幅度达到1，其他组件则相应按比例缩放。

（2）表格

在频率分析完成后，系统会生成一张标记为“统计数据”的表格，用于展示所得的数值结果。该表格以列表形式罗列了如下指标：

① 本征模态编号；

② 振动模态对应的特征频率；

③ 各模态在 D_X、D_Y 和 D_Z 三个方向的有效质量（Modal Effective Mass，MEM）；

④ D_X、D_Y 和 D_Z 三个方向的归一化模态有效质量；

⑤ D_X、D_Y 和 D_Z 三个方向上累积的归一化模态有效质量。

该表格共有11列数据可供查看。这些数据支持以文本CSV格式下载并保存。

（3）图表

频率分析的结果能够被可视化为一系列关键量的图表。

① 特征频率曲线图：描绘不同本征模态编号与其对应的固有频率之间的关系。

② 模态有效质量分布图：展示各模态在 D_X、D_Y 和 D_Z 三个方向上的有效质量随模数变化的趋势。

③ 累积归一化模态有效质量图：揭示在 D_X、D_Y 和 D_Z 三个方向上，随着模态数量的增加，累积归一化模态有效质量的变化情况。

3.17 电磁学分析

电磁学（Electromagnetism）求解器作为一款高效的模拟工具，专注于精确再现各类复杂环境下的电磁现象。在初始阶段，该求解器尤其注重在低频范围内对电磁装置的核心特性进行模拟，在磁通密度、磁场强度、电流分布、力和扭矩效应、非线性磁性材料行为、永磁体性能以及电感计算等方面，都已经达到了成熟的分析水平。依据模拟数据，用户可以进行迭代设计，执行多任务并行计算，按需运行任意数量的不同仿真场景。

未来，我们将扩展更多的功能模块，致力于实现对瞬态磁学现象、静态电场分布、交流电系统以及高频电磁应用的全面仿真，以进一步拓宽其在工程设计和科学研究中的应用领域。

开关磁阻电机中的磁通密度分布如图 3.86 所示。

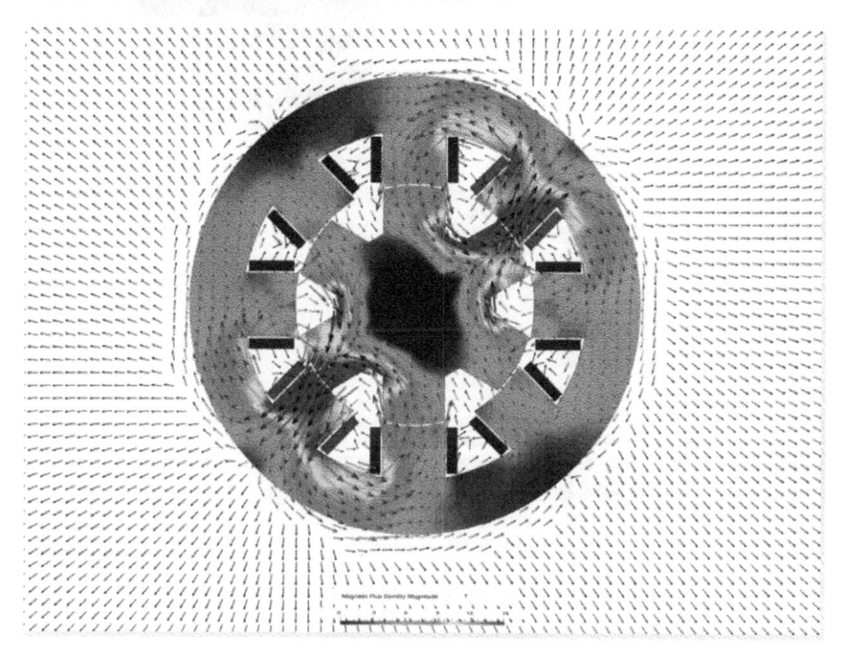

图 3.86 开关磁阻电机中的磁通密度分布

下面详细介绍在集成工业软件平台内部署电磁仿真设置的完整步骤。

1. 创建电磁学分析

要创建电磁学分析，首先要选择所需的几何形状，然后单击“创建仿真”按钮，见图 3.87。

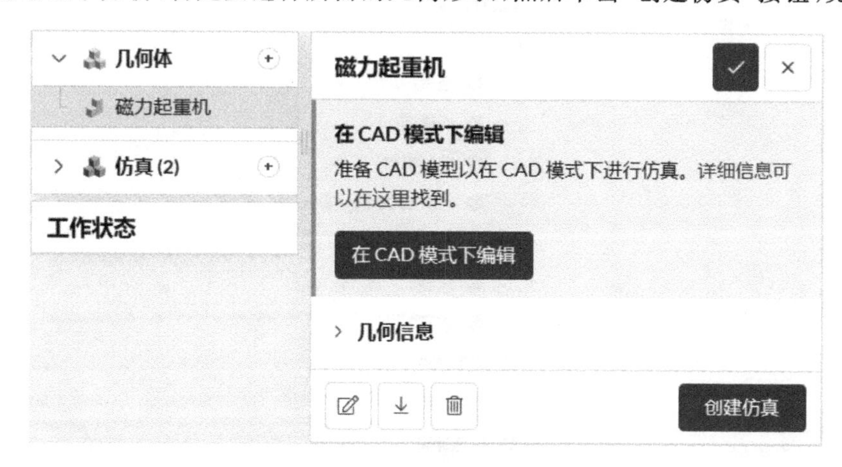

图 3.87 在集成工业软件中创建仿真的步骤（电磁学分析）

接下来将显示一个窗口，其中列出了集成工业软件支持的多种分析类型，见图 3.88。

在列表中选择“电磁学”分析类型并单击“创建仿真”按钮，将打开电磁仿真树，其中显示了定义仿真所需的步骤，见图 3.89。

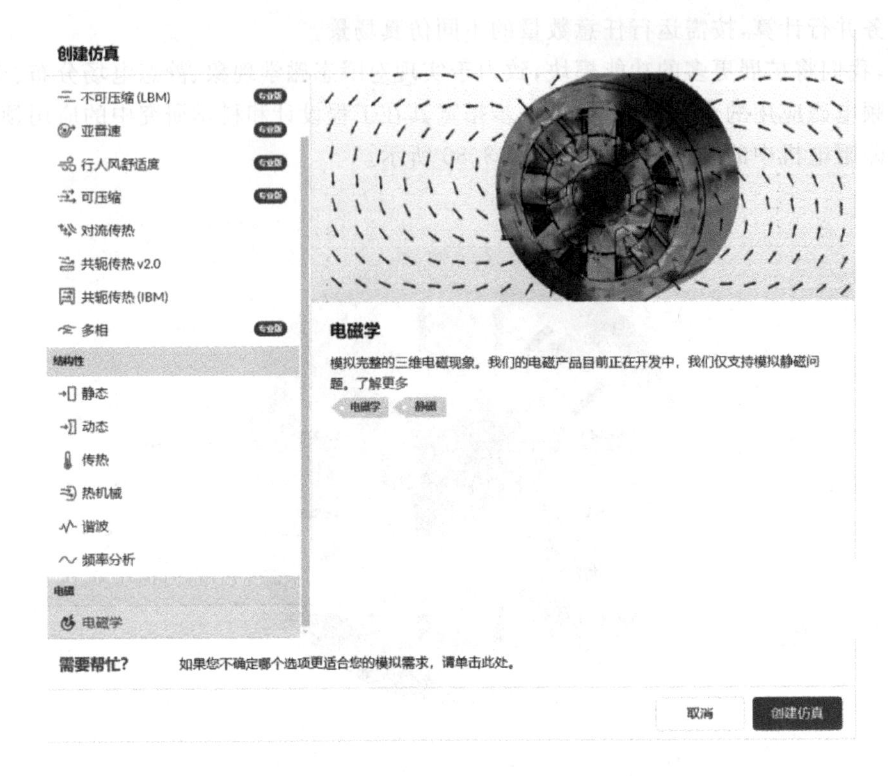

图 3.88　集成工业软件中可用的仿真分析类型列表

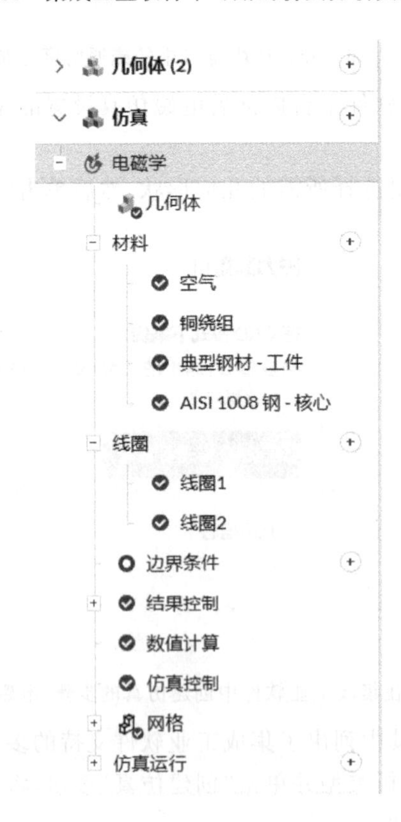

图 3.89　集成工业软件工作台中电磁学分析的仿真树

2. 全局设置

若要访问全局设置，请选择仿真框架中的“电磁学”分支。在全局设置模块中，您可以设定仿真的主控场类型。

当前，平台支持静磁学和时谐磁学仿真，并且我们正在积极推进研发，计划尽快提供更多设置选项，以满足用户解决不同电磁学问题的需求。

3. 几何结构

在几何建模环节，您可以查看和挑选适合用于仿真的 CAD 模型。尤为关键的是，要确认所使用的 CAD 模型经过了严谨的预处理，符合网格划分和仿真的各项要求，以避免潜在的错误或问题发生。

4. 材料

在“材料”选项卡下，用户可以根据选定的仿真分析类型，为仿真模型分配相应的材料属性。集成工业软件平台内置了标准材料库，用户可以直接从中便捷地选取所需材料。同时，用户也有权限定制新材料，并将之存储在个人材料库中，以便日后重复使用。

针对静磁仿真场景，根据材料的磁性行为可将其划分为软磁材料和永磁体材料两类。无论是哪种类型，在设置时都需要明确电导率和磁导率这两个基本参数。而对于永磁体材料而言，除了上述两个基本参数外，还需额外明确两个关键参数：剩余磁化强度（剩磁）和磁化方向。

软磁材料和永磁体材料设置对比如图 3.90 所示。

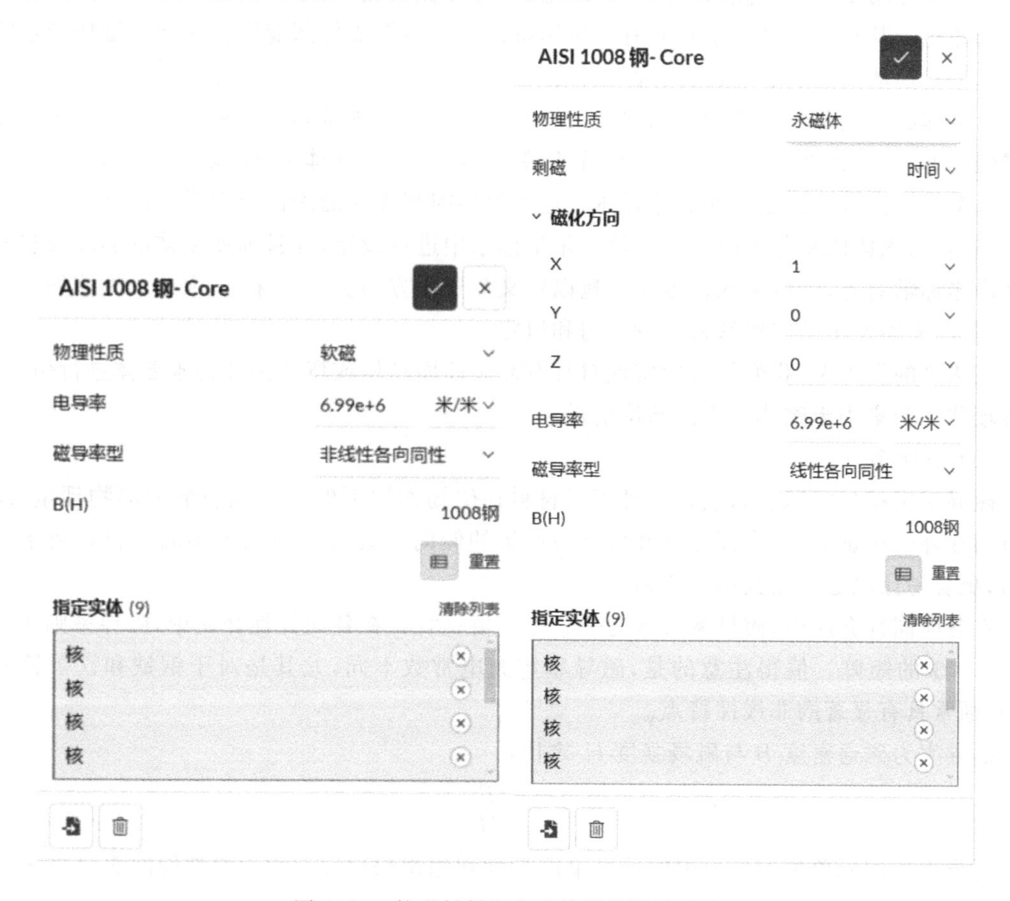

图 3.90 软磁材料和永磁体材料设置对比

(1) 软磁材料

软磁材料是指一类易于磁化和去磁化的物质，其内在矫顽力通常低于 1 000 A/m。这意味着这类材料在外部磁场作用下较易改变其磁化状态，对外磁场的消失反应灵敏。

软磁材料在电磁仿真中主要承担增强或导向电流产生的磁通量的角色。评估软磁材料性能的一个核心参数是相对磁导率 μ_r，它反映了材料对施加磁场的响应能力。

软磁材料的应用较为广泛，主要分为直流(DC)应用和交流(AC)应用两类。

在直流应用中，如废钢场起重机的电磁铁，其材料会在工作期间被磁化以吸附废钢，结束后再消磁释放废钢。此时，材料的磁导率是首要考虑因素，特别是在要求精确控制磁通量的屏蔽应用中。而在需要产生磁场或力时，材料的饱和磁化特性也相当关键。

在交流应用中，软磁材料需在整个工作周期中反复磁化，并适应不断变换的磁场方向。无论是直流应用还是交流应用，高磁导率都是理想的属性，但在不同应用环境下，其他材料特性的权重各不相同。

对于交流应用而言，降低磁化循环过程中的能量损耗至关重要。这些损耗主要来自磁滞损耗(与磁滞回线包围的面积相关)、涡流损耗(与材料内部感应电流及电阻损耗相关)以及异常损耗(与材料内部磁畴壁移动造成的损耗有关)。

(2) 永磁体

永磁体应用于众多领域，在电动机、发电机、磁存储设备以及医学成像器械中扮演着不可或缺的角色。其独特之处在于其固有的磁场特性——不需要外部能源供应便能维持稳定的磁性。这一特性使其区别于仅在受外部磁场影响时才展现磁性的暂时磁体。

永磁体的持久磁性来源于其内部微观结构中磁畴的有序排列。这种排列状态在未经受高温或强烈的逆向磁场的干预下将保持不变。典型的永磁体材料包括但不限于钕铁硼(NdFeB)、钐钴(SmCo)以及铁氧体磁体。这些材料因其优异的磁性能而得以广泛应用。

当前，永磁体的磁化方向仅能在笛卡尔坐标系中进行设定，并且即便磁体的实际形状并非严格沿坐标轴对齐，仍可输入自定义矢量以定义其磁化方向。这意味着，无论永磁体的实际外形如何，其表面发出的磁场都将保持均匀和恒定。

在未来的发展中，我们将有望实现对具有复杂曲面结构或弯曲拓扑的永磁体进行仿真，届时磁场往往会集中于磁体的弯曲部位附近。

(3) 磁导率

磁导率用符号“μ”表示，它是一种衡量材料在磁场作用下的磁化响应能力的物理量，反映了材料在外磁场影响下，内部容纳和传导磁通量的倾向。具有较高磁导率的材料相较于其他材料，更容易让磁通量在其内部流通。

在各向同性介质中，磁导率表现为一个标量值；然而，在各向异性介质中，磁导率则表现为一个 3×3 的矩阵。值得注意的是，磁导率与介电常数不同，尤其是对于钢铁和铁等铁磁材料，它通常具有显著的非线性特点。

磁导率为磁通密度 B 与磁场强度 H 之比：

$$\mu=\frac{B}{H}$$

磁导率在国际单位制(SI)中的计量单位为亨利每米(H/m)，另一种等价的表示方式为特斯拉米每安培(T·m/A)。

磁导率分为绝对磁导率和相对磁导率。

① 绝对磁导率(μ):描述孤立材料本身的磁响应特性,通常用于量化磁性材料的性能。

② 相对磁导率(μ_r):是一个无量纲数值,用于比较材料相对于真空(或自由空间)的磁响应程度。它定义为材料的绝对磁导率(μ)与自由空间磁导率(μ_0)之比,其中自由空间磁导率的标准值为 $\mu_0 = 4\pi\times10^{-7}$ H/m。μ_r 的表达式为

$$\mu_r=\frac{\mu}{\mu_0}$$

鉴于磁导率的实际数值通常很小,故在材料特性描述中,相对磁导率成了最常见的参考指标。

在相关设置环节,用户可选择"磁导率类型",其中包括线性各向同性和非线性各向同性两种选项。其中,线性各向同性磁导率只需定义一个恒定的相对磁导率数值;而非线性各向同性磁导率则需要上传具体的磁滞回线(BH 曲线),以便精确模拟材料在磁场强度变化时复杂的磁化行为。

线性和非线性磁导率材料定义对比见图 3.91。

图 3.91 线性和非线性磁导率材料定义对比

图 3.92 显示了非线性磁导率的表输入。

(4) 剩磁

剩磁(B_r)又称剩余磁化强度,是磁性材料科学中的核心概念之一,它表明某些材料在外部磁场撤除后仍能保持一定的永久磁化状态。这种持续的磁化状态是因材料内部原子或分子结构中原生磁矩有序排列所导致的。简而言之,剩磁值越大,磁铁的磁性强度也就越大。例如,磁存储设备、磁铁以及易于磁化的材料所展现的磁存储特性均源自剩磁效应。当有必要消除材料的剩磁时,可将其置于反向磁场中进行消磁处理。

为了直观理解剩磁的概念,可以参考图 3.93 所示的磁滞回线。磁滞回线清晰地展现了材料内部的磁场强度 H 与由此产生的磁感应强度 B 之间的关系,生动地描绘了材料在磁化和去磁过程中是如何响应磁场变化的。

ID	H H ▾ A/m	B(H) B(H) ▾ V·s/m²
1	0.00E+00	0.00E+00
2	2.39E+02	2.50E-01
3	7.96E+02	9.25E-01
4	1.59E+03	1.25E+00
5	2.39E+03	1.39E+00
6	3.98E+03	1.53E+00
7	7.96E+03	1.71E+00
8	1.59E+04	1.87E+00
9	2.39E+04	1.96E+00

图 3.92　非线性磁导率的表输入

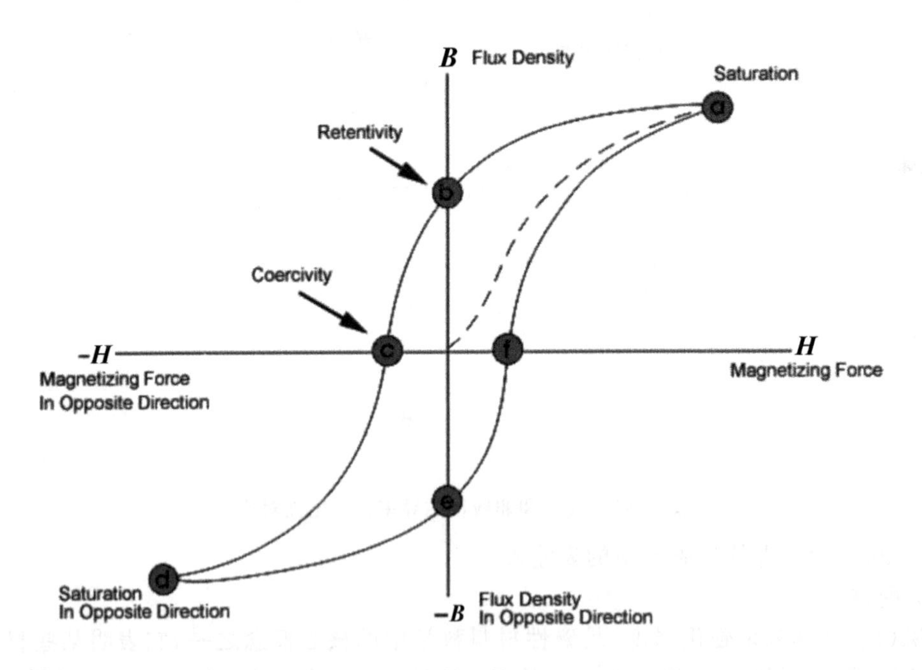

图 3.93　磁滞回线

对于未曾经过磁化处理或已被彻底消磁的铁磁材料，随着外加磁场强度 H 的增大，材料内部所产生的磁场强度 B 也随之增大。磁滞回线揭示了这一规律：施加的磁化力或者驱动电流越高，材料内部的磁场强度就越大。

在图 3.93 的 a 点，几乎所有的磁畴都已经排列整齐，此时再增加磁化力将会带来最少的额外磁通量增量，这意味着材料达到了磁饱和状态。

随着外磁场 H 逐渐减小直至降到零，磁滞回线从饱和点 a 过渡至点 b。在曲线与 b 点交汇的地方，可以观察到即使外磁场消失（$H=0$），材料内部仍然保持着一定量的磁通密度 B，此即所谓的剩磁或保持性。它反映了材料在部分磁畴维持定向排列而其他磁畴随机分布的情况下所具有的剩磁水平。

继续改变磁场方向，曲线将滑向 c 点，在这里磁通密度降为零。这个点对应矫顽力，代表反向磁场强度足以使大量磁畴翻转，从而抵消材料内部的净磁通。曲线上的这一特性表明了材料抵抗磁场反转的能力（即矫顽力），它是衡量消除材料剩磁所需克服的能量壁垒的重要指标。

硬磁材料通常被称为永磁体，其 B-H 曲线呈现出显著的非线性特征，起点始于第二象限，这意味着即使去除外部磁场，它们仍能保持较高的剩磁。相比之下，软磁材料的 B-H 曲线则局限于第一象限，它们不像永磁体那样具有持久的磁化特性。软磁材料在受到外磁场作用时易于磁化，但在磁场撤销后，其磁化状态迅速衰减，表现出良好的可逆性和剩磁特性。

（5）电导率

电导率也被称作比电导，是一个衡量材料传导电流能力的关键参数，它反映了电荷在材料内部流动的难易程度。这一参数通常采用西门子每米（S/m）为计量单位。

在固体材料内部，电导率会受到材料内部带电粒子（如电子或离子）运动状态的影响。例如，金属之所以成为出色的导电体，是因为其内部存在大量与原子结构相对独立的自由电子。当在金属两端施加电势差（电压）时，这些自由电子能够轻松迁移并承载电荷，从而赋予金属高电导率这一特性。

反之，绝缘体材料（如塑料、橡胶、玻璃和陶瓷等）的电导率极低，这是因为这些材料内部的电子紧密地束缚于原子结构之中，不易自由移动，从而严重阻碍了电流的传播。在实践应用中，绝缘体的电导率通常是可以忽略不计的。

然而，半导体材料具有介于导体和绝缘体之间的中等电导率，其电导特性会随外界电场、特定光照频率等因素的变化而显著改变。

电导率在诸多领域都有着广泛的应用，包括但不限于电传导研究、交流磁性分析以及瞬态磁性探究等。

5. 线圈

作为一种电磁学组件，线圈是由一段导体（通常为铜线）围绕一个中心轴芯紧密缠绕而成的，形成了多匝闭合回路。当电流通过这些紧密缠绕的线圈时，所有绕组将共同产生磁场。这一基本原理支撑了电磁学领域的众多应用和技术实现。

线圈分为实心线圈与绞合线圈，两者存在着显著差异。

实心线圈由一体成型的连续导体材质制作而成，为电流提供了一条无中断的传导路径。当电流在实心线圈中流动时，其电流密度（即单位横截面积内的电流强度）会依循导体的几何形态发生变化。实心线圈内部导体材质的不规则性或横截面尺寸的变化，可能会造成电流在导体内部分布不均衡，进而导致电流密度分布不均匀。实心线圈示例如图 3.94 所示。

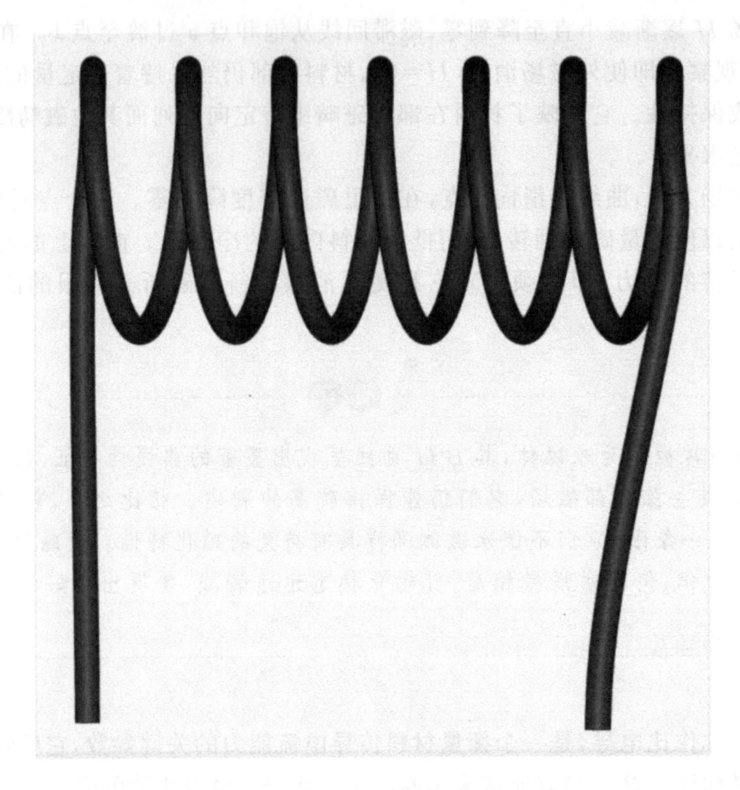

图 3.94　实心线圈示例

与此相反,绞合线圈则是多根单独的导体线(通常选用铜线)绕圆柱形芯或线轴旋转而形成的线圈模型。绞合线圈的建模理念允许用户通过将实际绞合的细线简化为具有一定横截面尺寸的等效替代线,简化对真实绞合线圈的模拟过程。

图 3.95 展示了复杂和简化绞合线圈在 CAD 建模方面的差异。图 3.95 展示了两种不同电机几何结构的构建方式:一种方法是对每一根电线股进行详细的建模;而另一种方法则将这些细股电线聚集并抽象为一个等效的体积单元,之后在仿真设置中指定该体积单元内电线的总匝数。

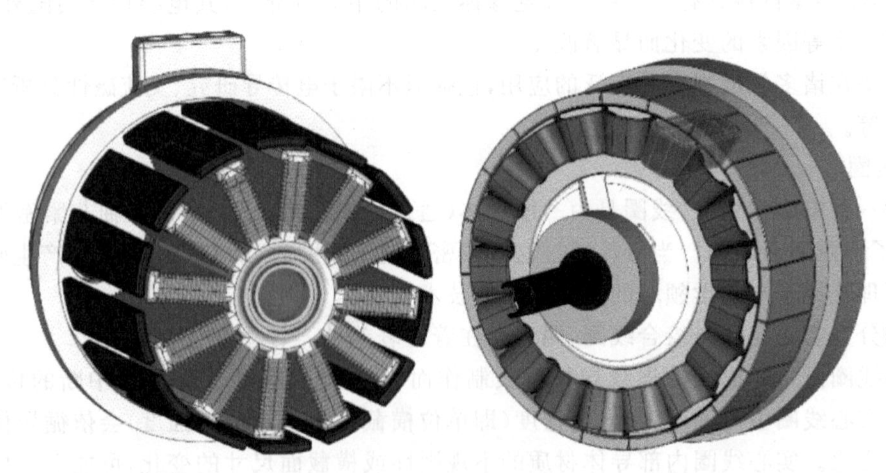

图 3.95　复杂和简单绞合线圈在 CAD 建模方面的比较

采用简单绞合线圈方法不仅简化了几何模型的构建流程，同时也有效地减少了所需的网格单元数目及仿真计算时间。这种方法使得用户能够轻松构建单层或多层绞合线圈的仿真模型，从而无须逐一精细地手动构建每一线圈股。

另外，若坚持采用较为复杂的逐股绞合线圈建模方法，则需要将每一线圈股都单独定义为一个线圈单元。这些线圈既可以被定义为实心线圈，也可以被定义为单匝绞合线圈。然而，由于需要对大量线圈进行独立定义，所以复杂绞合线圈方法的设置过程要比采用简单绞合线圈方法更为耗时。

进一步，线圈中的电流分布会对生成磁场产生显著影响。在实心线圈中，由于电流密度分布不均匀，所以生成磁场也不均匀，电流密度高的区域磁效应更强，而电流密度低的区域磁效应相对较弱。相比之下，在绞合线圈中，由于其电流密度分布相对均匀，所以所产生的磁场往往也较为均匀。

流经绞合线圈的总电流就是每匝电流与总匝数之积：

$$I=\frac{\text{current}}{\text{turn}}\cdot N$$

在仿真应用中，实心线圈承载的电流即为整体净电流 I，这一点与绞合线圈并无二致。也就是说，在这两种类型的线圈中，总体上传输的净电流是相等的。然而，尽管如此，实心线圈与绞合线圈在具体仿真情境下的表现仍有差异。这些差异主要随着仿真分析类型的不同而显现。无论是静态磁场分析、交流磁场分析还是瞬态磁场模拟，实心线圈与绞合线圈的差异都会变得明显。

在静磁学分析场景中，不涉及因自感产生的感应电流，线圈内流通的电流仅为直接施加的恒定电流。此时，绞合线圈（电流密度分布均匀）与实心线圈（电流密度分布不均匀）可能会在磁场分布上呈现出细微差别。同时，实心线圈与绞合线圈的电感值也存在显著差异，这是由于电感与线圈的几何构造尤其是匝数紧密相关。

涉及交流磁场和瞬态磁场的仿真时，实心线圈和绞合线圈之间的差异愈发明显。交流磁场条件下，集肤效应和邻近效应将直接影响绞合线圈的性能；而在瞬态磁场模拟中，线圈材料的动态响应以及绞合结构对瞬时电流变化的阻抗特性将成为区分两种线圈的重要依据。总之，不同类型的线圈在各类电磁场仿真实验中的表现各不相同，选择哪种取决于具体的工程需求和设计考量。

在集成工业软件平台上，线圈的配置聚焦于两个核心参数：线圈类型和线圈拓扑结构。这两个参数从根本上决定了线圈在仿真过程中的行为表现和特性。

(1) 线圈类型

线圈类型这一参数在集成工业软件中将线圈划分为实心线圈与绞合线圈两大类，划分的依据是线圈的结构特性和在电磁场中的响应特性。

在实心线圈的设定中，只需要确定激励源，可以是净电流(I)或者电压(U)，具体如下。

① 电流：对于实心线圈，净电流是指贯穿整个线圈主体的电流总量，而对于绞合线圈，需要指定每一匝电线中的电流。

② 电压：需明确指定线圈两端之间的电压值，同时也可以在电压定义中加入额外的电阻参数。

对于绞合线圈，除了激励源外，还需额外定义两个参数。

① 匝数：指电线围绕磁芯或线轴缠绕的总圈数。例如，若一条电缆由 4 股细线组成，共缠

绕了 50 圈，那么其匝数记为 50 圈，而非 4 股线各自独立的圈数总和 200 圈。

② 线径：圆形导线横截面的直径尺寸，是描述绞合线圈中单根电线尺寸的关键参数。

绞合线圈和实心线圈设置的对比见图 3.96，其中还显示了两种类型的励磁。

图 3.96　绞合线圈与实心线圈设置的对比

在设置线圈电流时，若线圈配置包含多个线圈单元，则指定的电流值实际上是该配置中所有线圈体的平均电流。举个例子，假定您的线圈设置中共定义了 4 个独立的线圈单元，这意味着存在 4 个输入端口和 4 个输出端口，或者是 4 个内部连接的端口。若输入的总电流设置为 100 A，则每个线圈单元将均分该电流，即每个线圈接受 25 A 的电流。

如果期望 4 个线圈单元各自都能承载 100 A 的电流，那么在设置线圈整体电流时，应输入的总电流值为 400 A。

在仿真过程中，电流输入参数是可以进行参数化设置的。借助参数化研究，用户能够高效并行地配置、执行和比较多种不同的结果，大幅缩短了计算所需的时间。然而，当前集成工业软件平台在仿真设置中仅支持单一参数的定义，这意味着无法同时对多个线圈的电流输入进行参数化处理。

(2) 线圈拓扑结构

线圈拓扑结构这一参数决定了线圈结构是闭合回路还是开路，明确了线圈是否被建模为一个闭合环路或具有开放边界特征。

通常情况下,净电流并不直接指示线圈内部电流的具体流向,而电流密度则能提供这一信息。因此,为了定义电流的流动方向,必须正确设置一个或一对端口。

① 闭合拓扑:线圈结构形成一个完整的闭环,意味着整个线圈电路被模拟为一个连续的闭合回路。在这种情况下,必须定义一个内部端口。构建闭合线圈时,几何结构上的考虑至关重要,比如,需要有一个或多个连通的表面作为电流的入口,且电流密度垂直于该入口流入。有时,为了模拟电流进入线圈内部,需要将线圈分割成两个或多个部分,以便电流能有效地穿过内表面。

② 开放式拓扑:线圈呈开放形式,意味着它具有两个明显的终端。这时,必须定义一个入口端口和一个出口端口。这两个端口应当是平面的,并且可以由多个面共同构成。电流密度沿着法线方向从入口端口流入,并从出口端口流出。因此,端口的规格确定了电流的方向。

图 3.97 展示了开路线圈与闭合线圈设置的对比。需要特别强调的是,在开放式线圈结构中,线圈采用了开放式拓扑,显然,其电机两侧设有入口端口和出口端口。与此相反,在闭合线圈配置中,选择了内部端口作为电流出入的界定点。

图 3.97 开路线圈和闭合线圈的设置对比

6. 边界条件

边界条件在解决问题的过程中起到了关键作用,它们规定了系统与周围环境如何相互作用。在电磁学领域,当前支持两种类型的边界条件,见图 3.98。

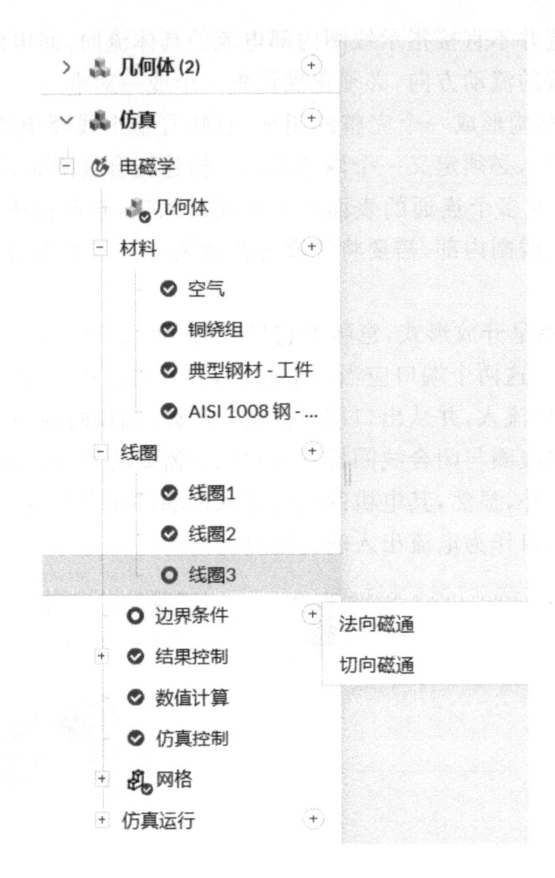

图 3.98 电磁学仿真类型中的边界条件

(1) 法向磁通

法向磁通边界条件要求在特定表面上只存在垂直方向(法向)的磁场强度 H,从而有效地排除了任何平行于该表面(切向)方向的磁场分量。此法向磁场条件必须应用于所有位于对称平面上的面,保证在这些面上的磁场强度 H 完全是法向分布的。

(2) 切向磁通

切向磁通边界条件规定必须存在纯切向的磁通量,同时有效消除任何垂直方向(法向)磁通量穿过指定表面。在所有属于磁通密度仅含切向分量的对称平面上,均需应用切向磁通边界条件。

当线圈与仿真域边界的某个部分(如空气体积边界)相接且电流垂直于该边界流动时,切向磁通边界条件是必需的。换言之,若线圈的入口或出口与仿真域的外边界相吻合,则需在该边界的所有面上设定切向磁通边界条件。

使用切向磁通边界条件的背后逻辑源于麦克斯韦-安培定律。该定律表明环绕某一闭合路径的磁场线积分等于通过该闭合路径所包围表面的电流总量。据此,在电流流过的外部边界上,若设置法向磁通边界条件而非切向磁通边界条件,则会出现问题:若强行规定法向磁场强度 H 的切向分量为零,并对此处磁场强度进行积分,将导致积分结果为零,这与麦克斯韦-安培定律相悖。因此,在这样的情况下,必须采用切向磁通边界条件,以保持与电磁理论的一致性。

请注意,应用上述边界条件时,应将它们分配到外部边界的所有面上。

切向磁通(Tangential Flux)和法向磁通(Normal Flux)边界条件的命名依据是它们分别针对磁通密度和磁场强度的特定分量进行了规定。在切向磁通边界条件下,强调的是磁通密度 B 的法向分量必须为零,这意味着磁通线仅沿边界表面切向流动;而在法向磁通边界条件下,强调的是磁场强度 H 的切向分量为零,即磁场线垂直于边界表面。

对于各向同性材料而言,切向磁通边界条件意味着磁通密度是切向分布的,而法向磁通边界条件意味着磁通密度是垂直于边界表面的法向分布。然而,在处理各向异性材料时,情况可能并非如此直接对应,因为材料性质可能影响磁场和磁通密度之间的关系。因此,这种命名方式旨在精确反映边界条件对磁场或磁通密度分量的具体约束。

7. 结果控制

在结果控制模块,用户可以定制额外的仿真结果输出,以辅助设计分析。在电磁仿真范畴内,支持的补充输出参数包括电感、力和扭矩等。这些参数的计算结果会与线圈电阻值一并以表格的形式呈现,仿真完成后,用户可在“表格”栏目下查阅。

电磁学仿真中可用的结果控制项如图 3.99 所示。

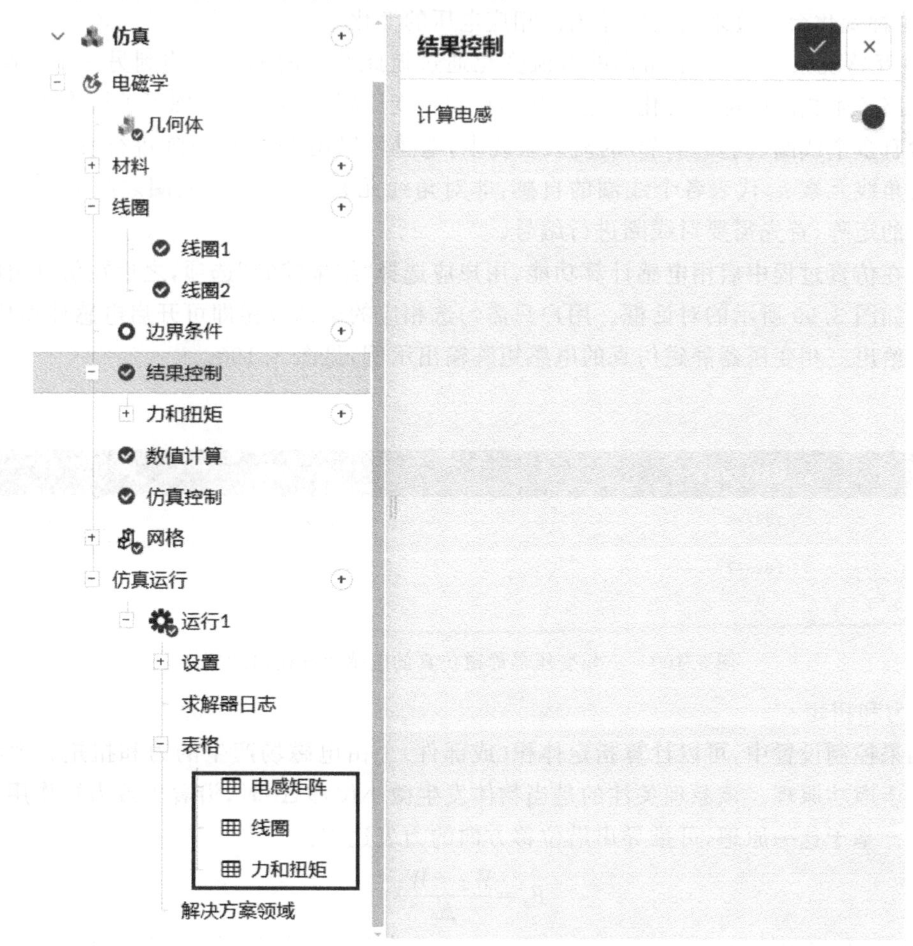

图 3.99 电磁学仿真中可用的结果控制项

（1）电感

当导体在变化的磁场作用下产生电流时，这种现象被称为电磁感应，或简称为感应现象。之所以称之为“感应”，是因为磁场在导体内部诱导产生了电流。

电感概念则反映电感器在由电流流动产生的磁场中储存和释放能量的能力。磁场的建立与增强需要能量输入，当磁场强度下降时，这部分能量会被重新释放出来。

以一个简单的线圈为例，我们可以更直观地理解电感的作用。设想在线圈两端突然施加电压，作为响应，电流需要从零逐渐增长至非零值。在这个过程中，非零电流会依照麦克斯韦-安培定律产生磁场。

当电流上升至欧姆定律所确定的稳态值 $I=V/R$ 时，伴随产生的磁场将达到稳定状态。然而，在电流变化过程中，根据楞次定律，由于磁场的变化，线圈内部将会自身感应出电压，这种感应电压通常被称为反电动势。反电动势的大小与电流变化速率以及电感的大小密切相关。

当电路中因磁场变化引起的电磁感应影响电流变化时，这种现象所对应的电路参数即为电感，用符号 L 表示，其单位为亨利(H)。

电感可细分为两种基本类型：自感和互感。

① 自感是电路自身的固有属性，与线圈结构密切相关。当流经线圈的电流周围产生磁场变化时，这种变化会反过来引起电路内部相应电压的变化。

② 在互感现象中，一个电路内的电流变化通过彼此共享的磁场影响到另一个电路，导致第二个电路产生相应的电压变化。这种互动机制在变压器等器件中发挥了关键作用。

在含有多个线圈(例如 N 个)的复杂系统中，电感可以用 $N\times N$ 矩阵进行表示。其中，该矩阵的对角线元素 L_{ii} 代表各个线圈的自感，非对角线元素 L_{ij} 则代表线圈之间的互感。为了构建这样的矩阵，首先需要对线圈进行编号。

若要在仿真过程中启用电感计算功能，用户应选择“结果控制”选项，之后在仿真树的右上方会弹出如图 3.99 所示的对话框。用户只需勾选相应的单选按钮即可开启电感计算功能。

下面给出三相变压器静磁仿真的电感矩阵输出示例，见图 3.100。

编号	线圈1 (H)	线圈2 (H)
线圈1	3.26378	1.82347
线圈2	1.82347	3.16706

图 3.100　三相变压器静磁仿真的电感矩阵输出示例

（2）力和扭矩

在结果控制设置中，可以计算指定体积(或部件)上由电磁场产生的力和扭矩。力和扭矩的计算基于虚功原理。该原理关注的是当物体发生微小位移 Δs 时，沿着力或力矩作用方向的磁能变化。基于这一原理，可推导出沿位移方向的力表达式：

$$F_s=\frac{W_2-W_1}{\Delta s}$$

其中 W 是虚功，表达式为

$$W = \frac{1}{2}\int B \cdot H\mathrm{d}v$$

将部件旋转一个差度即可获得扭矩 $\Delta\varphi$：

$$\tau=\frac{W_2-W_1}{\Delta\phi}$$

为了设置力和扭矩的输出计算，您需要在结果控制部分找到相关选项，正如图 3.99 所示。接着，系统会指引用户选择目标体积。值得注意的是，在进行扭矩计算时，用户还需要预先定义一个作为扭矩参照基准的点，见图 3.101。在仿真设置中定义力和扭矩输出以及此类结果请求的预期输出，图 3.101 所示的输出来自磁力提升机的静磁仿真。

图 3.101 输出

在运用虚功方法获得计算结果的过程中，一个关键的条件是，所考察的受力和受扭矩物体必须被无阻力介质(例如空气)所包围。这种无阻力介质指的是不会对电荷施加力且与磁场无相互作用的物质。它们一般为绝缘体，内部无电流通过，且具有与真空相同的磁导率特性。

8. 数值

数值设置在仿真配置中占据核心地位，它们决定了如何运用恰当的离散化技术和求解器策略来解析方程式。通过合理的数值设置，可以显著提升仿真的稳定性与可靠性。

电磁仿真中的可用数值如图 3.102 所示。

(1) 元件精度

元件精度设定允许用户在第一阶(线性形状函数)和第二阶(抛物线形状函数)有限元之间进行选择。默认情况下，仿真配置中采用的是第二阶元件精度，这一选项尤其适用于对力和扭

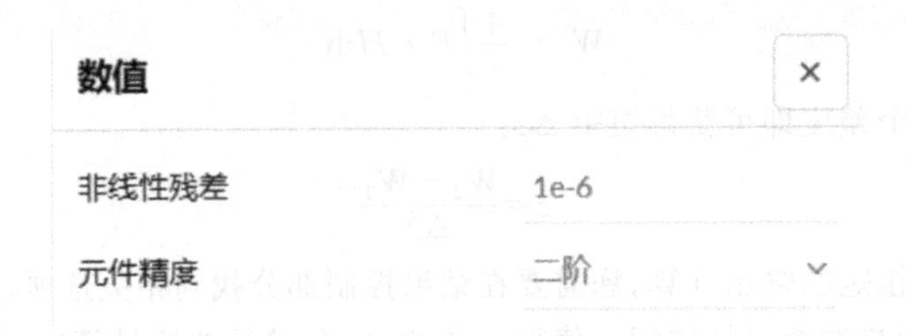

图 3.102 电磁仿真中的可用数值

矩的计算精度有较高要求的情形。尽管第二阶元素因其更高的精度而备受推崇，但需要注意的是，由于其具有额外的自由度，故相较于第一阶元素，运算成本和计算资源需求也会相应提高。因此，在保证精度的前提下，用户可根据实际情况权衡是否维持这一默认设置。

(2) 非线性残差

非线性残差代表了迭代求解器所能容忍的最大误差界限。在处理明确界定非线性残差的模型时，迭代求解器将持续进行迭代运算，直到误差低于预设的这一阈值为止。若无法将误差降至该阈值之下，求解器将会停止运行并宣告求解失败。非线性残差值越小，意味着仿真收敛得越精确，获得的解决方案也越精确，但与此同时，这也意味着求解过程可能需要消耗更多的时间。

9. 仿真控制

仿真控制设置用于定义仿真的整体运行。用户可以在此区域内设置仿真的最长运行时间。该参数决定了仿真运行的时间上限。一旦仿真运行时间超出这个上限，仿真进程将会自动停止。

仿真控制设置如图 3.103 所示。

图 3.103 仿真控制设置

10. 网格

网格划分是对仿真区域进行离散化处理的过程，即将一个大的连续域划分为多个小型子区域，并针对这些子区域分别求解相应的方程。

在电磁学分析中，可以应用常规的标准算法进行网格划分。

第4章　仿真设置

工作台作为一个综合界面,适用于多种仿真类型的搭建与执行。在成功导入和准备 *CAD* 模型并将其实现在工作台上之后,您即可开始进行仿真设置。首先,您需要确定仿真分析的类型。为此,请在几何对话框中单击“创建仿真”按钮,或者在仿真树视图中单击“仿真”标签旁边的“+”号按钮,如图 4.1 所示。

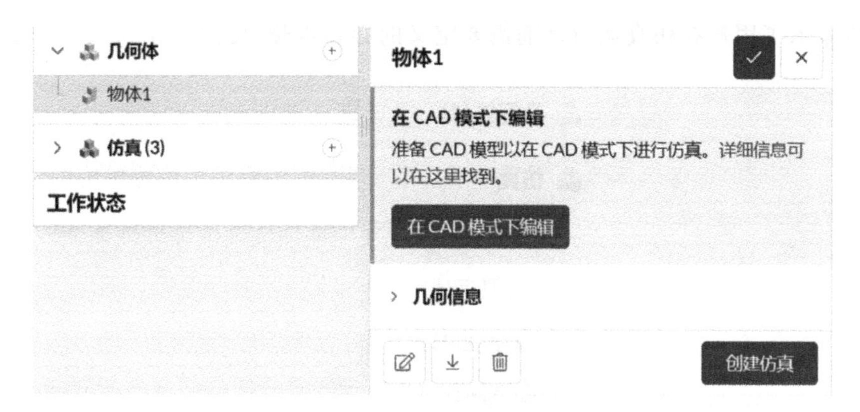

图 4.1　几何对话框

按照上述步骤,将显示一个包含所有可用分析类型的窗口,见图 4.2。

图 4.2　分析类型列表

再单击一次“创建仿真”按钮，就可以开始进行仿真设置了。之后将出现一个仿真树，其中显示了该特定仿真设置所需的步骤。

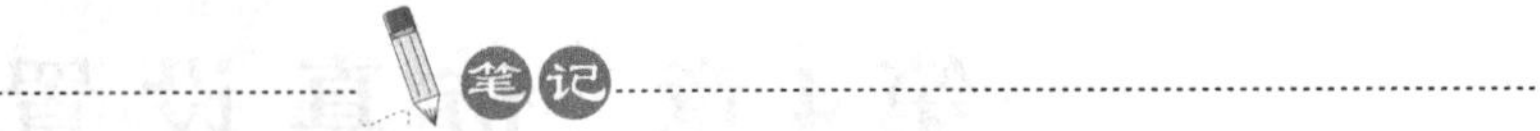

仿真树旨在提供有关如何配置仿真的通用指导信息。应当注意的是，在仿真树中的某些功能仅适用于特定类型的分析。例如，连接配合这样的功能仅在进行结构分析时才有意义。

4.1 仿　真　树

仿真树显示了用户在仿真运行之前需要定义的必要步骤，见图 4.3。

图 4.3　仿真树

在仿真设置流程中，不同的步骤会附有不同的状态图标，用于指示该步骤是否需要用户进行配置或处于何种状态。具体的状态图标及其含义如下。

- 未完成状态：表示用户必须为该步骤提供必要的配置信息，例如材料属性和边界条件。
- 完成状态：表示该步骤已配置妥当，用户在无特殊情况时无须进一步操作，如几何结构设定、数值设置及仿真控制等。
- 可选状态：表示该步骤已配置妥当，用户在无特殊情况时无须进一步操作，如几何结构设定、数值设置及仿真控制等。
- 错误状态：表示该步骤的设置存在错误或缺失必要信息，例如没有为边界条件指定值或者使用了无效的负流量值。

1. 全局设置

在全局设置模块，用户能够对仿真模型的基本属性进行调整。例如：在进行静态分析时，用户可以选择线性分析或非线性分析模型；在进行流体流动仿真时，用户可以选择不同的湍流模型。

2. 几何体

几何体区域集中展示了项目中所有已导入的三维几何模型。用户可以在其中自由切换不同的几何形状，以开展同一类型的仿真分析。用户能够将同一套仿真设置应用到不同的设计方案中，然而，若不同几何体之间的面结构有所差异，用户则需重新配置相应的设置信息。

3. 几何基元

几何基元是一系列基本形状，包括笛卡尔坐标系中的盒子、圆柱体、球体以及点元素，将它们精准地应用于仿真模型的特定部分，能够实现对模型局部区域的特定设置。

4. 配合

在仿真模型中，若分析对象并非由单一材料构成的单一零件，而是由多个不同材料制成的零件组合而成，或者是多物理场仿真中同时包含流体与固体的复杂结构，则定义配合关系显得尤为重要。

5. 连接件

在多部件结构分析时，连接件能够有效降低复杂性。其通过在不同部件间定义虚拟连接关系（不需要实际的物理连接组件），达到简化的目的。

6. 元件技术

元件技术是指在仿真过程中所采用的实体有限元数值建模方法，涵盖了网格划分策略、简化积分技巧以及质量集中的处理方式。

7. 模型

在“模型”选项卡下，用户可以定义一系列额外参数，如重力、被动载荷以及几何属性等，这些参数共同构成了仿真所依赖的物理特性描述。

8. 材料

在“材料”选项卡下，用户可以指定仿真所使用的材料。例如，在CFD仿真中设定流体属性或在结构分析中定义固体材料特性。另外，用户还可以根据需求调整材料的物理属性，从而实现对自定义材料的使用。

9. 初始条件

用户可以从全局或通过子域设置仿真的初始条件。合理设置初始条件有助于加快仿真的速度,从而节约计算资源。用户既可以针对全域设置初始条件,也可以针对各个子域分别指定个性化的初始条件。

10. 边界条件

边界条件定义了系统(结构或流体)如何与周围环境相互作用。输入与输出、负载与压力是流量仿真的边界条件示例。预先选择的仿真类型不同,可用边界条件列表也不同。

11. 高级概念

用户可以建立复杂的模型结构,例如模拟旋转区域、多孔介质以及动量源,以便精确模拟实际的物理条件,从而在处理风扇仿真、涡轮机仿真以及多孔介质模拟等问题时,获取更为精确的仿真结果。

12. 数值计算

用户可以配置仿真的方程求解器,调整收敛设置以及其他相关数值参数,以达到收敛解。然而,这一功能更适合高级用户,对于大多数用户来说,预设的默认设置已足够使用。这里是仿真的核心操控区,通过对方案、求解器、松弛因子、容差等因素进行调整,既可以确保仿真问题成功解决又能确保仿真高效运行。不过,此类设置仅适用于高级用户,一般情况下,默认设置已满足大部分用户的需求。

13. 仿真控制

用户可以在"仿真控制"下设定仿真运行的时间跨度、保存结果的数量以及仿真过程中使用的处理器的核心数。

14. 结果控制

如有需要,用户可定义并导出额外的仿真结果,例如力和力矩、表面数据以及场变量等。此外,用户还能在模型中插入探测点以收集特定位置的数据。

15. 网格划分

在网格划分阶段,用户负责定义模型的离散化过程,包括选择网格划分算法和确定所需的网格细化程度。网格质量对仿真的可行性及仿真结果的准确性有着重大影响。用户还可以为一个几何体创建多个网格。

16. 仿真运行

用户完成所有必要的设置后,即可启动仿真运行。如果有多次仿真计划,用户可以根据需要为每次仿真运行命名,以便后期识别和区分。

4.2 全局设置

湍流模型、时间依赖和材料性质等参数的定义均可作为仿真全局设置的一部分。用户可通过选择仿真树的第一级菜单条目,访问并配置仿真的全局设置,见图 4.4。

在此文档页面中,我们将对全局设置中涉及的各项参数进行全面解读。为了便于理解,我们将这些参数划分为两大类:计算流体动力学(CFD)相关参数和有限元分析(FEA)相关参数。

图 4.4 全局仿真设置定义了仿真设置的物理原理

4.2.1 计算流体动力学

1. 湍流模型

湍流建模在众多 CFD 仿真任务中占据核心地位，因为几乎所有实际的工程流动场景都涉及某种程度的湍流现象。由于湍流在物理过程中发挥着关键作用，如能量损耗、增强混合等，精确而有效的湍流模型对于准确预测复杂流动行为至关重要。

在 CFD 应用实践中，广泛应用的是基于雷诺平均 Navier-Stokes 方程的湍流模型家族，其中以二方程模型最为普遍。我们在工业实践和科学研究中采用了多种经验证有效的湍流模型方案。

对于那些与低雷诺数相关的层流情形，流动特性主要受粘性效应支配，此时湍流的影响相对微弱，流场呈现出有序且层状的结构特征。

当前软件平台支持一系列精细化的湍流模型，包括但不限于以下几种：

- 标准的 K-ε 模型；
- K-ω 模型；
- 基于 SST(Shear Stress Transport)的 K-ω 模型；
- 大涡模拟(LES)Smagorinsky 模型；
- LES Spalart-Allmaras 模型；
- 直接数值模拟(DNS)兼容的大涡模拟(LES)Smagorinsky 模型(仅适用于不可压缩流动问题的求解)；
- 基于 SST 的分离涡模拟(DES)K-ω 模型(同样仅适用于不可压缩流动问题的求解，采用延迟 DES 或改进的 DES 策略)。

2. 时间依赖

仿真过程可划分为两种基本类型:稳态仿真与瞬态仿真。若需考量随时间变化的影响因素,瞬态仿真是理想选择,因为它能够捕捉并分析动态过程的发展与演变。反之,若您关注的核心目标仅为求解系统的稳定状态,那么稳态仿真将更为适宜。相较于瞬态仿真,稳态仿真的计算要求较低,从而可能得到更快捷、更高效的解决方案。

在涉及多相流动分析的情境下,时间依赖性参数设定通常默认配置为瞬态模式。这意味着无论何时进行多相分析,系统都将自动考虑随时间演变的过程变化,确保对各个阶段中各相交互作用的精准捕捉。

3. 算法

对于稳态分析,可使用算法 SIMPLE;对于湍流瞬态分析,可使用算法 PISO、PIMPLE;对于瞬态层流分析,可使用算法 ICO。这些算法负责压力-速度耦合。

4. 被动式样

在不可压缩流体流动及对流传热分析中,常使用被动标量传输方法。这一方法主要用于模拟流体中特定标量随着流动而发生的传递现象。其中的关键在于,所传输的这些标量被假定为不对流体流动本身产生任何影响,故被称为被动标量。

举例说明,在探究水流环境中氧气扩散的过程中,被动标量传输是一个合理的理论依据。此外,需要强调的是,被动标量这一概念并不预设标量具备任何具体的物理尺寸属性,而是关注其在流体内部的分布与转移规律。

5. 可压缩

"可压缩"这一参数专为对流传热分析、共轭传热 v2.0 分析及共轭传热场景设计,用户可通过简单的开启/关闭操作来启用或禁用此功能。

在该参数关闭的状态下,一般要采用布西涅斯克近似方法进行处理。这种方法尤其适用于域内温度变化较小的情况,比如在自然对流模拟中,这一方法得到了广泛应用。当参数处于关闭位置时,将以零表压(0 Pa)为参考值进行计算。相反,当开启"可压缩"选项时,系统将会根据压力和温度的变化精确计算域内的密度变化情况。一旦选择启用该选项,应采用绝对压力输入,例如在海平面上的标准大气压为 101 325 Pa。

6. 基于

"基于"这一参数专门针对可压缩流体的瞬态分析场景。在这一类分析中所采用的求解器是 rhoPimpleFoam,它是基于压力表述方法设计的,旨在精确处理与时间和压缩性相关的流体动力学问题。

7. 辐射

辐射传热是以电磁波形式进行的能量传递过程,在仿真计算中得以体现和量化。在面对高温环境的模拟时,辐射传热的作用尤为明显。

无论是单纯的对流传热分析还是包含固体与流体相互作用的共轭传热分析,均支持对辐射传热现象的考量与计算,以确保仿真结果的准确性与全面性。

8. 时步法

"时步法"专属多相流分析范畴,此类分析本质上属于瞬态分析的一种。一旦激活时步控制选项，就能够有效地将仿真进程快速推进至稳态，从而显著提升计算效率，同时减少所需存储的结果数据量。该选项在船舶阻力分析等应用场景中比较常见，在需要迅速揭示并展现船体周围波浪形态稳态特征的仿真过程中，启用此选项能够显著加快仿真速度，高效呈现稳态波浪模式。

9. 气穴现象

在亚音速仿真中，可以利用恒定气体质量分数模型来进行相应的模拟与建模。

10. 太阳辐射

太阳发出的电磁波能量(即所谓的太阳辐射)在计算流体动力学(CFD)领域中被视为一种附加的热能来源。尤其在诸如热舒适性评估等特定应用情境下，若忽视太阳辐射的影响，可能会导致模拟结果的精确性大打折扣。

为此，我们配备了先进的太阳辐射模块，该模块已整合到了共轭传热 v2.0(CHT v2.0)分析中，旨在充分考虑太阳辐射效应对热交换过程的重要作用。

11. 相对湿度

“相对湿度”功能专为共轭传热 v2.0 仿真设计，启用时，它将综合考虑湿度因素并进行相关计算，将其完全纳入仿真过程之中。若要运用湿度模拟功能，必须先启动可压缩选项。一旦激活该功能，模型将深入探讨并计算域内的湿度迁移现象，同时还将关注湿度对混合流体密度的潜在影响。最终的仿真结果将涵盖一系列湿度指标，具体包括相对湿度、绝对湿度以及湿度比例的百分比展示。

12. 焦耳热

“焦耳热”功能针对共轭传热 v2.0 及 IBM 框架下的共轭传热仿真，一旦启用，系统将能够精确求解电场效应，并在整合计算整体热场与流场动态时，同步考虑由电场导致的热量损耗效应。该功能启用后，仿真结果将拓展至包括电势分布、电流密度分布以及由此生成的焦耳热在内的多个附加输出变量，从而提供更为详尽的分析数据。

4.2.2 有限元分析的组成部分

1. 非线性分析

当模型预测的位移响应对于给定载荷可合理假设为线性行为，特别是在处理小载荷或微小位移情况时，请选择禁用非线性分析选项。反之，若模型中施加载荷与相应的位移响应之间无法简化为线性关系，则务必启用非线性分析选项来进行准确模拟。该非线性分析切换功能广泛适用于多种分析场景，包括但不限于静态力学分析、传热分析以及复杂的热机械耦合分析。

2. 时间依赖

传热分析和热机械分析既可采用稳态仿真也可采用瞬态仿真方式进行。在瞬态分析中，时间相关的效应会被全面考量，因为它反映系统随时间推移的动态变化过程。相比之下，稳态分析则专注于获取系统达到平衡后的稳定状态解，它忽略了时间演变的因素，仅关注最终收敛的稳态结果。

3. 惯性效应

惯性效应源于物体在不同速度的运动过程中，其质量与加速度的乘积所表现出的动力学影响。这实质上就是在解决方案的机械部分引入了动态仿真的元素。若模型中含有显著的加速度变化，建议启用这一设置，以便精确显示相应效果。

在瞬态热机械分析的设定中，是否考虑惯性效应取决于仿真类型的设置。具体而言，只有当仿真类型被设置为动态时，系统才会将惯性效应纳入计算范围；相反，如果设置为静态仿真，则系统将忽略惯性效应而不予考虑。

4.3 配　　合

在仿真场景中，当仿真区域并非由单一材料构成的整体部件，而是由一系列不同材料组成的多个零件构建时，或者在涉及流体与固体相结合的多物理场仿真情况下，对接界进行定义就显得至关重要。为了构建真实度更高的模型，我们需要一套完备的设置来精确描述各个组件之间的相互联系和边界条件。

在配合定义方面，固体力学仿真包括：静态、动态、热量传输、机械热、频率分析、谐波。针对这些仿真类型，配合的性质可以根据线性和非线性（物理效应）进行区分。线性配合通常适用于零部件间保持紧密连接或相对变形较小的情形，而在非线性配合中，则能够更加细致地模拟零部件间脱离接触以及碰撞等复杂行为。这样的非线性配合仿真能更好地反映实际工况下零部件间可能发生的非线性相互作用。

在共轭传热求解器中，配合的概念被形象地称为"界面"，这一界面既可以出现在两个固体材料之间，也可以存在于固体与流体介质的交接区域。其核心作用在于精确描绘和计算不同组成部分之间的热交换过程，确保对整个系统中复杂且耦合的传热现象进行有效模拟。

在共轭传热分析中，相互配合的两个表面被区分为主体面与从体面。每一个从体面上的节点（即从节点）均通过特定约束与主体面上的相应节点（即主节点）建立起联系。

需要注意的是，任一表面不得同时作为多个接触点定义下的从体面参与多个配合关系，同样的原则也适用于因不同配合界定而共享边缘或节点的相邻表面。

在常规情况下，建议选取网格更为细化的那一表面作为从体面。然而，在循环对称结构的情形下，这一点往往不构成关键因素，因为通常要求两个表面采用近乎一致的单元尺寸来划分网格。

指导性的通用原则有助于确定哪些配合面或配合组应设为主体面，哪些应设定为从体面。虽然这些原则并非在所有场景中都严格适用，但它们确实提供了一个合理的起始判断依据。若满足以下条件，倾向于将该面指定为从体面：相对于另一面，它的尺寸明显较小；其几何形态相较于配合的其他部分更为弯曲、复杂；它所属的组件具有更高的灵活性，尤其是在其他部分受到固定或位移限制时；其网格划分的精细程度远超与其配合的对应面。

自动配合检测功能旨在寻求最优匹配方案，因此，推荐优先采用自动配合检测而非人工施加约束。如有配合冲突发生，检测信息会在配合列表中标记警告图标，配合设置面板顶端提供了关于冲突类型及其解决方法的详尽说明。

运行构建过程中，系统会进一步显示针对未解决冲突的警告，并执行额外检查以探测潜在的约束缺失问题。

若无论是通过手动调整还是依赖于自动配合检测都无法妥善解决存在的配合冲突，可考虑利用 CAD 几何体的压印技术来解决。

4.3.1 线性配合

当两个物体在至少一个公共边界上存在一定的约束关系，使得这些边界之间不存在相对运动时，便形成了配合状态。

在结构仿真场景中，装配体中的多个部件经过离散化处理，形成各自独立的网格化零件。这一过程通过网格划分技术对每个实体单独划分网格，导致位于配合界面的节点并未共享，从而造成各部件间在初始状态下是分离且不相连的。为了确保部件间的机械相互作用得到正确模拟，必须借助配合约束手段将它们关联起来，以在不同的自由度之间建立恰当的耦合关系。

1. 自动配合检测

为了确保仿真域内的各个组件都得到恰当的约束设定，系统会在每次新增 CAD 组件至仿真项目（包括仿真初始化阶段）时自动实施配合检测。默认情况下，系统会对装配体中存在的所有配合关系自动生成为粘合型配合，但用户可以根据需要随时进行个性化编辑与调整。

此外，配合检测还可以通过手动操作触发：只需单击"＋"按钮，或在仿真树结构中的"配合"节点处使用上下文菜单，即可启动配合检测流程，见图 4.5。

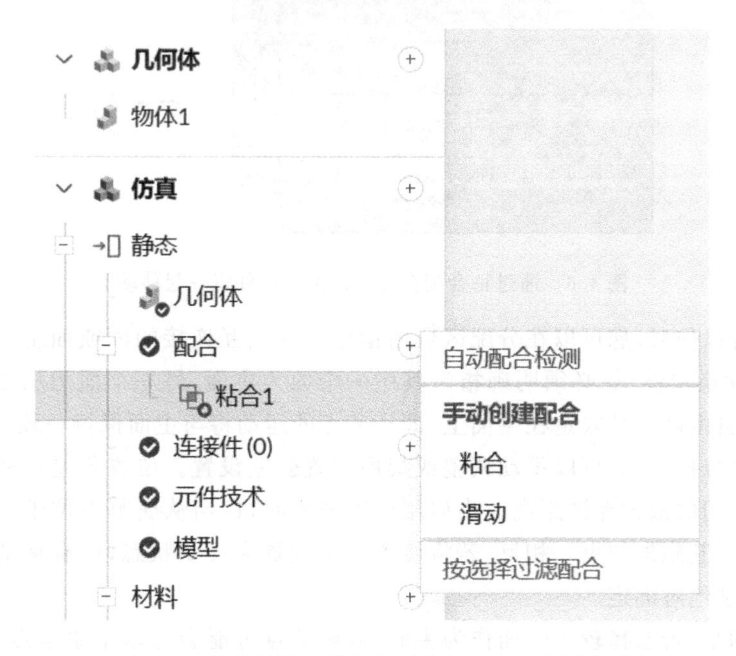

图 4.5 创建新配合并突出显示自动配合检测选项

当配合检测过程开始时，仿真树中的相应配合节点将会显示为锁定状态，表明正在进行处理。该过程所需时间会随所涉及几何体的尺寸以及复杂程度而变化，从短短数秒至几分钟不等。在配合树节点上，加载进度指示器会清晰地呈现，直观地反映当前配合检测的进度状态。

2. 批量选择

根据组件的尺寸和复杂性，所创建的触点数量可能会变得相当大。一次编辑多个配合的一种简单方法是批量选择。批量选择面板除了分配给用户进行编辑之外，还公开了所有配合选项。

可以采用以下选择模式。

① 选择一个实体：将选择所选实体上至少包含 1 个面孔的所有配合。

② 选择两个或多个实体：将选择在至少两个选定实体上包含至少一个面的所有配合。

③ 选定一个实体上的一个或多个面：将选择至少包含一个选定面的所有配合。

④ 选定多个实体中的多个面：将选择包含至少两个实体中至少一个选定面的所有配合。

3. 配合类型

目前，有三种类型的配合约束可用：粘合配合、滑动配合、循环对称。

(1) 粘合配合

粘合配合是一种模拟技术，它旨在模拟两个相互连接固体间不存在任何相对位移的紧密结合状态。在这种配合约束下，各个组件的不同部分将如同被强力胶水或其他形式的永久连接手段牢固地粘合在一起，在整个仿真过程中，各个部分始终保持相对静止，不会发生任何滑动或转动等相对运动。

通过粘合配合连接的两个部件将一起移动，见图 4.6。

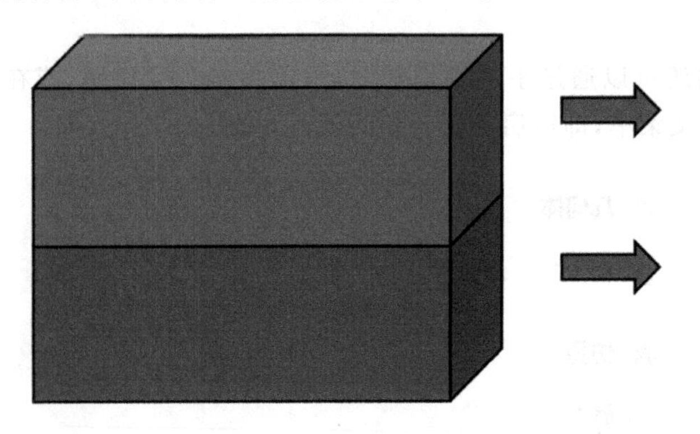

图 4.6 通过粘合配合连接的两个部件将一起移动

在执行配合操作时，您可以在分配区域内指定应当相互连接的面或面组。为了确保数值计算的准确性和稳定性，您必须明确指定其中一个面为主面，另一个面为从面。在计算过程中，从面的节点自由度将被限定在主面上，即从节点的运动将与主面保持一致。

在进行配合分析时，您可以手动调整或禁用位置公差设置。位置公差用来定义从节点到其最近主面点之间的最大允许距离。当启用位置公差时，仅当从属节点位于主面定义的距离范围内时，才会对其施加约束。相反，若将位置公差设置为关闭状态，所有从节点将严格贴附于主表面，即实现绝对绑定。

需要注意的是，若选择较大的面作为主面，从属节点可能会与多个主节点产生绑定关系，这样一来，从属面很可能会由于过度约束而导致计算结果中出现不真实的高刚性现象。

粘合配合设置面板如图 4.7 所示，您可在其中指定位置公差、主表面和从表面。

当选择较大的曲面(或具有较高网格分辨率的曲面)作为从属曲面时，可能会导致计算时间显著增加，并且在未设置适当公差阈值的情况下，还有可能会出现不准确甚至错误的解决方案。因此，在进行配合设置时，应谨慎选择从属曲面，并结合实际情况合理设定公差值，以避免不必要的计算步骤及潜在的仿真误差。

图 4.7 粘合配合设置面板

(2) 滑动配合

滑动配合是一种特殊的配合约束类型,它允许在配合表面上发生平行于表面的切向位移,但严禁沿垂直于表面的法线方向发生相对移动。这种配合约束在进行线性仿真时,尤其适用于模拟装配体内部的滑动运动情况。在滑动配合的设定中,涉及的两个表面被明确区分为主表面和从表面。其中,从表面的每个节点(称为从属节点)均通过特定约束与主表面的节点(称为主节点)建立连接关系,从而使从属表面能够在主表面的引导下实现预期的滑动运动。

通过滑动配合连接的两个零件可以在配合平面上相对移动,见图 4.8。

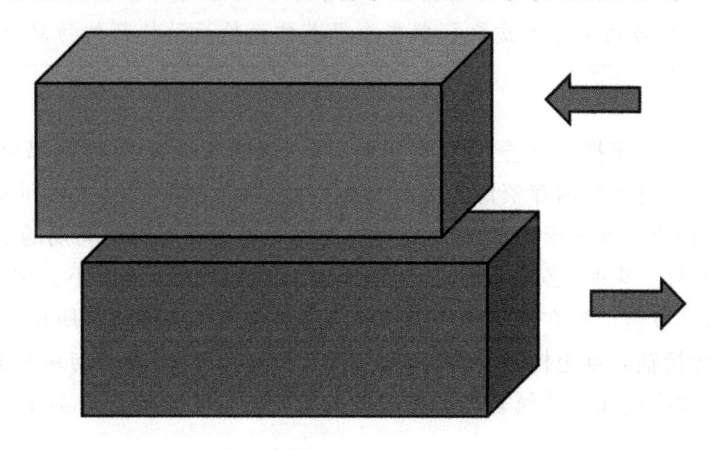

图 4.8 通过滑动配合连接的两个零件可以在配合平面上相对移动

您可以通过分配界面,对需要相互连接的面或面集合进行合理搭配。在进行数值计算时,务必指定其中一个面为主面,而另一个面则作为从面。在计算进程中,从面的节点自由度将受限于主曲面，仅允许沿着曲面进行切向移动，从而确保模拟过程中两个面之间发生的是理想的滑动配合。

滑动配合设置面板如图 4.9 所示。

图 4.9 滑动配合设置面板

滑动配合是一种线性约束机制，特指应用于平面滑动界面的限制条件。在滑动配合的界面上，仅允许发生有限的、线性的切向位移，而对于较大的位移或旋转运动则是不适用的。换言之，滑动配合约束并不适合那些包含显著非线性运动特征的仿真场景。

(3) 循环对称

循环对称约束专为模拟 360°全周期结构而设计，通过仅对结构的一部分进行建模，可大幅度减少计算所需的时间和内存资源。要成功应用此约束，必须设定一系列关键参数，包括循环对称的中心点、轴线以及扇形角。主表面和从表面共同界定了循环周期的边界。

在配置循环对称约束时，必须明确规定旋转轴的位置和扇形角大小。扇形角需以度为单位进行精确赋值，其取值范围在 0°至 180°之间，且必须为 360°除以整数所得的值才能生效。

轴线的设定包括轴心点坐标和轴线方向。尤其要注意，轴线方向与扇形角度的确定需遵循右手法则，如此才能确保从从属表面到主表面的旋转方向正确无误。为了更直观地理解，请参考图 4.10。

截面(左)上产生的范式等效应力以及在 Paraview 中查看的完整 360° 模型(右)上的转换结果如图 4.11 所示。

图 4.10　循环对称的图示

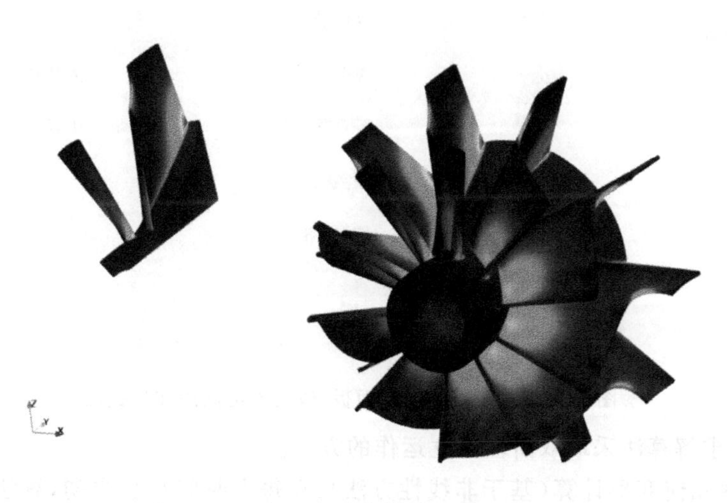

图 4.11　截面(左)上产生的范式等效应力以及在 Paraview 中查看的完整 360° 模型(右)上的转换结果

循环对称条件的功能在于，它能够将主面上发生的变形转移并映射至从面上，并通过扇区旋转操作对变形进行复现，从而实现循环对称效应。然而，在这种条件下，并未在径向、切向或轴向方向上对主体进行任何形式的约束。因此，为了消除可能出现的刚体运动，必须另行添加合适的附加约束条件。

- 由于从节点的所有自由度都将受到循环对称连接的约束，因此在这些节点上添加额外的约束可能会导致系统过度约束。
- 循环对称约束是线性约束，因此在循环对称边界附近不允许有大的旋转或大的变形。
- 仅当几何体和载荷绕旋转轴对称时，循环对称条件才有效。

4.3.2 物理配合

物理(或称非线性)配合功能可让您精确模拟装配体中不同零件间的相互配合，同时也支持同一零件内部不同面之间的自配合计算。与仅依赖线性关系连接面的线性配合不同，非线性配合会考虑到实际的配合力，而不局限于线性连接。

启用非线性交互时，您需要明确指定面或面组之间的配合对。在仿真过程中，系统将实时监测这些面之间的距离，并在两面形成配合时，计算并考虑阻止两面相互穿过的交互作用力。正因为这些力仅在面之间发生接触配合时才会出现，所以这是一种非线性现象，只能在非线性分析中得到应用。

物理配合设置面板提供以下选项，见图 4.12。

图 4.12　物理配合设置面板(适用于定点法和牛顿法)

物理配合求解算法采取双阶段独立运作的方式。

① 非线性几何变形计算(基于非线性方法)：在每个时间步长之初，算法首先估算边界条件造成的几何体非线性变形，此时暂不考虑物理配合条件的影响。

② 配合顺从条件的非线性计算(配合非线性求解):随后,算法专注于计算配合对之间的相互穿透,并据此适时更新几何形状,以确保物理配合条件得以强制执行。接下来,算法会进一步计算配合压力,并将这些力计入下一时间步长的动力学计算中。

配合压力的相关数据可以从结果控制选项中获取,路径如下:解决方案字段→配合类型→压力。请注意,此处显示的配合压力字段仅在配合对的从属面上具有非零值,它反映了从属面与主体面相互作用下产生的配合压力的分布情况。

在进行机械热分析时,默认情况下物理配合并不会传递热量。若希望在配合面之间加入热传导效应,您需要另外创建一个仅含传热选项的粘合配合关系。在这个特殊设定下,即使这些面并未实现机械意义上的配合,也会被视为处于理想热接触状态,即完美热配合状态。

以下是一些全球物理配合算法中通用的参数设置。

(1) 非线性方法

选择用于在执行配合算法前计算几何体非线性变形的算法步骤。具体选项如下。

① 不动点法:在基础牛顿迭代的基础上增加了额外的外部迭代循环,以解决非线性变形问题。该方法的参数设置如下。

- 几何体更新模式:可选择自动、手动或不更新的操作模式。
- 最大迭代次数:在自动模式下,设置算法的最大迭代次数,超过此次数,系统将报告差异计算结果。
- 收敛准则阈值:在自动模式下,设定算法收敛所需要的收敛准则阈值。
- 固定迭代次数:在手动模式下,指定要执行的固定迭代次数。

② Newton 法:将几何方法整合进全局牛顿迭代中,唯一的参数是配合穿透残差的收敛准则阈值。

(2) 摩擦力

用户可以选择是否在仿真中考虑库仑摩擦力。若勾选,可选用与法向力不同的算法求解摩擦力,如牛顿算法或定点自动算法,且两者均有与上述相同的参数设置。

(3) 配合非线性方法

选择用于计算配合柔韧性变形的算法,现有选项如下。

① Newton 法:将几何更新集成于全局牛顿迭代中。

② 定点法:在全局牛顿迭代基础上增加外部迭代循环以求解几何配合。迭代次数控制有两种形式。

- 最大迭代次数:当达到设定的最大迭代次数时,系统将报告差异误差。
- 从属节点倍数:等于从属表面节点数乘以设定的倍数。

(4) 配合平滑

该选项能够实现对网格表面法线的平滑处理,尤其是在处理曲面时,对粗糙网格特别有用。

(5) 启用热传递

主面和从面之间允许发生热传递。即使这些面在机械意义上并未实现配合,该选项也视它们处于理想热接触状态。

1. 配合对定义

针对每个已定义的配合对,用户只需单击“物理配合”旁的“+”按钮,即可访问一系列可配置参数,见图 4.13。

物理配合-罚函数法
解决方法 罚函数法
配合刚度 低
摩擦系数 摩擦罚系数
摩擦罚系数 1e+5
库仑系数 0.1
虚构间隙 是的
主体间隙 0 米
重置
从体间隙 0 米
重置
主体分配 (0) 清除列表
未分配
交换
从体分配 (0) 清除列表
未分配

物理配合-增广拉格朗日法
解决方法 增广拉格朗日法
增广拉格朗日系数 100
摩擦系数 摩擦罚系数
摩擦罚系数 1e+5
库仑系数 0.1
虚构间隙 是的
主体间隙 0 米
重置
从体间隙 0 米
重置
主体分配 (0) 清除列表
未分配
交换
从体分配 (0) 清除列表
未分配

图 4.13　配合对定义界面(用于罚函数法和增广拉格朗日法)

对于每一种物理配合的定义,都可以选择采用罚函数方法或增广拉格朗日方法进行求解。以下是相关求解参数。

- 罚函数系数:在罚函数方法中,这是配合对的一个固定常数,决定了配合约束的“硬度”。
- 增广拉格朗日系数:对于增广拉格朗日方法,它是配合方程中拉格朗日乘子的数值,用于强化配合约束的求解过程。

您可以为配合对选择摩擦力的求解策略,该求解策略与正压力求解方式类似。

- 摩擦罚系数:在摩擦力求解中使用的惩罚因子。
- 摩擦增广拉格朗日系数:摩擦力求解过程中涉及的拉格朗日乘子数值。

库仑摩擦系数定义了法向摩擦力与切向摩擦力之间的比例关系。

允许在接触点之间引入一个假设的分离距离。当实际间隙小于主从面间隙之和时,配合点将被视为处于活跃状态。虚拟间隙值可以作为一个变量输入。

主从面的合理分配对求解器性能有着显著影响。

(1) 罚函数法配合

在罚函数法配合求解技术中,物体间的相互配合交互被模拟为通过弹簧元件实现,弹簧元件代表了仿真中的配合刚度。因此,在这种方法中,配合面可能存在一定程度的相互穿透,具体程度取决于所设定的配合刚度,该刚度值将相互穿透的程度与由此产生的反作用力紧密关联在一起。之所以称之为罚函数方法，是因为发生相互穿透时，会触发一种阻尼力量，对这种行为予以“惩罚”，从而防止产生穿透现象。

配合刚度是由线性渗透模型中的系数来确定的。其中，惩罚系数的大小直接影响配合的硬度：惩罚系数越大，配合就越紧固。这通常是在物体不应互相穿透的模拟情景中所必需的。

配合刚度设有四种预设选项：低、中、高以及自定义。配合刚度越高，相互穿透的现象就越少。但是，随着惩罚系数增大，模型的收敛难度也随之增大，这就需要在模拟的物理真实性与求解收敛性之间取得平衡。

配合刚度为低级别时，设定的惩罚系数约为参与配合的最软材料杨氏模量的 50 倍。而配合刚度为中级别和高级别时，则分别将惩罚系数设定为最软材料杨氏模量的 200 倍和 1 000 倍。

通过选择自定义配合刚度，用户可根据需要自行设定惩罚系数，见图 4.14。

图 4.14　自行设定惩罚系数

完成仿真之后，应对仿真结果中的配合面进行细致检查。若发现明显的穿透现象，请考虑增大惩罚系数并重新执行仿真运算。理想的做法是逐步增大惩罚系数（例如，通过自定义设置，每次递增 10 倍左右），直至配合面的穿透程度降至极低水平为止。

（2）拉格朗日配合

在增广拉格朗日配合求解技术中，物体间的相互配合关系是通过对配合条件引入额外的拉格朗日方程加以精确处理的。与罚函数方法的不同之处在于，增广拉格朗日方法能够准确求解配合方程式，从而确保配合面间不会发生任何穿透现象。

联在一起。之所以称之为罚函数方法，是因为发生相互穿透时，会触发一种回复力型，对这种行为予以"惩罚"，从而阻止产生穿透现象。

尽管拉格朗日配合方法通常能够提供比罚函数配合更为精确的仿真结果，但它在稳定性方面却相对较弱。此外，引入额外的拉格朗日方程意味着系统会增添新的自由度，这将不可避免地增加系统的维度，从而延长求解所需的时间。

2. 配合监测

在进行涉及物理配合的非线性仿真过程中，我们将为您提供实时的配合监控图表，以便您能够全方位掌握配合穿透的程度以及解决方案的收敛情况，从而实现对仿真结果输出的精细化管理。

下述图表将在仿真运行期间动态生成并实时更新。

(1) 配合迭代次数

图 4.15 显示了为在每个负载或时步法实现收敛而执行的定点迭代次数。

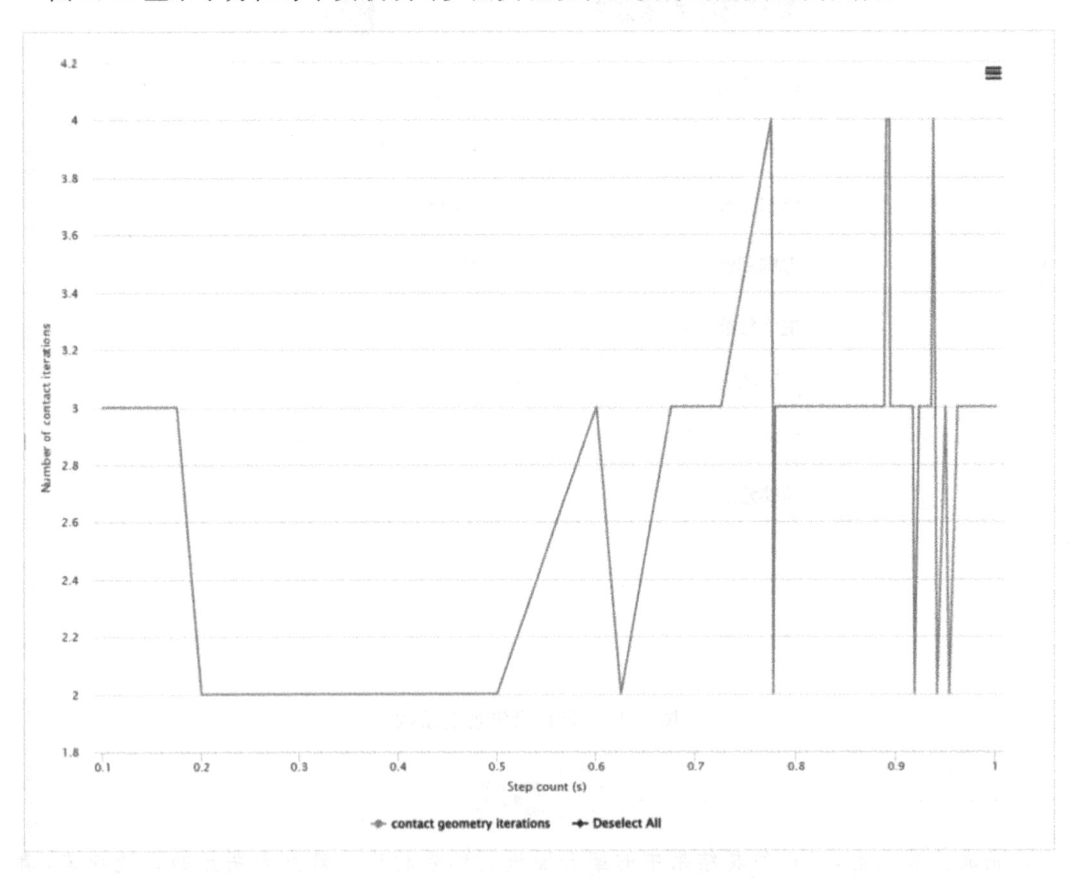

图 4.15　配合迭代次数图(直到收敛)

(2) 配合残差

图 4.16 显示了根据迭代准则认为实现收敛时的配合残差。

(3) 配合渗透

图 4.17 显示了物理配合对中所有渗透的总和，每个配合对测量为当节点进入主表面实体时从属表面中的节点与主表面之间的距离(以长度为单位)。

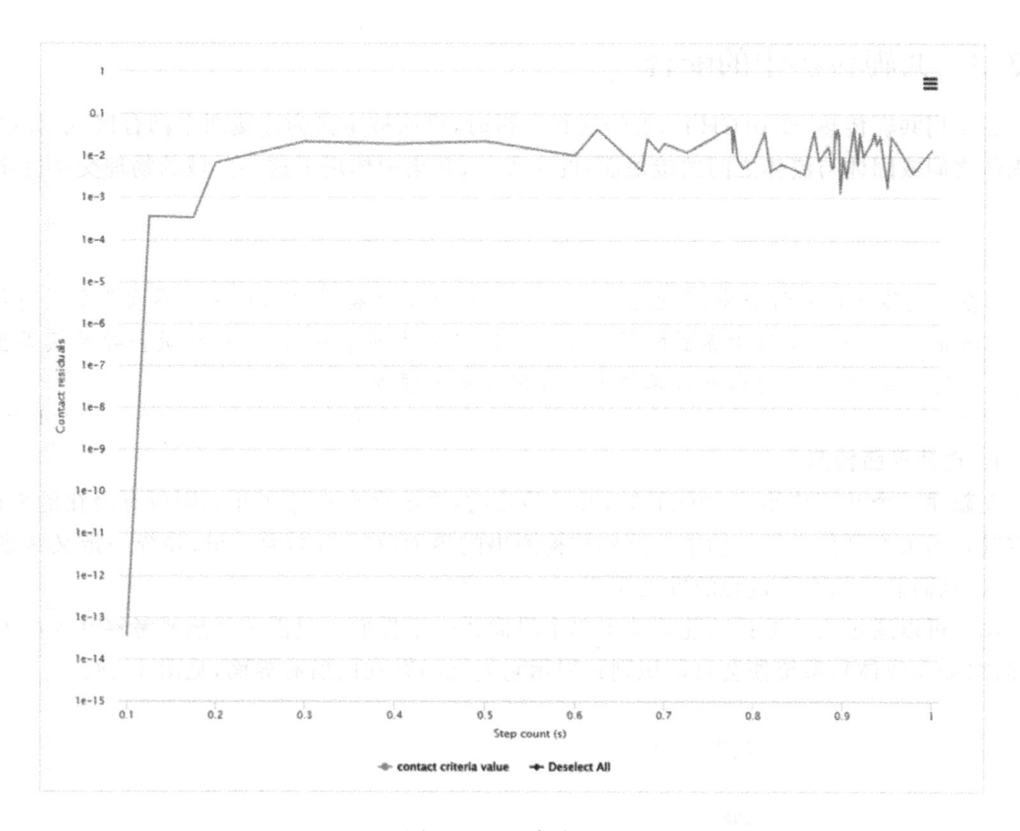

图 4.16　配合残差图

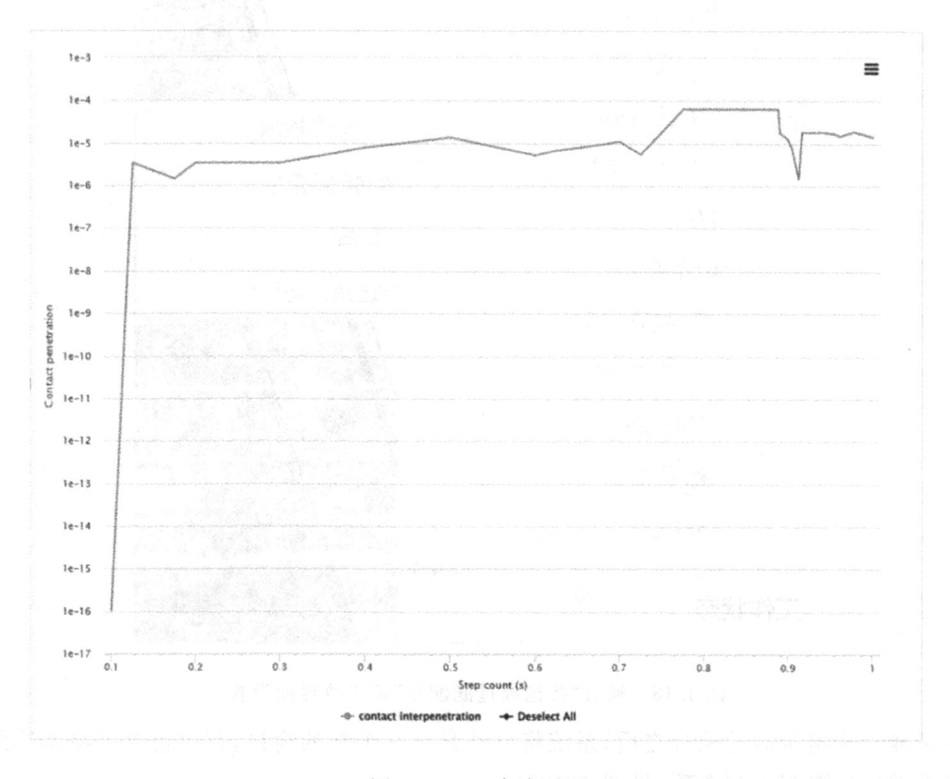

图 4.17　配合渗透图

4.3.3 共轭传热中的配合

在采用共轭传热 v2.0(CHT v2.0)进行分析时,界面被定义为连接两个耦合区域(如固体与固体之间或固体与流体之间的接触面)的交界处,并集中体现了这些区域的物理交互性质。

在共轭传热仿真过程中,界面区域的所有物理场均严格遵循所设定的界面类型进行约束。因此,不允许为归属于界面的任何表面另行定义边界条件,因为这样做会导致模型出现过度约束的问题,从而影响仿真结果的准确性与合理性。

1. 自动界面检测

在新建一个共轭传热 v2.0(CHT v2.0)仿真时,系统会自动探测并识别所有潜在的界面,并将其自动填充到仿真树结构中。这些被检测出的界面将被归类为一组,并统一定义为耦合热界面,从而确保热交换过程的准确模拟。

用户可以通过实体选择功能筛选出单个界面或一组界面。只需选择想要考察其界面关系的实体(如面或体),系统便会自动识别并展示它们之间存在的所有界面,见图 4.18。

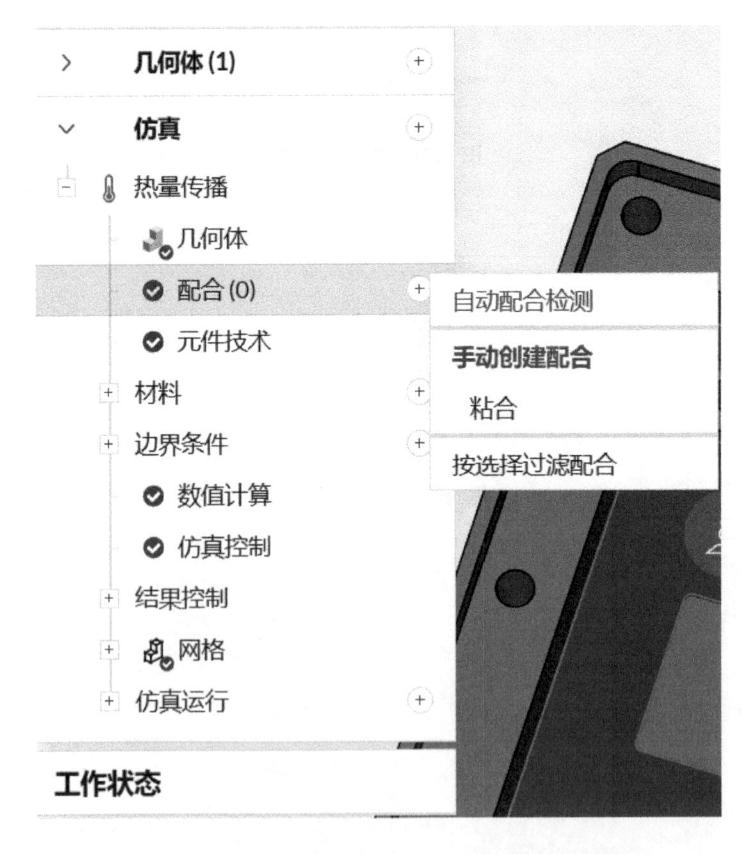

图 4.18 通过“按选择过滤配合”来更改界面设置

在精准筛选出所需的配合之后,系统将自动弹出一个新的窗口,其中包含了与所选配合对应的界面类型的更多定制选项,见图 4.19。

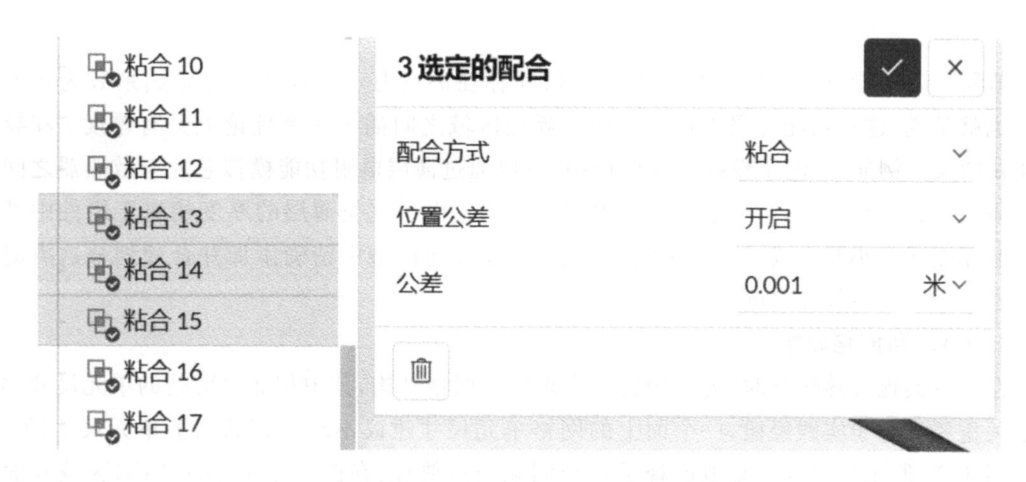

图 4.19 筛选界面返回的所有配合被单独高亮显示

(1) 部分配合

定义界面时，必须确保始终在两个完全匹配的曲面之间进行，这意味着这两个曲面应具有相同的配合面并完全重合。平台在检测到配合关系之后，还会进一步检查是否存在部分配合的情况。若检测到部分配合的情况，平台会显示警告信息，并建议执行压印操作以改善配合质量。

压印操作旨在将原有曲面分割成更细微的面，以确保配合面之间实现无缝衔接和完美重叠，这对于获取精确的热传递模拟结果尤为重要，因而建议在必要时进行压印处理。

按照默认设置，系统会将所有检测到的部分配合关系自动识别为绝热界面，即这些部位在仿真中不会发生热传导，除非对热传导另有明确的设定。

(2) 配合检测错误

由于系统能够自动检测所有可能的界面，因此不再支持手动添加界面或修改特定界面的实体分配。若系统未能自动检测到任何界面，将会出现错误提示，导致无法继续进行网格生成或启动仿真运行。此时，需要对 CAD 模型进行全面审查，以判断是否存在潜在的配合问题。

常见原因如下。

① 零件冗余：在 CAD 建模过程中，历史记录可能导致零件在导出时被重复导入。建议仔细检查模型中是否存在零件重复导入的情况。

② 部件干扰：若部件之间的间隔超出 CAD 公差范围，系统将无法识别配合。应当适当移动部件以确保面与面之间完美贴合，或者通过布尔运算创建重合面。

③ 面与面之间的间隙极其微小：与上述情况相反，如果面与面之间的间隙大于 CAD 公差，那么也无法检测到界面。有些时候，间隙可能极其微小，以至于肉眼难以察觉。此时需要调整部件位置使其靠拢，或通过挤压操作确保面与面之间形成准确的配合。

以上提及的一些修正措施可在 CAD 模式下执行。

2. 界面类型

界面类型选项定义界面处的热交换条件。CHTv2 中可用的界面类型如下(注意，在启用热辐射选项的同时采用共轭传热 v2.0 求解器时，配合类型仅限于“耦合”界面这一类)。

(1) 耦合

耦合热界面仿真模拟了界面上的理想热传导现象，即假设界面上的热传递是完全无阻碍的。这是系统的默认设置，目的是在用户未明确指定界面类型时，确保仿真能够正常进行。

(2) 薄层电阻

薄层电阻功能可用来模拟两个界面区域间存在的具有一定厚度 t 且导热系数为 κ 的薄层。也就是说,这一功能可用于在两个相邻界面区域之间插入一个理论上具有厚度 t 和导热性能 κ 的层。例如,在电子设备散热分析中,可以通过薄层电阻功能模拟芯片与散热器之间的导热薄层,而无须在几何结构上详细建模这一薄层。由于这类薄层的厚度相对于组件中其他部分的厚度通常小两个或三个数量级,因此如何在几何模型中精确添加并合理划分这类薄层往往是一个颇具挑战性的问题。

3. CAD 和网格要求

在进行共轭传热仿真时,需要构建一个多区域网格结构,其中相邻界面处的单元尺寸均匀性至关重要。基于实践经验,一个面上的网格单元尺寸建议不超过相邻面上单元尺寸的 1.5 倍。图 4.20 所示的案例生动地诠释了这个问题的重要性:在图 4.20(a)中,内部区域界面上的网格单元相比外部主体区域的单元明显过小;而在图 4.20(b)中,界面处的单元大小则较为接近且分布均匀。

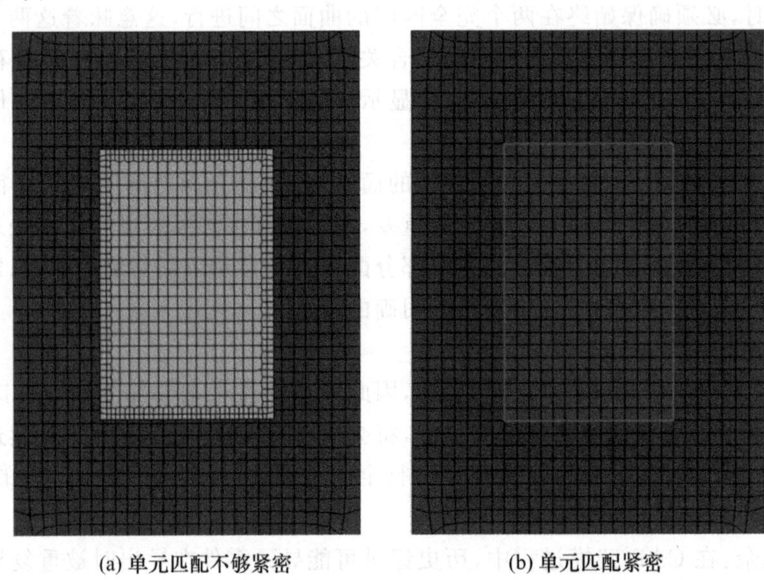

(a) 单元匹配不够紧密　　(b) 单元匹配紧密

图 4.20　单元匹配不够紧密和单元匹配紧密

4.4 元件技术

元件技术是指在仿真过程中采用的实体有限元数值求解方法,涵盖网格排序策略、简化的积分技术和质量矩阵的集结策略等内容。元件技术设置的模态窗口如图 4.21 所示。

可配置参数如下。

① 设置方式:默认设置为"自动",允许求解器根据仿真类型和物理特性自动应用推荐的默认参数。通过切换至"自定义",用户可以自行选择并手动设定不同的选项,具体如下所述。

② 机械或热网格阶次:用户可以选择在一阶(线性插值)或二阶(二次插值)有限元之间进行切换,分别应用于机械或热力学模型的仿真。

③ 简化积分技术:专为二阶机械单元设计,旨在减少有限元中的高斯积分点的数量。其

图 4.21 元件技术设置的模态窗口

主要目标是校正有限元刚度的过估计问题,并有效缩减计算时间。不过,该技术的局限性在于可能会引入与低刚度相关的伪变形现象,即所谓的"沙漏效应"。

④ 质量集总方法:在热力学元件中,通过质量集总方法,可以将热质量简化为单个组件,进而构建对角热质量矩阵。此方法有助于加快收敛速度,并有效减少内存占用,提高仿真效率。

在仿真构建过程中,用户可以通过仿真树结构为模型的不同区域创建独特的元件定义,从而有针对性地选择不同的简化积分和集中质量设置。请注意,这一灵活性仅在采用"自定义"元件定义时方可实现。

从计算资源角度来看,采用一阶单元的成本相对较低,但为了准确捕捉穿过几何特征的场变量变化,可能需要更精细的网格划分。尤其在处理薄壁结构时,我们强烈推荐使用二阶单元。然而,使用简化积分的二阶单元虽然可以显著缩短计算时间,但也会引入数值误差,导致出现非物理的人为变形现象。

沙漏变形模式是指在采用简化积分技术的二阶有限元网格中可能出现的一种数值误差表现。这种现象表现为即使在无应力作用下,有限元模型仍会发生异常变形,从而对仿真结果的精确性造成不利影响。若在仿真结果中观察到不规则或可疑的误差,建议尝试恢复至标准(完全积分)的二阶单元,以进行对比分析,消除沙漏变形带来的误差。

在进行热仿真时,通常建议采用一阶单元进行计算。这一建议尤其适用于采用二阶机械单元的热机械耦合仿真的场景中。一阶单元在热仿真中的应用有助于简化计算过程并维持合理精度,同时在与高阶机械单元结合时,也能确保热分析部分的计算效率和一致性。

4.5 模　　型

在"模型"模块下,还包含了若干用于定义仿真物理属性的其他关键参数,见图 4.22。

为了方便起见,我们将参数分为两大类:计算流体动力学(CFD)相关参数和有限元分析(FEA)相关参数。

图 4.22 仿真树中的模型选项卡

4.5.1 计算流体动力学的参数

1. 重力

对于流体流动分析，重力是通过矢量定义的。由方位立方体表示的全局坐标系适用于重力方向。矢量坐标(g_x)、(g_y)和(g_z)代表 x、y 和 z 方向。

为 CFD 仿真设置重力，见图 4.23。

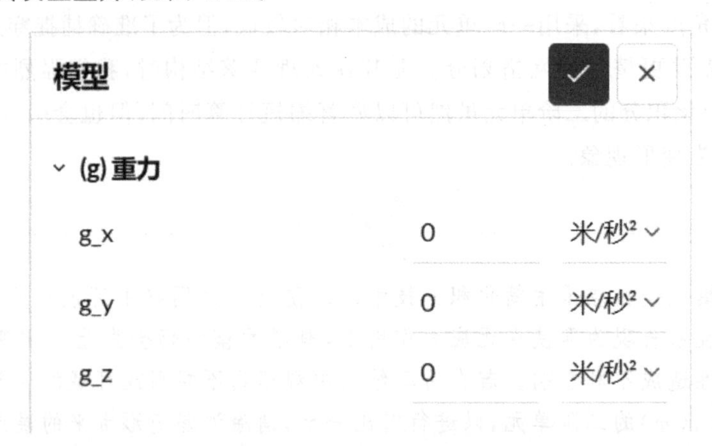

图 4.23 为 CFD 仿真设置重力

请注意，不可压缩仿真不需要定义重力，因为它是不存在重力效应的单相分析。

2. 被动式样

如果在全局设置中定义了被动式样，则可以在模型部分指定(Sc_t)施密特数和扩散系数，见图 4.24。

(1) (Sc_t)施密特数

(Sc_t)施密特数反映的是湍流中动量传递速率与质量传递速率之间的相对比率。值得注意的是，这一参数主要体现了流动本身的特性，而非流体本身的属性。(Sc_t)施密特数的取值范围一般在 0.5 至 1.3 之间。对于不熟悉的流体流动现象，建议将所有被动标量都设为默认值 0.7。

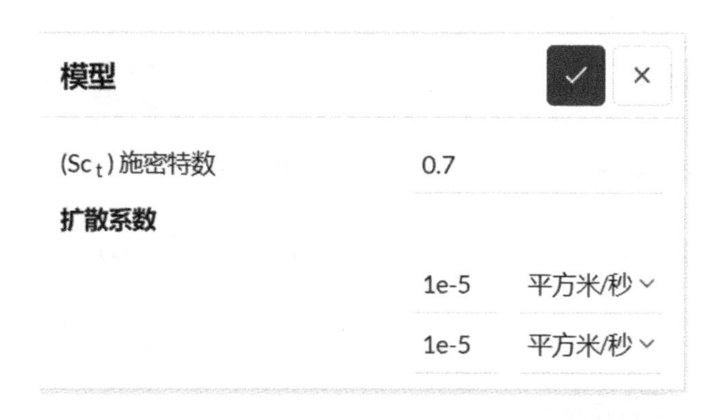

图 4.24 有关被动式样的仿真默认模型选项卡

(2) 扩散系数

扩散系数是菲克第一定律中的一项关键参数：

$$J=-D\frac{\mathrm{d}\psi}{\mathrm{d}x}$$

其中：J 是扩散通量；D 是扩散系数；$\mathrm{d}\psi/\mathrm{d}x$ 是物质浓度的空间梯度。因此，扩散系数是扩散物种的通量与空间梯度之间的比例因子。

3. 德尔塔系数

在应用 OPENFOAM®求解器进行大涡模拟(Large Eddy Simulation, LES)时，可以启用并调整相关设置。

在 LES 仿真过程中，重点在于精确解析较大的涡旋结构，而非所有尺度的涡旋细节，因为全面解析所有涡旋尺度的计算负担极重。为此，我们引入了德尔塔系数作为子网格尺度的滤波器。

德尔塔系数与局部网格单元尺寸相关联，它负责筛选并模拟那些低于网格分辨率的小尺度涡旋。在运用 RANS 方法处理这些被筛选的涡旋时，大尺度涡旋依旧能得到完整的解析与模拟。

4.5.2 有限元分析

1. 几何性质

几何性质设置包含两种有效模式：线性模式和非线性模式。

在启用线性性质时，实体零件的数值模型在仿真过程中不会随时间推移而更新。这意味着，无论仿真进展如何，所施加的载荷、变形以及物理场的计算均基于几何体的原始形态。因此，当模型仅发生微小变形和旋转时，采用线性性质可作为一种合理的近似计算方法。

然而，当预测模型将经历明显的旋转和变形时，非线性选项则显得更为合适。在这一模式下，数学模型会在每个时间步长后及时更新，从而确保在整个仿真过程中都能精确地计算并反映模型的实际变化与响应。

非线性静态仿真的默认模型定义如图 4.25 所示。

仅在特定仿真场景中才会定义几何性质，其中包括：非线性静态分析、动力学研究、瞬态非线性热机械耦合仿真。在这类仿真中，由于涉及结构的大变形、大旋转或热膨胀等因素，线性假设失效，因此需要对几何性质进行非线性处理，以保证仿真结果的精确性。

图 4.25 非线性静态仿真的默认模型定义

2. 重力

在进行结构分析时,务必明确设定重力的大小和方向。此外,还可根据需求通过表格或公式将重力大小设置为随时间变化的函数。值得注意的是,为了便于设定重力和边界条件,一般建议模型与全局坐标系保持对齐。

然而,即使模型的方向与全局坐标轴不一致,也同样可以设置重力。例如,图 4.26 展示了当重力与 y 轴呈 30°夹角时的具体设定情况。

图 4.26 重力大小和方向的设定

在这种情况下，矢量坐标计算如下：

$$e_x = \sin(30deg) = \cos(60deg) = 0.5$$

$$e_y = -\cos(30deg) = -\sin(60deg) = -0.866\,025$$

$$e_z = 0$$

4.6 材　　料

在材料部分，您可以定义多种材料并为其分配实体。为此，请单击“材料”旁边的“+”按钮，见图 4.27。

图 4.27　用于选择新材料的“+”按钮

之后，会出现一个材料库，见图 4.28。从列表中选择一种材料。要定义的具体材料参数取决于仿真的分析类型。

图 4.28　固体材料库

4.6.1 个性化材料

每当需要时,用户均可对仿真域中的材料参数进行调整。若计划在未来模拟中重复使用某一特定材料,而该材料又未包含在默认材料列表中,我们建议创建一个个性化的材料库,以便在仿真任务中使用。

4.6.2 公用材料

材料参数不仅支持自定义设置,还支持上传并在所有用户之间实现共享。这一特性使得所有用户都能采用统一的材料数据进行仿真,从而确保了不同仿真结果之间的一致性和可靠性。

4.6.3 固体材料

在固体力学分析中,构成仿真域的每一个实体都需要被赋予一种材料属性。比如,在进行固体力学仿真时,必须选择能够体现应变与所引起应力之间关系的材料模型。应当注意的是,材料属性可以是线性的(如金属材料),也可以是非线性的(如塑料材料),这将直接影响计算所需的数值处理工作量。固体材料的属性和特性通常取决于所采用的热固体力学模型。

在如图 4.29 所示的界面,用户可以创建自定义材料。

图 4.29 创建自定义材料

1. 线弹性材料

线弹性材料在分析中展现的特性为:在承受载荷时只发生弹性形变,这意味着去除负载后,能够完全恢复至初始状态。

2. 弹塑性材料

弹塑性材料描述了塑性开始之前的弹性行为,之后固体材料在受到过量载荷时会发生不可逆变形。

3. 超弹性材料

超弹性材料是一种独特的材料，即使在遭遇极大应变的情况下，仍能保持显著的弹性响应特征。此类材料展现了非线性的材料性能，且能承受巨大形变而不失去弹性。

4. 蠕变

蠕变是指结构在很长一段时间内的非弹性、不可逆变形。它是一个限制寿命的因素，取决于应力、应变、温度和时间。

5. 阻尼

在动态仿真中，阻尼意味着系统的能量耗散。它可用于消除系统的非物理振荡或仿真材料的内摩擦等效应。

4.6.4 流体材料

在所有不可压缩分析场景中，用户均需明确指定材料的密度值，且该值应被视为常数。然而，对于可压缩模拟，由于密度作为状态方程的动态参数，故无须在材料定义阶段预先提供。

可以编辑属性的流体材料库见图 4.30。

材料

搜索...

默认
- 空气
- 氩气
- 二氧化碳
- 原油
- 气态 R-134a
- 汽油
- 氢
- 液体R-134a
- 润滑油 SAE 30 120C
- 润滑油 SAE 30 20C
- 氮

空气

流体	材料	
粘度模型	牛顿式	
(ν) 运动粘度	1.529e-5	平方米/秒
(ρ) 密度	1.196	公斤/立方米
热膨胀系数	3.43e-3	1/K
(T_0) 参考温度	293.1	K
(Pr_{lam}) 层流普朗特数	0.713	
(Pr_t) 涡轮普朗特数	0.85	
(c_p) 比热容	1004	J/(公斤·K)

图 4.30 可以编辑属性的流体材料库

指定真空作为材料介质：可以通过改变空气的电导率来创建真空介质，从材料库中选择空气。

流体电导率的定义为

$$\mu = \text{Density}(\rho) \cdot \text{Kinematicviscosity}(\nu) \cdot \text{Specificheat}(Cp)\text{Prandtlnumber}(Pr)$$

使电导率达到 10^{-11} 的量级。

如果涉及温度边界条件，请确保将其设置为固定值。

在单区域仿真类型（不可压缩、可压缩和对流传热）中，材料只能分配给流体区域。将材料分配给拓扑实体集或高级概念将出现警告。

在不涉及能量或热量传递的分析类型中，流体材料的分类主要依据流体粘度模型的不同。这些模型普遍会将流体的粘度特性与其应变率挂钩。下面将概述定义流体材料时常用的两种基本粘度模型。

（1）牛顿模型

在牛顿流体模型中，流体中的粘性力产生的局部应力随局部应变率线性变化。这里，粘度是比例常数。牛顿模型假设运动粘度恒为 ν，由用户指定，单位为 m^2/s。一些液体和气体（例如水和空气）在标准条件下遵循牛顿模型。

（2）非牛顿模型

在非牛顿流体的模拟中，局部剪切应力与局部剪切速率之间不再是简单的线性关系。由于不存在固定的线性比例系数，因此粘度在此类流体中被视为一个变量。针对非牛顿流体，存在着多种模型，它们通过非线性关系来描述和确定流体的运动粘度 ν。生活中常见的非牛顿流体实例有番茄酱、果冻、牙膏、油漆、血液以及洗发水等。

4.7 初始条件

通过初始条件设置，用户能够为系统内的各类参数设定初始状态。需要初始化的具体内容因所进行的分析类型、涉及的物理场以及时间相关性等因素而有所不同。

若要为仿真设定初始条件，您只需在仿真树结构中定位到“初始条件”选项卡，展开后，即可看到一份待初始化参数的详细列表，见图 4.31。通过这个界面，您可以逐一为相关字段设定初始值。

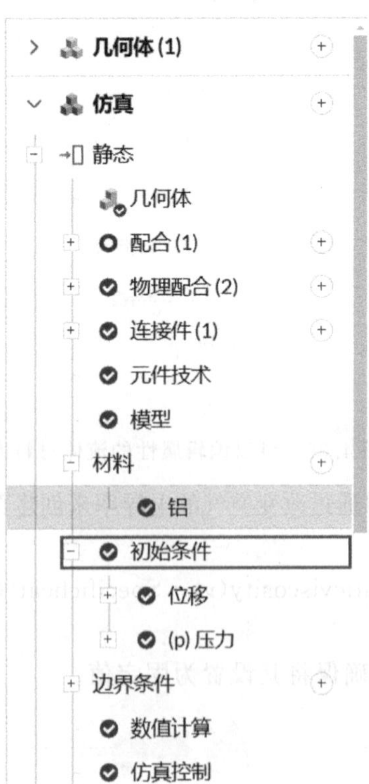

图 4.31　仿真树中的“初始条件”选项卡（显示稳态不可压缩分析的参数）

在深入探讨初始化字段的具体内容之前，我们先来了解一下这些初始化字段是如何对稳态和瞬态仿真产生影响的。

4.7.1 时间依赖

初始条件用来设定各个解变量的起始值，在稳态仿真中，初始条件对于计算的稳定性以及收敛速度至关重要。为了确保稳态仿真的高效收敛，明智的做法是将域初始化为尽可能接近预期解的状态。

至于瞬态分析，初始条件的设定尤为关键。它们界定了系统在仿真开始时刻(即时间 $t=0$)的状态，并会对整个仿真过程产生深远影响。举例来说，若要研究一块金属的瞬态冷却效应，初始温度设为 350 K 与设为 800 K 将带来截然不同的仿真结果。

仿真的时间依赖定义在全局设置下进行，见图 4.32。

图 4.32 时间依赖定义

4.7.2 初始化方法

初始化域的方法主要有两种：全局初始化和子域初始化。

1. 全局初始化

顾名思义，全局初始化是指将初始条件应用于整个域。

不可压缩分析中静压的全局初始化如图 4.33 所示。

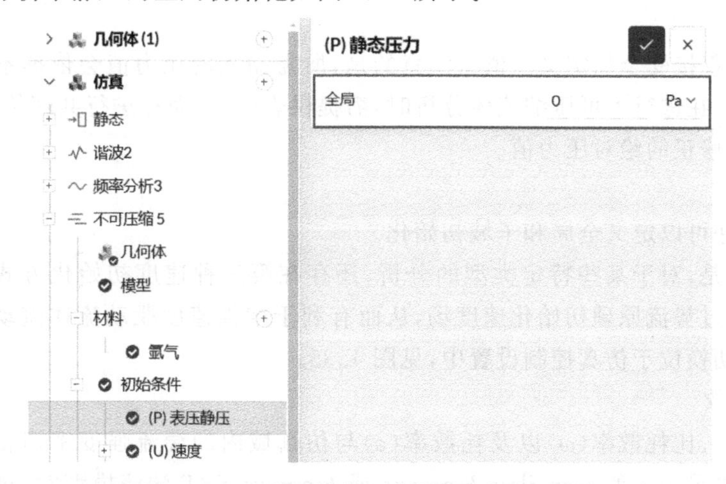

图 4.33 不可压缩分析中静压的全局初始化

全局初始化是最常用的初始化类型。然而，对于某些仿真，我们可以选择用不同的值初始化域的一部分。在这种情况下，子域初始化非常有用 。

2. 子域初始化

基于子域的初始化允许用户初始化域中称为子域的特定区域中的字段。请注意，子域初始化会覆盖全局初始化，见图 4.34。注意，要添加新的子域，请展开该字段并单击"+"按钮。

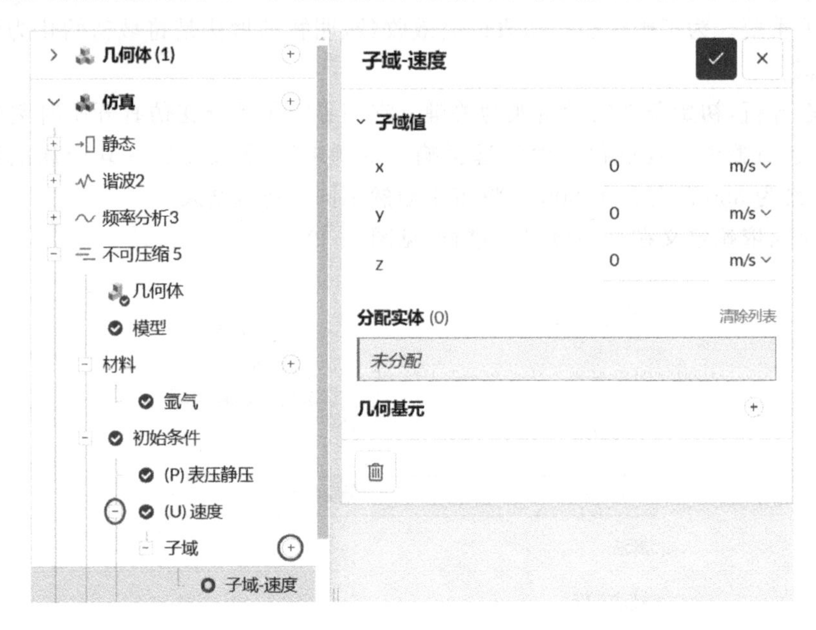

图 4.34　子域初始化

子域可以通过几何基元或实体区域的分配方式进行定义。接下来，我们将详细介绍可供初始化的所有参数，需留意的是，这个参数列表会因仿真分析类型和涉及的物理原理的不同而有所变化。

4.7.3　初始条件类型

根据分析类型和物理场，我们需要初始化不同的字段。

1. 流体动力学

(1) 压力

压力初始化仅接受全局定义。值得注意的是，所需输入的压力值会依据不同的分析类型有所差异。例如，在进行不可压缩流体分析时，需提供表压力；而在进行共轭传热仿真时，则要求输入的是经过修正的绝对压力值。

(2) 速度

对于速度，您可以定义全局和子域初始化。

值得一提的是，对于某些特定类型的分析，还存在第三种速度初始化方式——势流初始化。这种方式通过势流原理初始化速度场，从而有利于增强速度驱动流体流动的稳定性。势流初始化开/关切换位于仿真控制设置中，见图 4.35。

(3) 湍流参数

湍流动能(k)、比耗散率(ω)以及耗散率(ε)与仿真域内的湍流强度密切相关。如名称所示，在全局设置中采用诸如 k-epsilon、k-omega 或 k-omega SST 湍流模型时，这些参数仅服务

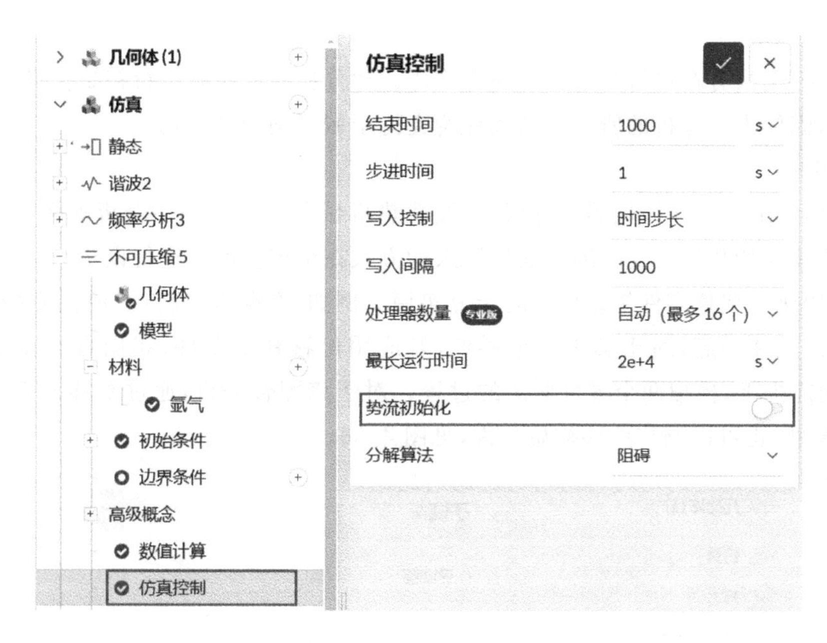

图 4.35 势流初始化开/关切换位于仿真控制设置中

于初始化阶段。

在初始化阶段，k 和 ω 是 k-omega 及 k-omega SST 湍流模型不可或缺的输入参数，而 k 和 ε 则是 k-epsilon 湍流模型的基本初始化要素。

(4) 努蒂尔达 ν

参数 ν 也被称为修正湍流粘度，它是 LES Spalart Allmaras 湍流模型特有的组成部分。

(5) 被动标量

被动标量的初始化与被动标量传输模型相关，广泛应用于不可压缩流体流动和对流传热分析之中，既可以全局初始化也可针对子域进行专门初始化。

(6) 温度

在对流传热分析及共轭传热分析等特定类型仿真中，温度初始化是必要的步骤，我们可通过全局或子域的方式进行设置。对于稳态仿真，理想的实践做法是将温度初始化至接近预期解的状态。

(7) 湍流热扩散率 α_t

湍流热扩散率 α_t 是一个根据材料的湍流参数、密度及热属性自动计算得到的参数，在涉及温度变化的分析类型中，可以在全局初始化阶段使用这一参数。

(8) 涡流粘度

在 CFD 中，涡流粘度主要有两个变体：湍流动态粘度(表示为 μ_t)和湍流运动粘度(表示为 v_t).

涡流粘度始终指湍流动力粘度，可以通过如下公式计算：

$$\text{Eddy viscosity}=\frac{\rho k}{\omega}$$

其中 ρ 是流体的密度，k 和 ω 分别是湍流动能和比耗散率。

(9) 相分数

相分数初始化是多相模拟中独有的特性之一。借助这项设置，用户能够在全局或子域层级上为所模拟的不同阶段设置相应的初始化相分数值。

2. 固体力学

通常情况下，只有在进行非线性或瞬态固体力学分析时才需要进行初始化设置。此外，值得注意的是，固体力学分析的所有初始条件均支持子域级别的初始化。

（1）位移

位移初始化适用于非线性静态分析、非线性热机械分析以及动态分析等多种情境。值得一提的是，位移初始化同样支持通过表格输入的方式在全球范围内进行设定。

位移初始化在调整零件初始位置时十分实用。例如，在配合分析中，原始 CAD 模型假定两个零件已连接在一起，对于其中一个零件，若应用位移初始条件，我们可以在不修改原始 CAD 模型的前提下，模拟两个零件脱离的过程。对于该配合分析，通过平移其中一个零件来调整 CAD 模型，也可以调整位移初始条件，见图 4.36。

图 4.36　调整位移初始条件

（2）压力

压力初始化的定义需要压力的所有法向分量和剪切分量，如图 4.37 所示。

压力的法向分量用下标 xx、yy 和 zz 区分，而剪压力的法向分量用下标 xy、xz 和 yz 区分。

（3）速度

在诸多动态模拟场景中（如跌落测试），速度的初始化显得尤为关键。

值得注意的是，动态分析本质上属于瞬态的范畴，它会充分考量惯性效应，因此，对仿真域进行恰当的初始化对于得到正确解至关重要。

（4）加速度

与速度类似，加速度这一字段仅在涉及动态和热机械仿真的情境中发挥作用，尤其是在需要考虑惯性效应的动态模式下。

图 4.37 输入可用于压力的全局和子域初始化

(5) 温度

在有限元分析(FEA)中,仅有两类分析需要用到温度建模,即热机械分析和纯传热分析。请注意,只有在瞬态分析中,温度初始化才是必需的步骤。

4.8 边界条件

边界条件用于界定系统(例如结构或流体)与周围环境之间的相互作用方式,常见的例子包括固定约束、载荷施加、压力设定、流速或速度规定等。

边界条件的完整表述由三个核心元素构成。

- 边界条件类型:提供了一系列适用于不同仿真场景的边界条件类型,以供选择。
- 边界条件分配:边界条件通常只应用于域的边界区域。每个边界条件必须至少与一个表面或物体进出域的接口联系起来。
- 边界条件值:设定具体边界条件数值(如速度、温度、力等物理量)。

4.8.1 边界条件类型

根据不同应用场景的需求,系统提供了一系列丰富的边界条件类型供用户选择。这些边界条件仅在适用当前分析类型时展示出来。下面列举了一些可用的边界条件类型、各自的具体含义及其在仿真中的应用场合。对于注册会员,我们还将展示这些边界条件类型如何被转化为求解器所需的输入文件。

1. 流体动力学

- 速度输入和速度输出边界条件。
- 压力输入和压力输出边界条件。
- 自然对流进出风口边界条件。
- 固定壁边界条件。
- 扇形边界条件。
- 定周期边界条件。
- 对称边界条件。
- 楔形边界条件。
- 用户自定义边界条件。
- 无限远边界条件(空二维空间条件)。

2. 固体力学

- 压力边界条件。
- 余压边界条件。
- 动力边界条件。
- 节点载荷边界条件。
- 固定值约束边界条件。
- 实体负荷边界条件。
- 离心力作用边界条件。
- 远场力加载边界条件。
- 对称边界条件。
- 远程位移边界条件。
- 固定支座约束边界条件。
- 旋转约束边界条件。
- 弹性支座约束边界条件。
- 螺栓预紧载荷边界条件。
- 点质量添加边界条件。
- 基频激励边界条件。
- 圆柱铰链约束边界条件。

3. 热力学

- 恒定温度边界条件。
- 对流热流边界条件。
- 表面热流密度边界条件。
- 体积热源边界条件。

4.8.2 创建并指定边界条件

要创建新的边界条件,请单击边界条件旁边的“ +”按钮,从列表中进行选择,见图 4.38。创建边界条件后,选择所需的实体,为面指定压力边界条件,见图 4.39。

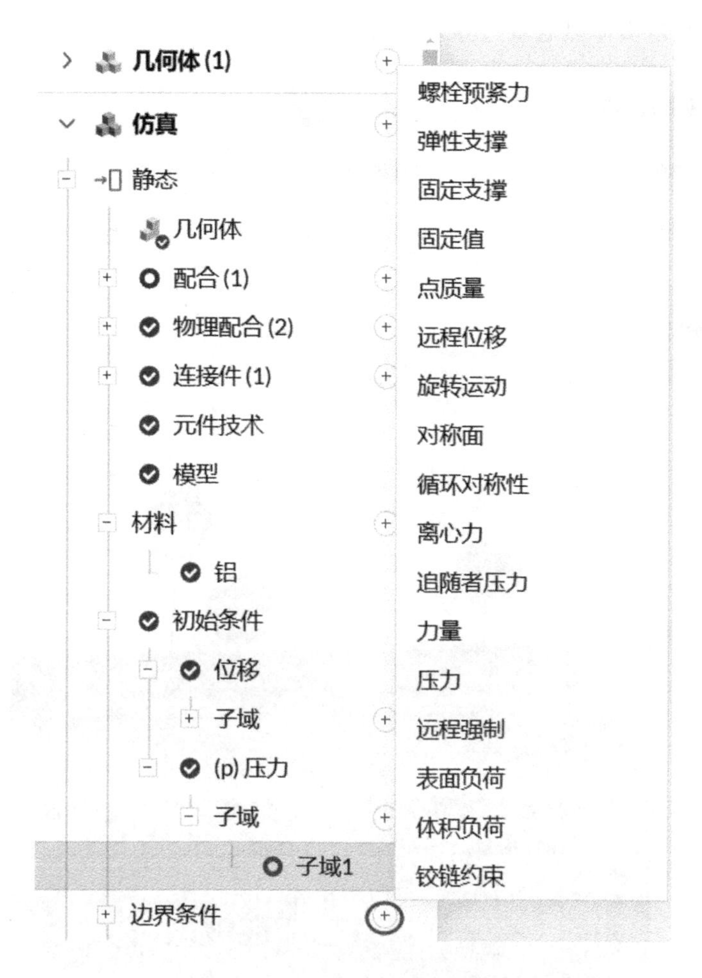

图 4.38 创建新的边界条件

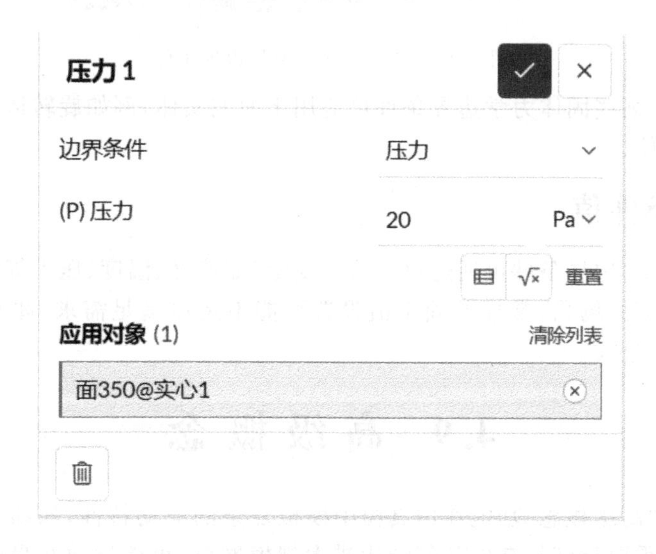

图 4.39 为面指定压力边界条件

所有流体动力学边界条件都专门分配给面。对于固体力学和热力学，某些边界条件仅分配给实体，如实体热通量。

单击零件，以指定实体热通量边界条件，见图 4.40。

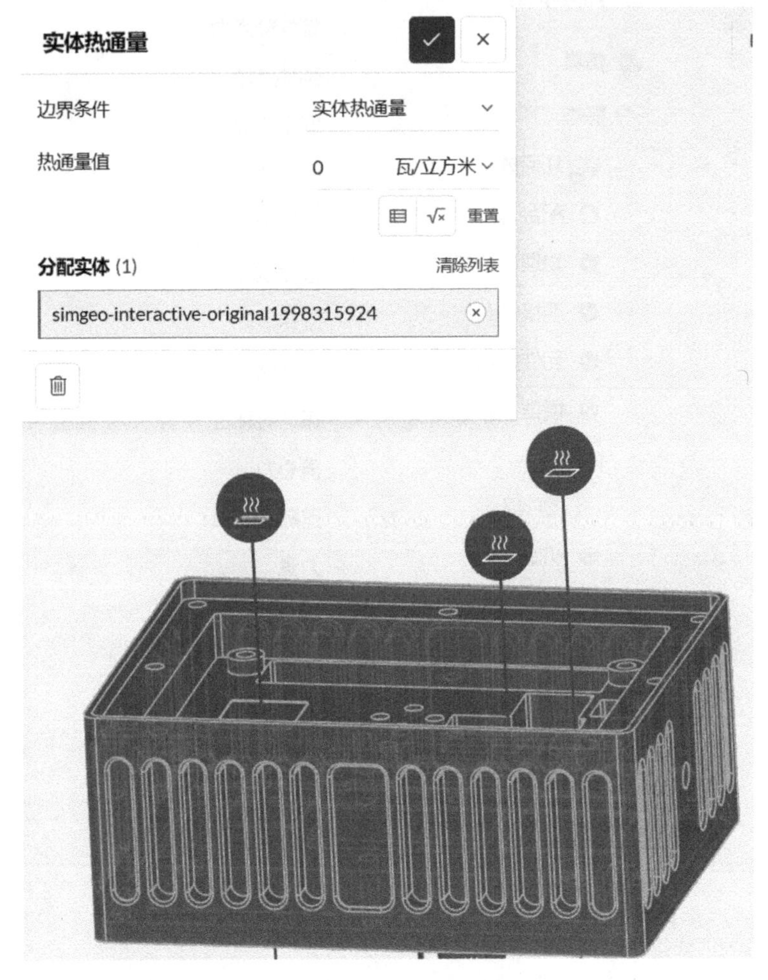

图 4.40　指定实体热通量边界条件

值得注意的是，某些固体力学边界条件可应用于面或实体，例如旋转运动约束条件可以灵活地应用于面或实体。

4.8.3　边界条件值

在简单的情形下，边界条件可通过单一给定变量（如速度、温度、压力等）的特定值来定义。而对于复杂程度较高的场景，常规的固定值设置可能不足以满足需求，此时可以采用替代策略：数据表格和数学公式。

4.9　高级概念

用户可以通过“高级概念”功能在仿真树中模拟复杂的流动特性，如动量源或多孔介质效应。这类特性往往需要精细复杂的几何结构或大规模网格，可能导致高昂的仿真成本。利用这一功能（见图 4.41），您可以轻松实现此类高级建模。

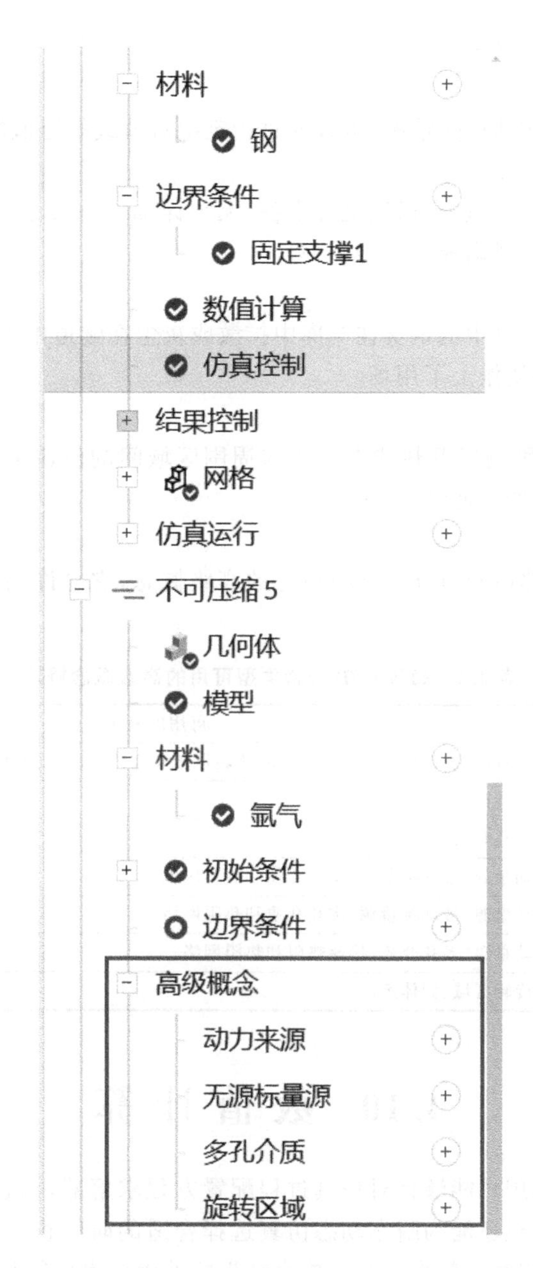

图 4.41 工作台内的"高级概念"功能

建模选项的适用性取决于所选择的分析类型。表 4.1 列出了每种 CFD 分析类型支持的高级概念。以下是这些高级概念的一般描述。

(1) 旋转区域

旋转区域建模功能适用于模拟旋转系统(如涡轮机、风扇和通风装置),提供两种方法:MRF(多参考帧)和 AMI(任意网格接口)。

(2) 固体运动

固体运动模块可以模拟流体域内固体的移动效果,涵盖线性、旋转和振动运动。该功能在船舶设计分析等场景中同样适用。

(3) 多孔介质

利用多孔介质选项,用户能够在仿真域内将实体当作多孔介质处理,从而不需要复杂的多孔几何结构及后续的细化网格。

(4) 功率源

功率源可用于模拟实体产热情况,可以通过指定绝对值或特定值的方式进行定义。

(5) 动量源

动量源功能适用于模拟风扇、通风机等设备,无须详细描述设备的几何形状和运动情况。动量源可分为平均速度和风扇模型两种类型。

(6) 被动标量源

当需要模拟如汽车尾气中的烟雾在车库中扩散或灰尘在隧道中飞扬等不直接影响流动物理的行为时,被动标量源便派上了用场。

(7) 热阻网络

热源对周围区域的影响以及热能在热源与周围区域间的传递可以用热阻网络来近似表示,而无须直接解析热源的几何细节。

(8) 接触热阻

接触热阻是共轭传热(IBM)分析类型独有的高级概念,它允许用户为感兴趣的配合区域定义额外的热阻值。

表 4.1 每种 CFD 分析类型可用的高级概念概述

分析类型	可用的高级概念
不可压缩分析	动量源、被动标量源、多孔介质、旋转区域和固体运动(仅限瞬态)
亚音速分析	旋转区域
可压缩分析	多孔介质、旋转区域
对流传热分析	动量源、被动标量源、多孔介质和旋转区域
共轭传热 v2.0 分析	动量源、被动标量源、多孔介质和热阻网络
共轭传热(IBM)分析	动量源、多孔介质、接触热阻和热阻网络
多相分析	旋转区域、固体运动

4.10 数值计算

在数值计算环境中,用户能够针对仿真过程配置方程求解器,调整收敛参数,挑选合适的算法及残差计算方式,甚至还能为瞬态动态仿真选择合适的时间积分方案。这些设置在很大程度上影响了仿真的稳定性和效率,同时,仿真结果的准确性也可能与这些设置密切相关。

所有数值计算的相关设置均对用户开放,系统允许用户全面掌控仿真过程。这些数值设置广泛适用于流体动力学和固体力学等多种仿真类型,而具体的设置选项会因所选择的分析类型及其物理领域的特点而有所不同。

下面介绍 CFD 数值。在基于流体动力学的分析类型中,数值设置部分可以细分为以下几个方面。

- 特性设置。这一部分涵盖了与速度和压力方程迭代求解器相关的所有属性配置,包括但不限于松弛因子、非正交校正技术、残差控制参数的设置以及求解器的个性化调整。用户可以根据所使用的求解器类型(例如 PIMPLE、PISO 等)对这些设置进行自定义调整。
- 求解器选择。在这一部分,用户可以独立选取用于求解各个变量的线性求解器。一旦选定求解器，系统将提供一系列配套的预处理器/平滑器及其公差设定选项。为了协助用户选择最适合的求解器，每个字段旁边均附带了详细的帮助信息。

- 数值离散化方案。这里定义了如何对控制方程的各项内容进行数值离散化处理。这些方案决定了如何计算从单元中心到节点的变量项梯度和插值等操作。尽管如此，在大多数情况下，标准设置通常足以提供良好的计算效果，因此，除非有特殊需求，否则不建议轻易改动。

若您已经对数值计算设置进行了个性化调整，您仍然可以切换回默认设置，只需单击左下角的“重置为默认值”按钮即可。但需要注意的是，“重置为默认值”并非撤销操作，而是直接将所有数值计算设置恢复至初始状态。此功能目前仅限于流体动力学仿真类型。

在数值设置下重置为默认功能，如图 4.42 所示。

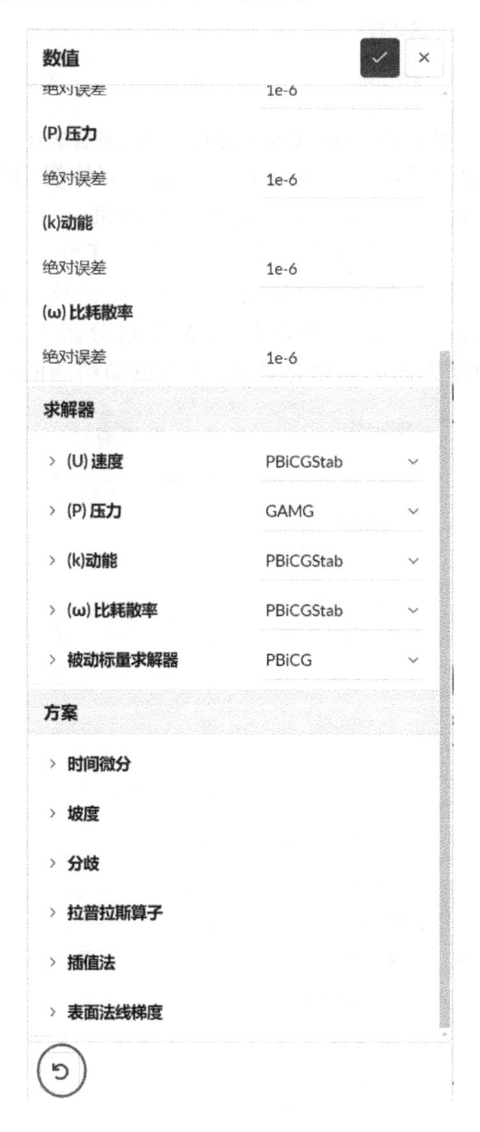

图 4.42 在数值设置下重置为默认功能

注意，通常情况下，默认的数值方案已经是最优选择，用户无须特意进行调整。

下面介绍字段限制。在“稳定性质”下，您应该找到“场限制”部分，这部分用于定义在仿真过程中对解变量的值域进行限制的规定。对于可压缩共轭传热(CHT v2.0)以及可压缩对流传热求解器，您可以针对密度、压力和温度等变量设定上限和下限。典型共轭传热仿真的场限制条目如图 4.43 所示。

图 4.43　典型共轭传热仿真的场限制条目

温度场的限制不仅适用于采用不可压缩 CHT v2.0 流体模型的仿真，也适用于包含可压缩流动的仿真，同时还能对密度和压力的数值进行有效约束。

下面介绍辐射数值。在处理辐射传热问题时，数值计算设置中还包括一个重要的可调节参数，如图 4.44 所示。其中最为关键的便是辐射分辨率的调整。这一设置关乎辐射问题中方向离散化的精细程度，提供粗、中、细三种级别。提高辐射分辨率意味着能获得更多的离散方向，从而改进辐射问题在角度方面的离散化处理，获得更加精确的仿真结果。

图 4.44　辐射的数值设置

下面介绍 FEA 数值。如同流体仿真一样,结构仿真也需要求解线性和非线性方程组。为此,系统同样配备了数值设置面板(见图 4.45),让用户能够自主选择合适的算法,设定残差类型及其阈值、最大迭代次数以及时间积分方案等一系列参数。

数值计算

求解器	MUMPS
力对称	
矩阵型	自动检测
旋转(%)	20
矩阵过滤阈值	-1
单精度	
预处理	
重新编号方法	自动
分布式矩阵存储	
内存管理	自动
非线性分辨率型	牛顿
收敛准则	自适应
相对耐受性	5e-5
绝对误差	1e-4
预测矩阵	切线
雅可比矩阵	切线
最大牛顿迭代	35
每第 n 次迭代更新一次	1
每第 n 个增量更新一次	1
改变雅可比矩阵	否
机械线搜索	否

图 4.45 结构分析下的数值设置面板

4.10.1 CFD 数值:松弛因子

松弛因子用于调控求解过程中的欠松弛程度,是一种旨在增强计算稳定性的关键参数。在进行稳态分析时,首次迭代结果至关重要,此时,松弛因子的作用尤为突出。通过适当地调整松弛因子,能够有效抑制数值振荡,从而确保计算过程更加稳健。

松弛因子设置在数值计算面板中进行,且仿真属性不同,其默认值也不同,见图 4.46。

图 4.46　松弛因子设置

1. 手动松弛

选择松弛因子时，应兼顾稳定性与收敛速度两方面，也就是说，既要确保计算稳定性（松弛因子足够小），又要保证迭代过程迅速收敛（松弛因子足够大）。以松弛因子 α 为例，对其取值范围进行说明。

① α 值不宜小于 0.15，因为过小的值可能会大幅降低求解速度。

② 若 α 大于 0.7，则可能导致求解过程失去稳定性。

③ 极不建议采用大于 0.9 的 α 值，这样的设定很可能会引发解的发散。

在手动调整松弛因子时，通常建议将其取值范围定在 0.3 到 0.7 之间。

2. 自动松弛

自动松弛是指智能调整流体变量的松弛因子 α，旨在加快收敛进程的同时，尽量保持解算的稳定性。然而，在某些特定情况下，如果自动松弛引发了计算发散的问题，建议尝试采用固定不变的手动松弛因子进行迭代计算。

3. 欠松弛

欠松弛方法实质上是对变量从一次迭代到下一次迭代的变化幅度实施约束。鉴于方程的非线性本质，有效控制变量的变化幅度对于确保整体解算过程的稳定性和准确性至关重要。

由于所求解方程组是非线性的，故需要控制变量 φ 的变化。这可以通过欠松弛来实现，如下所示：

$$\varphi_P^n = \varphi_P^{n-1} + \alpha(\varphi_P^{n*} - \varphi_P^{n-1})$$

其中 α 为松弛因子。它决定了变量更新的方式：

① 若 $\alpha<1$，则表示采用了欠松弛方法，收敛速度会变慢，但计算稳定性会增强；

② 若 $\alpha=1$，则表明未应用任何松弛方法，可直接将预测值 φ_P 作为更新值使用；

③ 若 $\alpha>1$,则表示过松弛,收敛速度有时会加快,但稳定性会有所降低。

在迭代过程中,变量的新值(记为 φ^n)和旧值(记为 φ^{n-1})与预测值(记为 φ^{n*})的关系由松弛因子 α 决定。欠松弛因子 α 的具体作用如下:

① 若 α 减小,则欠松弛程度增加,稳定性提高但收敛速度可能下降;

② 当 α 等于 1 时,表明不存在欠松弛现象,矩阵对角线元素相同,可直接采用预测值进行迭代;

③ 若 α 等于 0,则意味着变量在连续迭代过程中不会有任何变化,即解始终保持不变。

4.10.2 CFD 数值:非正交校正器

网格的非正交角是指相邻单元中心通过其共享面并沿着该面法线方向形成的连接矢量之间的夹角。如图 4.47 所示,垂直于两个单元共享的面的向量与连接单元 1 和相邻单元 2 的细胞质心的向量形成的夹角 θ 就是非正交角。

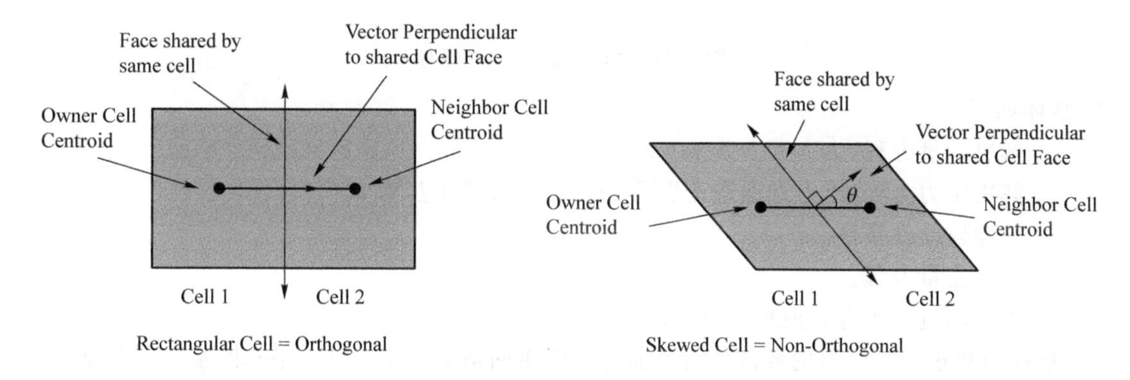

图 4.47 非正交角

在实际工程问题中,由于模型几何形状的复杂性,数值网格往往难以做到完全正交。因此,必须引入非正交性校正措施以确保仿真结果的稳定性和准确性。这一校正过程在数值计算阶段实现,具体针对表面法向梯度和拉普拉斯项进行修正。

对于非正交角在 65°至 70°之间的网格(如图 4.47 所示的倾斜单元,其角度 θ 相当陡峭),SIMPLE(Semi-Implicit Method for Pressure Linked Equations)算法通常能够准确计算流体的复杂流动过程。然而,在网格质量较差的情况下,标准 OpenFOAM 求解器中的 SIMPLE 和 PISO 算法都提供了额外的校正功能,以适应网格的非正交性。

当网格的非正交角在 75°至 80°之间时,表明网格质量严重下降,此时可以通过在压力方程求解过程中增加额外的迭代次数(即内循环)来校正压力计算。这一点可以从图 4.48 中得到直观的理解。这些校正是定义的"非正交校正器"循环。

因此,对于无须非正交校正的网格,SIMPLE 算法将按如下标准流程执行。

① 求解动量方程。

② 求解压力方程。

③ 检验连续性条件。

④ 求解能量方程。

⑤ 求解湍流方程等其他相关方程。

然而,若网格质量较差,则在 SIMPLE 算法中求解压力方程时,会引入两个非正交校正步

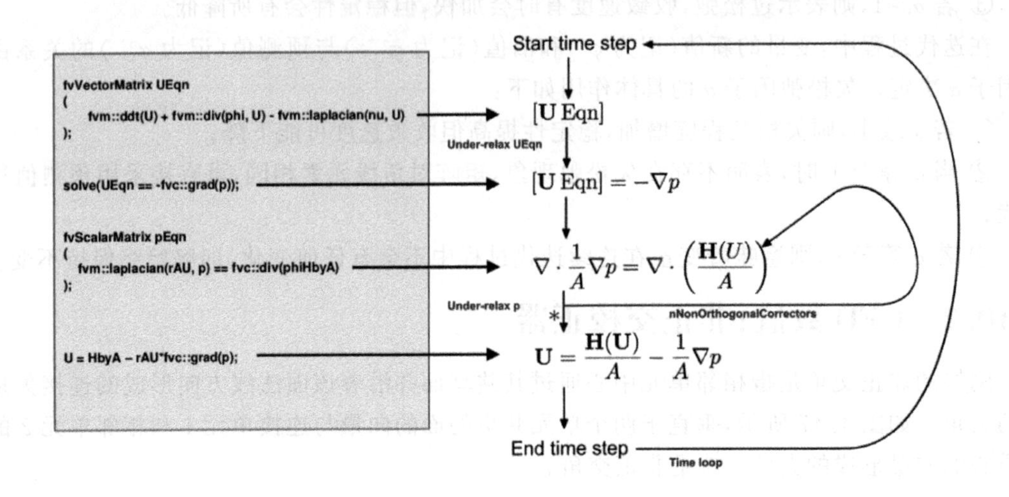

图 4.48 “非正交校正器”循环

骤，具体如下。

① 解决动量方程。

② 解决压力方程：压力方程修正步骤 1；压力方程修正步骤 2。

③ 检验连续性条件。

④ 求解能量方程。

⑤ 求解湍流方程等其他相关方程。

选择的非正交校正器的数量应与当前仿真所用网格的非正交性水平相匹配。以下是一些建议。

① 当非正交角小于 70°时，无须使用非正交校正器，将非正交校正器的数量设置为 0。

② 当非正交角大于 70°时，推荐使用 1 个非正交校正器。

③ 当非正交角大于 80°时，推荐使用 2 个非正交校正器。

④ 当非正交角超过 85°时，可能会导致收敛困难。

非正交校正器的数量被指定为数值计算设置的一部分，见图 4.49。

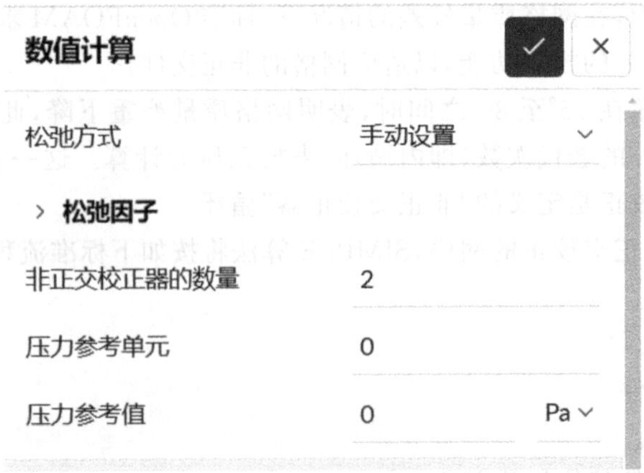

数值计算

松弛方式	手动设置
› 松弛因子	
非正交校正器的数量	2
压力参考单元	0
压力参考值	0 Pa

图 4.49 非正交校正器的数量被指定为数值计算设置的一部分

4.10.3 CFD 数值:数值方案

数值方案主要用于计算导数、梯度以及从单元格中心向节点的插值等。系统提供了丰富多样的数值方案选项，旨在赋予用户更高的灵活性和选择自由度。所有可用的数值方案如表4.2所示。

表 4.2 所有可用的数值方案

数值方案	描述
插值方案	值的点对点插值
表面法线梯度方案	垂直于单元面的梯度分量
梯度方案	梯度▽
散度方案	散度
拉普拉斯方案	拉普拉斯算子∇^2
时间微分方案	一阶导数和二阶导数

1. 时间微分方案

时间微分方案用于计算变量随时间的演变速率。在选择时间微分方案时务必留意，为瞬态分析设计的方案可能并不适用于稳态分析场景，反之亦然。

表4.3详细列出了所有可能的时间微分方案。请注意，具体的分析类型不同，可选的方案也有所不同。

表 4.3 时间微分方案

时间微分方案	描述
欧拉	一阶、有界、隐式
局部欧拉	本地时间步长，一阶、有界、隐式
克兰克·尼科尔森	二阶、有界、隐式
落后	二阶、隐式
稳定状态	无法求解时间导数

一阶有界欧拉方案以其卓越的稳定性而著称，而二阶有界方案则因其较高的精确度而备受青睐。虽然向后二阶时间微分方案的计算精度更高，但有可能在稳定性方面有所牺牲。

2. 插值方案

插值方案用于定义从单元格中心向面中心的插值过程，主要用于计算流体流向面中心的速度。尽管有多种插值方案可供选择，但在一般情况下，系统默认的是“线性插值”，即一种二阶插值方法。

3. 梯度方案

梯度方案对微分方程中梯度项的值进行插值。可用的梯度方案如表4.4所示。

表 4.4 可用的梯度方案

梯度方案	描述
高斯插值方案	二阶高斯积分

续 表

梯度方案	描述
最小二乘	二阶最小二乘
第四梯度	四阶最小二乘
单元限制插值方案	上述方案的单元限制版

高斯插值方案代表了在有限体积离散化中采用高斯积分技术，要求从单元格中心向面中心进行插值计算。我们推荐选用具备二阶精确性的高斯线性方案或最小二乘方案。为了进一步提升稳定性和鲁棒性，我们可以采用这两种方案的单元限制版本。其中，限制器系数设定为 1.0 表示对数值进行完全有界或限制处理，而设为 0 则意味着不做任何限制。

4. 散度方案

散度方案用于计算流体动力学中微分方程的对流项。下面列出可用的散度方案，见表 4.5。

表 4.5　散度方案

散度方案	描述
线性	二阶、无界
斜线性	二阶、(更多)无界、偏度校正
三次校正	四阶、无界
逆风	一阶、有界
线性逆风	一阶/二阶、有界

计算时默认选择高斯方案，需要从表 4.5 中指定插值方法。

① 高斯逆风插值：一阶有界，通常表现出稳健性，但可能对精确性产生一定影响。

② 高斯线性插值：二阶无界，精确度较高，但可能在稳定性上略显不足。

③ 高斯线性逆风插值：二阶且具有逆风倾向的无界插值，要求对速度梯度进行离散化处理。

④ 高斯有限线性插值：若要在梯度剧烈变化的区域中对逆风线性方案进行限制，需要设置一个系数，系数为 1 时限制最强，随着系数趋于 0，逐渐过渡至线性插值。

⑤ 高斯线性迎风插值：二阶、逆风且有界的优质插值，是寻求稳定二阶线性格式的理想选择。

5. 表面法线梯度方案

在单元面内计算表面法线梯度。该梯度定义为沿该面法线方向的值变化，可通过比较两个相邻单元格中心处的数值来估算。表面法线梯度方案如表 4.6 所示。

表 4.6　表面法线梯度方案

表面法线梯度方案	描述
修正的	显式非正交校正
未修正的	无非正交校正
有限的	有限非正交校正
有界的	正标量的有界修正

为了确保计算的精确性，在处理非正交网格时，可以引入显式的非正交校正策略，这一方法也被称为校正方案。随着网格角度越来越偏离正交，所需的校正量也随之增加。

当网格角度超过 70°时，显式校正的幅度可能变得比较明显，这可能导致解决方案的稳定性减弱。为此，可以通过采用带有系数 ψ 的修正方案来增强解的稳定性。该系数满足 $0\leqslant\psi\leqslant1$；当 $\psi=0$ 时，表示不进行任何校正；当 $\psi=0.333$ 时，非正交校正量不超过正交部分的 1/2；当 $\psi=0.5$ 时，非正交校正量不会超过正交部分本身；当 $\psi=1$ 时，则实施完全校正。

实践中，通常将 ψ 值设为 0.33 或 0.5，依据如下：选取 $\psi=0.33$，有助于提高整体的稳定性；而选取 $\psi=0.5$，则可在一定程度上提高精度。

6. 拉普拉斯方案

典型的拉普拉斯项为 $\nabla\cdot(\nu\nabla U)$，它作为动量方程中的扩散成分，在计算过程中由拉普拉斯方案加以处理。对此项进行离散化时，仅可采用高斯方案，并且还需同步确定扩散系数的插值方案以及表面法线梯度的计算方案。所有的拉普拉斯方案如表 4.7 所示。

表 4.7 所有的拉普拉斯方案

拉普拉斯方案	描述
修正的	无界、二阶、保守
未修正的	有界、一阶、非保守
有限的	校正和未校正的混合
有界的	有界标量的一阶

4.10.4 数值分析

“数值计算”面板整合了对 FEA 结构分析模型中方程求解器的关键控制设置，涵盖了算法、残差类型及阈值、最大迭代次数以及时间积分方案等多个方面。下面将详述每一项设置及其对求解过程的具体影响。

尽管默认的参数值已经能够应对大部分场景，但会员用户可根据实际情况灵活运用所提供的各种选项，以优化求解过程，从而加快计算速度、增强稳定性并提高解算精度。

1. 线性方程求解器

线性方程求解器的默认数值参数如图 4.50 所示。

线性方程求解器是求解一般线性方程的算法：

$$Ku=F$$

在有限元分析中，面对未知数 u、系数矩阵 $\boldsymbol{K}$ 以及独立项 F，由于连续体问题的离散化处理，自然会生成一组线性方程。换言之，在将连续变量域转换为离散的有限元域时，会形成一组线性方程系统，其中变量仅在有限数量的离散点上进行计算。

针对此类线性方程组的求解，科研人员已经研发了众多优化算法，其中两大主流算法为直接求解器和迭代求解器：直接求解器利用系数矩阵的内在性质将其分解为因子，随后通过一系列简单的矩阵乘法运算得出精确解；迭代求解器则以一个初始猜测值开始，通过不断迭代逐步逼近真实解，直至达到收敛标准。

直接求解器因其在稳定性和准确性方面的优势而被视为首选。然而，受限于内存消耗较

图 4.50　线性方程求解器的默认数值参数

大，当面临大量方程时，其应用可能会受到限制。相比之下，对于规模庞大的模型，迭代求解器往往是唯一可行的解决方案。此外，迭代求解器允许设置收敛容差，这对于优化仿真运行极其有益。以下是对可用求解器及其相关设置的详细说明。

(1) 直接求解器

以下参数适用于直接求解器中的所有实例。

① 精确奇点检测精度：用于评估矩阵奇异性的参数。若该参数设置为负值，则意味着关闭奇异性检测功能。

② 检测到奇异性时终止计算：当该选项启用时，若求解器在计算过程中确定矩阵具有奇异性，将会立即停止计算，以避免产生错误结果。然而，这一选项在某些情况下可能被禁用，即使存在得到不准确解的风险。对于非线性问题的求解，可以采用牛顿迭代准则作为替代方案来应对潜在的奇异性问题。

(2) 多前端大规模并行稀疏直接求解器

多前端大规模并行稀疏直接求解器(MUMPS)专为高效处理和并行化稀疏矩阵而设计,特别适合处理有限元离散化所产生的矩阵结构。

① 强制对称:强制求解器将矩阵视作对称矩阵进行处理。

② 矩阵类型:用户可指定求解器针对矩阵类型的处理方式。

- 不对称:矩阵不具备对称性。
- 自动检测:求解器自动识别矩阵是否对称。
- 对称正定:表明矩阵为对称正定矩阵。

③ 旋转操作预留内存百分比:在预估的旋转操作所需内存的基础上,额外保留一定比例的内存资源。

④ 线性系统相对残差:用于评估解的质量,若禁用,则不考虑残差检查。

⑤ 预处理:激活矩阵预处理功能,以优化计算效率。

⑥ 重新编号方法:用于矩阵优化的算法,对求解过程中内存消耗的影响显著。

- AMD:采用近似最小度方法。
- SCOTCH:强大且通用的重新编号工具,是 MUMPS 的标准选择。
- AMF:采用近似最小填充方法。
- PORD:内置在 MUMPS 中的重新编号工具。
- QAMD:AMD 方法的一个变种,能够检测并处理准密集矩阵线。
- 自动:让 MUMPS 自行选择最合适的重新编号方法。

⑦ 后处理:开启额外细化迭代,以减少解决方案中的残差。

- 消极:禁用后处理。
- 积极:启用后处理。
- 自动:由求解器自动判断是否启用后处理。

⑧ 分布式矩阵存储:开启时,矩阵存储将在不同进程中分布;禁用时,每个进程都将保存一份矩阵副本。

⑨ 内存管理:控制 RAM 与 DISK 的使用策略,评估内存需求。

- 自动:由求解器自动选择最合适的内存设置。
- 核内:优先将所有对象存储在内存中,以优化计算速度。
- 内存需求评估:在求解器日志中对最佳内存设置进行评估,但无须真正执行求解过程。
- 核外:通过在内存之外存储对象来优化内存使用。

(3) LDLT

LDLT 求解器采用经典高斯消元法对系数矩阵进行处理。

(4) 多前端

多前端功能可实现对稀疏矩阵进行并行的 LU 或 Cholesky 分解。

重新编号方法用于选择矩阵预处理时所采用的算法。对于自由度数超过 50 000 的大型模型,建议采用 MDA 方法;对于自由度较少的小规模模型,建议采用 MD 方法。

(5) 迭代求解器

以下参数适用于所有的迭代求解器。

① 最大迭代次数:求解算法允许的最大迭代数目。若设置为零,则算法将执行某种估计策略而非固定迭代的次数。

② 收敛阈值：残差的目标值。若在任何迭代过程中残差低于该阈值，则认为算法达到收敛并终止求解过程。

③ 预调节器：选择用于计算和调节矩阵以优化求解过程的算法。

a. MUMPS LDLT：完全 Cholesky 分解的单精度版本。

- 更新率：调节间隔，以迭代次数计量。
- 旋转操作内存百分比：为旋转操作预先分配的内存比例。

b. 不完全 LDLT：不完全 Cholesky 分解方法。

- 矩阵完整性：设置预处理矩阵近似于原矩阵的逆的完整性等级，数值越大代表近似完整性越高。
- 预处理器矩阵增长率：描述不完全近似矩阵填充程度的增长速率。

(6) PETSC

采用可移植、可扩展科学计算工具包（PETSC）中的多样化算法和组件，可以实现高性能计算。

① 算法选择

a. CG：共轭梯度法。

b. CR：共轭残差法。

c. GCR：广义共轭残差法。

d. GMRES：广义最小残差法，兼具较好的鲁棒性和较快的计算速度。

② 预处理器

预处理器除了支持基本算法外，还提供多种预处理选项。

a. Jacobi：对角线预处理。

b. SOR：逐次超松弛法。

c. None：不执行任何矩阵预处理操作。

d. 重新编号方法：用于选择矩阵预处理时所采用的算法。

- RCMK：反向 Cuthill-McKee 算法。
- Passive：被动预处理模式（不采取主动优化措施）。

e. 分布式矩阵存储：如启用该选项，矩阵将以分布式形式存储在不同进程中；若禁用该选项，则为每个进程保存一份完整的矩阵副本。

2. 非线性方程求解器

非线性方程求解器的数值参数如图 4.51 所示。

非线性方程求解器旨在找到以下形式的一般非线性方程的解：

$$F(x)=0$$

在有限元分析中，非线性方程组通过模拟结构系统的平衡来描述，其中未知数 x 代表需要计算的一组变形量，通常体现在每个节点上的自由度集合。非线性因素源于大变形、旋转效应、非线性材料响应以及几何非线性耦合等问题，它们都被纳入平衡方程中。

通常情况下，非线性平衡方程无法直接求得精确解析解，因此需要通过数值搜索方法对其近似求解。在每个加载步长中，寻找解的过程基于牛顿—拉夫森方法，并提供两种主要实现途径。

① 经典的 Newton-Raphson 法：在每个变形加载步长中反复迭代，直到残差降至预设公差以下，从而实现结构平衡。

图 4.51　非线性方程求解器的数值参数

② Newton-Krylov 法：结合迭代线性求解器，综合考虑线性解中的残差与各加载步长间的力不平衡的问题，以减少不必要的迭代次数，从而有效节省计算时间。

非线性求解器的参数设置如下。

(1) 非线性求解策略选择

① 牛顿法：采用经典且精确的方法求解每个加载步长中的非线性方程组。

② Newton-Krylov 法：采用近似解析策略，通过结合线性方程迭代解来节省计算时间，仅在使用迭代求解器时可用。

(2) 收敛标准设定

指定评估牛顿迭代收敛性的残差计算方式。残差为内部力与外部力的差值，可以对其进行标准化。默认设置为自适应标准。

① 相对：将内力与外力不平衡值归一化至外部力大小。

② 绝对：残差未经归一化，直接与预设公差对比。

③ 自适应：结合相对和绝对标准，初次迭代默认采用相对标准，当外载荷减小时切换至绝对标准。

(3) 残差阈值设定

当残差低于残差阈值时，认为当前加载步长内的迭代已收敛。

(4) 预测矩阵选取

① 正切矩阵：在计算刚度矩阵时，考虑系统中的非线性效应。

② 弹性矩阵：仅基于系统的弹性特性计算矩阵(采用杨氏模量而非切线模量，基于材料定律或推导得出)。

(5) 雅可比矩阵选择

同样,可选择正切矩阵或弹性矩阵,在首次迭代后,将其用于求解。

(6) 最大牛顿迭代次数设定

最大牛顿迭代次数是指每个加载步长允许的最大迭代次数,若达到该次数时迭代仍未满足收敛标准,则认为解发散。若采用自动时间步长,时间步长将减小。同时,允许根据牛顿迭代进度和残差预计达到阈值的情况额外进行一定比例的迭代。

(7) 每隔 n 次迭代更新雅可比矩阵

指定每隔多少次迭代重新计算雅可比矩阵。若设为零,则矩阵在整个加载步长内不再更新。

(8) 每隔 n 个增量更新雅可比矩阵

指定每隔多少个加载步长重新计算雅可比矩阵。若设为零,则矩阵在整个仿真过程中不更新。

(9) 条件变更雅可比矩阵

当时间增量低于某一阈值时,可以选择将雅可比矩阵从切线矩阵更改为弹性矩阵,尤其是在非线性效应在小时间增量下不再显著的情况下。

① 阈值时间增量:若时间增量小于此值,则切换至弹性矩阵。

② 弹性矩阵更新频率:在卸载条件下,弹性矩阵更新的间隔次数。

③ 最大牛顿迭代次数(弹性雅可比):针对使用弹性矩阵时可能出现的较低的收敛速度,覆盖允许的最大迭代次数。

(10) 机械线性搜索

机械线性搜索有助于牛顿方法的收敛,特别是在不使用切线雅可比矩阵的情况下。

① 线搜索方法:割线法或混合割线法,后者具有可变边界。

② 线搜索残差阈值:判定线性搜索收敛的标准。

(11) 最大线性搜索迭代次数设定

最大线性搜索迭代次数是指线性搜索中允许的最大迭代次数。

3. 时间积分

时间积分在瞬态模型中扮演着重要角色,这类模型中包含惯性效应的影响。这类模型通常被称为"动态模型",因为它们可以用一般的二阶动力学方程来表达:

$$M\ddot{u}+C\dot{u}+Ku=L(t)$$

数值积分算法的主要任务在于,通过有限数量的时间步长计算出位移、速度和加速度场的变化。这种算法与非线性方程求解器协同工作,能够处理大位移、材料非线性行为以及物理接触约束等复杂问题。

可供选择的时间积分方案有四种,它们被划分为隐式和显式两类。

(1) 隐式时间积分方案

① Newmark 法;

② 希尔伯特-休格斯-泰勒法(HHT)。

(2) 显式时间积分方案

① 主要显式差分法;

② Tchamwa 时间积分方案。

调控时间积分的可调参数如下。

(1) 时间积分方案

在隐式和显式时间积分方案之间做选择。

① 隐式时间积分方案：利用未来一阶和二阶导数的信息计算下一时间步长的场值。这种方法允许采用较大的时间步长，但计算成本相对较高。

② 显式时间积分方案：基于不包含当前时间步长导数信息的方法计算下一时间步长的场值。这种方法的计算成本较低，但时间步长会受到限制，尤其适用于快速动力学问题，如涉及压力波传播的情况。

(2) 具体的时间积分方案及其参数

① 隐式时间积分方案

- Newmark 法：通过设置数值参数 β 和 γ 来控制积分精度和数值阻尼(即近似误差导致的能量损耗)。例如，无数值阻尼的梯形规则对应的 β 值为 1/4，γ 值为 1/2。β 和 γ 都是方案中的数值参数。
- 希尔伯特-休格斯-泰勒法：Newmark 方案的一种变体，仅涉及 α 参数，能确保无条件稳定性。α 是方案的数值参数，必须取负数或零，以确保积分稳定。通过设置不同的 α 值可以改变方案的数值阻尼特性，从而使之与现象的频率成正比或反比关系：其中 α 方法在低频段产生较大的阻尼；改进的加速度法在高频段产生较大的阻尼。

② 显式时间积分方案

- 中心差分法：基于纽马克方法，但不会引入数值阻尼。
- Tchamwa-Wielgosz 时间积分方案：在较高频率下引入一定量的数值阻尼。φ 是方案的数值参数，用于控制较高频率下的阻尼程度。

(3) 基于 CFL 准则的时间步长限制

对于显式时间积分方案，当时间积分没有超过 CFL(Courant-Fredrichs-Lewy)准则给出的时间步长阈值时，将停止计算。

为了提升隐式时间积分方案的收敛性能，可以将一个按比例缩放的刚度矩阵加入质量矩阵中。所添加的刚度矩阵的缩放因子由指定的系数确定。

4. 模态求解器

模态分析致力于揭示结构的固有振动特性和屈曲形态。模态求解器的核心任务是求解特征值方程，该方程通常表现为一般形式或二次形式的方程式，其目标是确定关键参数$(\lambda,\boldsymbol{u})$，这样

$$(\boldsymbol{A}-\lambda\boldsymbol{B})\boldsymbol{u}=0(\text{GEP})(\boldsymbol{A}+\lambda\boldsymbol{B}+\lambda\cdot 2C)\boldsymbol{u}=0(\text{QEP})$$

其中，向量 $\boldsymbol{u}$ 表示自由度向量，而系数矩阵 $\boldsymbol{A}$、$\boldsymbol{B}$ 和 $\boldsymbol{C}$ 分别源自结构的质量矩阵、阻尼矩阵和刚度矩阵。简而言之，模态分析关注的是找出自由度向量及其对应的系数矩阵(分别代表结构的各种物理属性)所构成的特征值方程的解。

模态求解器的数值设置如图 4.52 所示。

模态分析中提供了四种模态求解器，它们均采用子空间技术来逼近问题的解，即通过缩减数值问题的规模来获取近似解。其中，QZ 方法是一个特例，它通过全面搜索所有模态以提供精确的参考解。表 4.8 对这些模态求解器进行了详细比较。

求解器模型

特征求解法	IRAM-sorensen
索伦森精度	0
最大迭代次数	20
子空间设置	自动

计算频率

移位精度	0.05
最大平移迭代次数	3
唯一性阈值	0.01

本征模验证

验证阈值	1e-6
移位精度	0.05

图 4.52　模态求解器的数值设置

表 4.8　模态求解器的比较

模态求解器	应用场景	优点	缺点
IRAM-Sorensen	计算部分模式	具有鲁棒性	不适用于非对称矩阵
Lanczos	计算部分模式	刚体模式检测	仅用于实对称矩阵
Bathe-Wilson	计算部分模式	—	鲁棒性不是很好，仅用于实矩阵和对称矩阵
QZ	计算众数的总和	最稳定	资源密集型，仅适用于自由度小于 10^{-4} 的问题

针对各个模态求解器，配置参数如下。

(1) IRAM-Sorensen

① 索伦森精度：用于判断模式数值收敛的阈值，默认情况下采用机器精度（大约为 10^{-16}）。

② 最大迭代次数：Sorensen 方法允许的最大重启次数。

(2) Lanczos

① 正交精度：模式正交化过程中的数值收敛阈值。

② 最大正交迭代次数：用于模式正交化的最大迭代次数。

③ Lanczos 精度标准：用于确定简化问题计算中收敛的标准值。

④ 最大 QR 迭代次数：在使用 QR 方法求解简化系统时允许的最大迭代次数。

⑤ 刚体模式检测：用于判断初始化时是否计算刚体模式。如果不启用此选项，那么在计算过程中遇到的刚体模式的特征值将不会严格为零，而是非常接近零。

(3) Bathe-Wilson

① Bathe 精度：在 Bathe & Wilson 方法中用于判断模式数值是否收敛的标准阈值。

② 最大 Bathe 迭代次数：Bathe & Wilson 方法允许的最大迭代次数。

③ 雅可比精度：雅可比迭代法中判断模式数值是否收敛的阈值。

④ 最大雅可比迭代次数：雅可比迭代法允许的最大迭代次数。

(4) QZ

在 Simple、Equi 和 QR 变体间选择适合的算法。

除上述模态求解器参数设置外，还有针对模态解的通用设置，包括计算频率设置和本征模验证设置。

(1) 计算频率设置

① 移位精度：在探测到特征值临近搜索范围的边界时，允许扩大搜索范围（上限或下限），即允许“移位”此值。

② 最大移位迭代次数：算法可调整搜索范围限制的次数上限。

③ 唯一性阈值：特征值接近零时被视为零的确切阈值。

(2) 本征模验证设置

① 发现验证错误时终止：当数值阈值或 Sturm 测试标准未达到时，允许求解器提前终止计算。

② 验证阈值：收敛残差的容忍度，用于判断模态计算是否正确，若超出该值，将触发验证错误提示。

③ 验证移位精度：用于 Sturm 测试的区间百分比（相对于特征值），以确定测试范围。

4.11 仿真控制

在仿真平台的“仿真控制”分支下，您可以对仿真过程的各种全局属性和参数进行个性化调整。虽然该平台上所有的分析类型确实共享了一些通用属性，但也有一些特定属性仅在某些分析类型中出现。

仿真分析类型如图 4.53 所示。

4.11.1 仿真控制常规设置

在 OpenFOAM® 和 Code_Aster 仿真环境中，用户可以在“仿真控制”设置中调整两项基础参数：处理器分配数和最大仿真持续时间。其中处理器分配数指定用于执行仿真的处理器核心的数量；最大仿真持续时间是仿真运行的最长时间，若达到此上限，仿真将自动停止。

4.11.2 具体仿真控制设置

下面根据每个解算器找到具体的仿真控制设置。

1. OpenFOAM®

在使用 OpenFOAM® 进行各类数值模拟时，您应当关注并配置以下几个关键的仿真控制参数。

① 终止时间：仿真的最终时间点。

② 时间步长（Δt）：时间增量的大小。

③ 动态时间步长控制：开启或关闭基于预设最大库朗数的自动时间步长调整功能。

④ 最大库朗数阈值：容许的最大库朗数水平，在采用显式时间积分方案时，通常建议将其

图 4.53　仿真分析类型

设置在小于 1 的范围内，如在 0.5 到 0.7 之间，以保证稳定性。

⑤ 最大时间步长限制：仿真运行过程中允许采用的最大单个时间步长。

⑥ 最大阿尔法 Co 因子：依据界面速度来估算和约束库朗数的准则。

⑦ 数据输出策略：定义数据保存和输出的算法机制。

⑧ 输出频率：决定数据记录并写入文件的时间间隔，这一设置直接影响后处理阶段中数据的可用性。

⑨ 势流初始化选项：启用或禁用势流解算模块的初始条件。

⑩ 网格分区算法：将计算域网格分割成多个部分，以便并行计算。

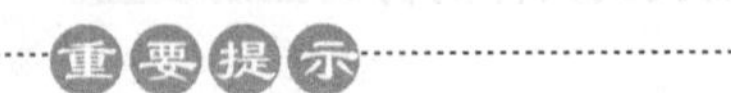

重要提示

在进行稳态分析时，所设定的“结束时间”实际上是一个虚拟的时间或伪时间，并不具备直接的物理含义。它的作用在于指示求解器执行达到稳态所需的总迭代次数，其实际效果可以通过结束时间与时间步长的比值，即“结束时间/时间步长”来体现，这一比值决定了系统需要经历多少次迭代更新才能收敛到稳态解。

2. Code Aster

对于 Code Aster 支持的分析类型,可以找到以下控制设置。

(1) 线性分析

① 伪时间步进:通过将解决方案划分为多个步骤来促进收敛。

② 静态时间步长:为仿真过程指定固定的静态时间步长值。

(2) 非线性和动态分析

① 时间步长策略:确定仿真过程中时间步长的策略。

② 仿真终止时间:仿真终止时的时间戳(t 值)。

③ 最大时间步长:允许的最大计算时间间隔。

④ 最小时间步长:允许的最小时间步长值。

⑤ 最大残差限制:在仿真终止前允许的最大残差值。

⑥ 时间步长的调整机制:通过重定时事件控制时间步长的自适应调整。

⑦ 时间步长的计算方法:选择计算时间步长的具体算法。

⑧ 额外牛顿迭代比率:在达到最大牛顿迭代次数且仿真未收敛时允许追加的牛顿迭代百分比。

⑨ 细分层数:在自适应时间步长的情况下,设定时间步长划分的等分层数。

⑩ 最大细分层次:时间步长细分的最大层级,当超过此层级系统仍未收敛时,仿真将停止,不再进行细分。

⑪ 牛顿迭代阈值:在时间步长递增之前允许的最大牛顿迭代次数。若在一个时间步长内所需的牛顿迭代次数低于该阈值,并且当前时间增量小于原始定义的时间增量,则下一个时间步长的时间增量将增大。

⑫ 时间步长增量比率:在达到牛顿迭代阈值后,时间步长增量按百分比增大的幅度。

⑬ 数据写入频率:保存中间结果的频率。

3. 格子玻尔兹曼方法 (LBM)

对于 Pacefish®1 所支持的 LBM 分析,应关注以下控制设置。

(1) 不可压缩 LBM 设置

① 结束时间:仿真过程的终止时刻。

② 最长运行时间:实时仿真运行的最长时间,一旦超过此时间上限,仿真将自动终止。

(2) 行人风舒适度(Pedestrian Wind Comfort, PWC)设置

① 单个风向最长运行时间:为每个风向设定的实时仿真最长运行时间,若超出此时间上限,仿真将停止运行。

② 流体穿越次数:空气流体穿越模拟区域的循环次数,用于确保数据具有足够的统计代表性。

4.11.3 亚音速分析

对于亚音速分析,大多仿真控制参数都与上述 OpenFOAM 参数类似。

4.11.4 流体分析的仿真控制

前面几节详尽阐述了用于调控仿真运行的各项设置,重点关注基于 OpenFOAM® 求解器的流体仿真分析以及亚音速分析。下面列举几种典型的依托 OpenFOAM® 求解器的分析类

型：不可压缩流体流动分析、可压缩流体流动分析、流体对流传热分析、共轭传热 v2.0 分析、共轭传热(IBM)分析以及多相分析。

我们可以找到如下仿真控制设置，见图 4.54。

仿真控制

设置	值	单位
结束时间	1000	s
时间步长	1	s
写入控制	时间步长	
写入间隔	1000	
处理器数量 专业版	自动（最多16个）	
最长运行时间	2e+4	s
势流初始化		
分解算法	SCOTCH	

图 4.54 基于 OpenFOAM® 求解器的分析类型的所有仿真控制设置列表

1. 结束时间

(1) 稳定状态

在稳态仿真中，由于解决问题的方程并未涉及时间导数，所以此处所指的“结束时间”实际上标志着仿真的终结点。到达这一时间点后，不会再进行更多的迭代计算。换句话说，在稳态仿真中，结束时间并不反映真实的物理时间，而是表示仿真收敛的预定目标，一旦达到该目标，仿真过程便会停止。

(2) 瞬态

瞬态仿真依赖于时间轴，其中涉及的流体变量会随时间演进而变化。因此，在瞬态仿真中，结束时间是希望对物理现象中瞬态效应进行分析的终止时刻。对于这类仿真而言，结束时间常被直接称为“仿真时间”，它标定了模拟过程需涵盖的实际物理时间段。

2. 步长

(1) 稳定状态

在稳态仿真中，Δt 代表着每一次迭代的步长，也就是说，它体现了为达到仿真收敛目标所需要的精细化程度。此处所谓的 Δt 也可称为“伪时间步长”。据此，我们可以通过以下公式表示迭代次数与结束时间和时间步长之间的关系：

$$\text{迭代次数}=\frac{\text{结束时间}}{\text{时间步长}}$$

尽管对于相同的迭代次数，结束时间和 Δt 可以有不同的组合，但建议保持较小的步长(通常为 1)。

(2) 瞬态

对于瞬态仿真，Δt 是指在仿真过程中求解瞬态方程时所采用的时间间隔增量，通常被称为“时间步长”。这意味着在每一个时间步长内，系统状态都会根据该时间间隔内的物理变化规律进行更新。

在稳态与瞬态仿真中，迭代次数的含义有所不同。在稳态仿真中，迭代次数特指每个时间步长内进行的子迭代次数。而在瞬态仿真中，当某一步骤内的残差低于预设阈值时，通常认定该时间步长已达到收敛状态。

3. 可调时间步长

对于瞬态仿真，可以通过启用可调整时间步长功能来动态调整时间步长 Δt。这意味着即使设置了初始时间步长值，系统仍然可以根据最大允许库朗数和预先设定的最大时间步长，自动调整每个时间步长的大小，以确保仿真过程的稳定性和准确性。

4. 最大库朗数

根据 CFL(Courant-Friedrichs Lewy)条件，

$$C=U\Delta t\Delta x\leqslant 1$$

其中 C 是库朗数，U 是单元处的流速，Δx 是单元长度，Δt 是时间步长。或者说，C 是库朗数，U 是细胞处的流速，Δx 是细胞长度，Δt 是时间步长。

上述表述意味着在瞬态仿真中，一个单元格的信息只能传递给与其直接相邻的单元格。这项设置特指瞬态模拟情景。

在应用显式时间积分方案时，建议设置 CFL 数小于 1，以确保计算稳定性。通常情况下，将 CFL 数设定在 0.5 至 0.7 之间，能够取得较为理想的效果。

5. 最大步数

最大步数用于限定仿真进程中所能采用的最大时间步长，从而在启用可调整时间步长功能时，为调整时间步长提供额外的控制权。最大步数对于瞬态仿真尤为重要，因为它有助于确保仿真过程更加精细可控。

6. 最大阿尔法系数(Max Alpha Coefficient)

最大阿尔法系数仅适用于多相流分析场景。Alpha 在此处代表相体积分数，而 Max Alpha Coefficient 则是指在两种流体界面处基于速度所设定的最大允许库朗数。这一参数对于控制多相流中不同相界面处的流动行为至关重要。

7. 写入控制和写入间隔

在写入控制选项下，用户可以选择不同的策略来确定仿真结果的写入频率，而写入间隔则用于指定两次连续写入之间的间隔。具体方法如下。

① 时间步长：通过此选项，用户可以设置两次连续写入仿真结果之间要跳过的固定时间步数。例如，若时间步长 Δt 为 2 秒，写入间隔设为 3，则意味着每 6 秒(即 3×2 秒)才写入一次结果。

② 实际时间(时钟时间)：以实际或实时时间为基准，用户可以指定两次连续写入结果之间的实际时间间隔(以秒计)。

③ 运行时间：利用运行时间选项，用户可以在仿真过程的每个指定时间间隔(以秒为单位)内写入数据。

④ CPU 时间：该选项指的是仿真运行期间 CPU 实际消耗在处理指令上的时间量。因此，用户可以 CPU 时间的秒数为间隔，设定写入数据的时间点。

⑤ 可调整运行时间:类似于运行时间设置,此选项允许用户在仿真过程中通过调整时间步长 Δt 来匹配写入间隔,从而确保在仿真时间的特定间隔内进行数据写入。

此处提及的运行时间,指的是仿真过程中的累计时间或仿真结束时间。当启用可调节运行时间功能时,它可以适时调整时间步长,但这仅适用于启用可调整时间步长功能的瞬态仿真情境。

举例来说,假设您的写入间隔设置为 0.1 s,那么除非您的时间步长 Δt 在累积过程中恰好能够整除 0.1 s(例如 0.1 s、0.2 s、0.3 s、0.4 s 等),否则数据将不会被保存。启用可调节运行时间功能后,求解器会在运行时灵活调整时间步长,确保在指定的写入间隔时刻(如 0.1 s、0.2 s、0.3 s、0.4 s、0.5 s 等)强制进行数据保存,从而解决纯属巧合的匹配问题。

8. 处理器数量

仿真是采用并行计算的方式进行的,这意味着要将仿真域划分为多个部分,并将这些部分分别分配给不同的处理器内核,使得各个部分能够同步并行地执行计算。这种方式极大地提升了计算效率与速度。

例如,考虑一个 2D 方形域。图 4.55(a)显示整个仿真域在单一核心上进行计算。而图 4.55(b)则展示了通过分解算法将仿真域均匀分割为四个子域,这时,每个子域的仿真将在各自独立的核心上同时运行,并通过跨域边界交换信息,最终合并得出整个仿真域的完整结果。

(a) 在单核上求解的仿真域

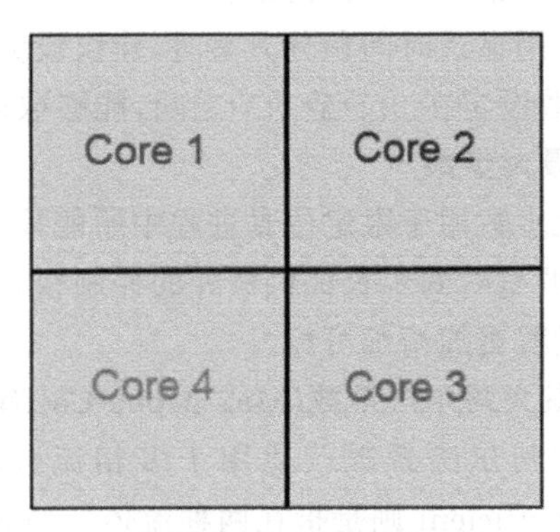

(b) 在并行四核上求解的仿真域

图 4.55 几何域分解

在用户权限方面,免费账户最多可使用 16 个核心,学术用户最多可使用 32 个核心,而专业用户则享有多达 96 个核心的使用权。使用的核心越多,仿真进程越快,但同时也将消耗更多的核心使用时间。如果您不确定如何选择最佳核心数量,可选择"自动"模式,系统将为您智能分配最为适宜的核心数量。

9. 最长运行时间

最长运行时间选项允许用户实时设定最长的仿真运行时间,这样一来,不论结束时间参数如何设定,一旦达到预设的时间上限,仿真过程都将自动终止。这一设置至关重要,因为它有助于有效地管控计算资源消耗,特别是在仿真初期的迭代阶段。

10. 势流初始化

势流初始化功能的作用是在已知速度初始条件和边界条件的前提下,先解决压力方程以获取更佳的起始条件。当面临仿真收敛困难或初始时间步长阶段稳定性较差的问题时，建议启用这一设置，以加快收敛进程并增强初始阶段的稳定性。

11. 分解算法

在分解算法选项下，用户可以指定用于分解仿真域的算法。目前有三种备选算法，即Scotch、Simple和Hierarchical。

① Scotch：该算法旨在最大程度地减少分割后的域与处理器之间的边界数量。边界越少，意味着处理器间的通信需求越少，仿真运行速度越快。Scotch算法不需要用户提供额外的输入参数即可运作。建议用户始终保持默认的Scotch算法，因为这是最有效的算法。

② Simple：该算法根据每个空间方向指定的子域数量来分割几何域。例如，将子域x、y、z的数量分别设置为1、1、1，如图4.56所示。附加参数Delta为单元倾斜因子，表示子域边界允许的单元偏度，通常保持在0.01以下。

分解算法	SIMPLE ⌄
步长	0.01
子域x的数量	1
子域y的数量	1
子域z的数量	1

图4.56 域分解的Simple算法设置

③ Hierarchical：该算法与Simple算法类似，但具有指定分解顺序的附加功能。可用的组合有六种，即XYZ、XZY、YXZ、YZX、ZXY、ZYX。请务必注意，子域的数量务必与分配的处理器核心数保持一致（参照上面提到的处理器数量设置），否则平台可能会触发验证错误。

4.11.5 结构分析的仿真控制

下面对结构分析的仿真控制进行详细说明。这些设置控制仿真运行，特别是Code_Aster解算器支持的仿真类型。基于Code_Aster求解器的分析类型有静态分析、动态分析、传热分析、机械热分析、频率分析、谐波分析。

根据分析类型，应该找到以下控制设置。

1. 线性静态分析

在线性静态分析中，材料属性、边界条件以及结果均不随时间变化。然而，即便如此，仍可通过伪时间方案在一次仿真过程中应对多个负载情况。此时，时间变量仅作为选择不同负载工况的索引。请注意，需通过表格形式将各个负载状况与时间关联起来，并且使各个负载工况彼此独立，因为每个负载工况都是分开运行的。

对于这种情况，可以利用以下时间步进控制设置，见图4.57。

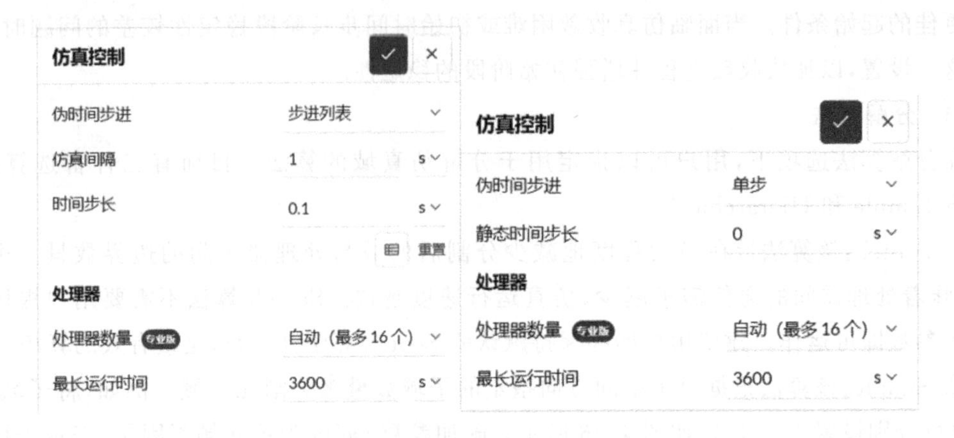

图 4.57　线性静态分析的仿真控制面板

① 伪时间步进选项：选择单一时间步长或一系列时间步长对负载工况进行求解。

- 单步模式：仅针对单个负载工况进行求解。
- 步进列表模式：支持按照伪时间变量顺序运行一系列负载工况列表。

② 静态时间步长设置：在单步模式下，可设定具体运行的时间步长。若不涉及多个时间步长，此参数默认为零。

③ 仿真间隔与时间步长编程：允许通过编程方式指定要运行的负载工况序列，具体设置如下。

- 仿真间隔：伪时间变量的最终值，其默认值为 1。
- 时间步长：伪时间变量的增值，其默认值为 0.1。结合默认的仿真间隔 1，依次执行 10 个实例，伪时间值依次为 0.1、0.2、0.3 等，直至达到最大值 1。

2. 非线性静态和动态分析

在非线性静态或动态分析中，至少有一种或多种属性随时间演变，例如材料属性（包括塑性和超弹性）。因此，对时间积分参数（如结束时间与时间步长）进行精准控制至关重要。为此，通常用以下两种策略来定义时间步长：手动设置或自动（自适应）设置。

用于非线性静态仿真的仿真控制面板如图 4.58 所示。

（1）手动设置

手动设置时间步长时，积分步长列表由用户预先设定并保持不变。若时间步长与计算结果不匹配，可能导致收敛困难。相关参数设置如下。

① 仿真间隔：定义整个仿真的结束时间点。

② 时间步长：指明每个连续积分步骤之间的时间间隔。用户既可以为整个仿真过程设定单一时间步长值，也可为不同间隔分别指定多个时间步长值。若需输入多个时间步长，请单击“变量”按钮以打开“指定值”对话框（见图 4.59）。在该对话框中，用户应填写一张表格，表格中的每行对应一个时间间隔的具体信息，其中 t（截止时间）表示为每个间隔设定结束时间点，时间步长表示为每个间隔明确指定对应的时间步长。由图 4.59 可知，在 0.5 s 以内，时间步长长度为 0.1 s 时，当 t 从 0.5 s 增加到 1.0 s，时间步长长度增加到 0.5 s。

③ 自动边界条件斜坡：在非线性静态仿真中，通常通过表格或公式的形式逐渐增大载荷和位移，以帮助收敛。如果设置仅包含恒定载荷和/或位移，则自动边界条件斜坡选项会导致以下常量在整个非线性静态运行中自动线性递增：固定值、远程位移、离心力、从动压力、节点

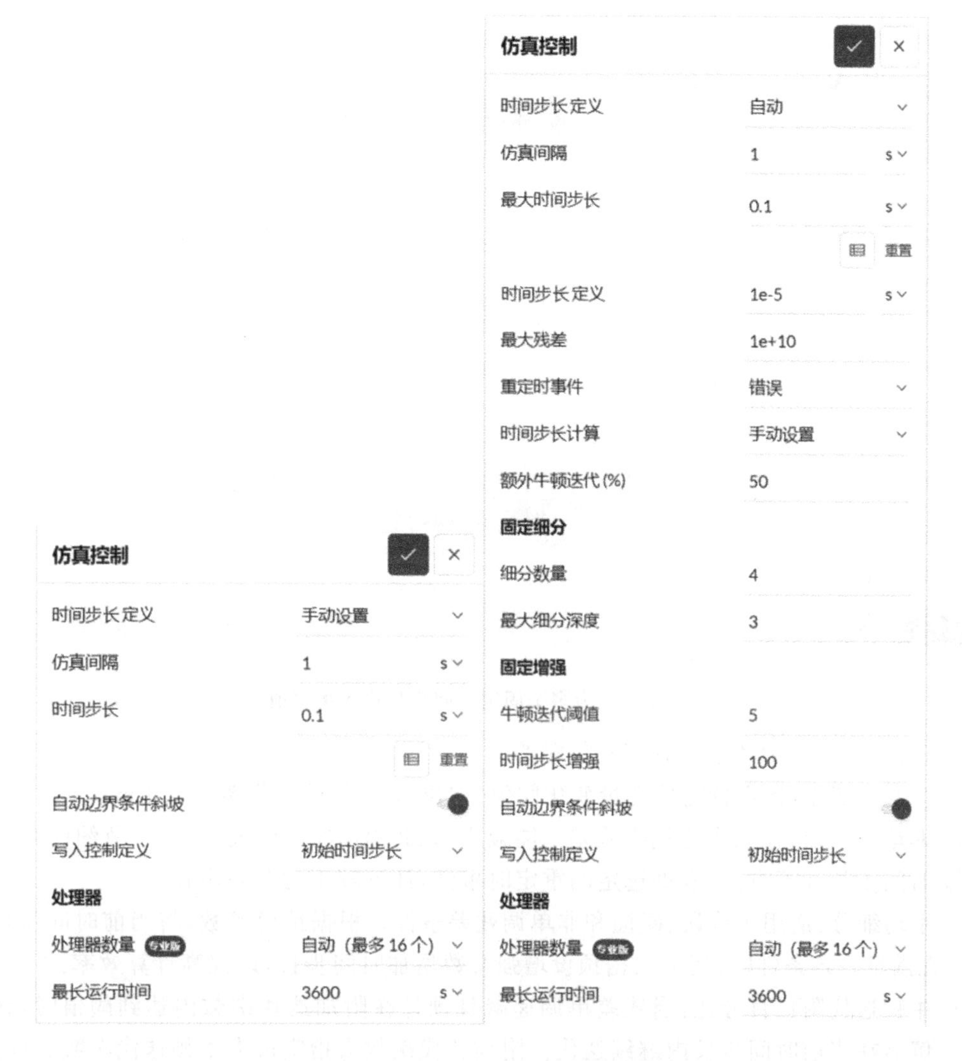

图 4.58　用于非线性静态仿真的仿真控制面板

载荷、压力、远程力、表面载荷、实体载荷和重力。此外，如果在定义材料时启用了任何蠕变模型，则无法应用自动渐变这一功能。

(2) 自动(自适应)设置

通过自动设置时间步长，用户可以采用自适应时间步长策略。该策略会在遭遇错误时将当前时间步长拆分成更小的时间步长，从而解决大多数收敛问题。以下是可配置的相关参数。

① 仿真间隔：仿真结束时的时间点。

② 最大时间步长：开始仿真时采用的初始时间步长，其设置与手动时间步长设置相同，详情请参考上述关于手动时间步长策略的部分。

③ 最小时间步长：在细分之后，允许的最小时间步长阈值。如果细分后时间步长低于此阈值，则会出现“自动时间步长导致时间步长低于阈值”的错误。

④ 最大残差：牛顿迭代过程中允许的最大残差值，超过该值将会触发发散错误。

⑤ 重定时事件：选择触发时间步长细分的具体条件，包括但不限于以下几种。

a. 错误：发散错误或矩阵奇异。

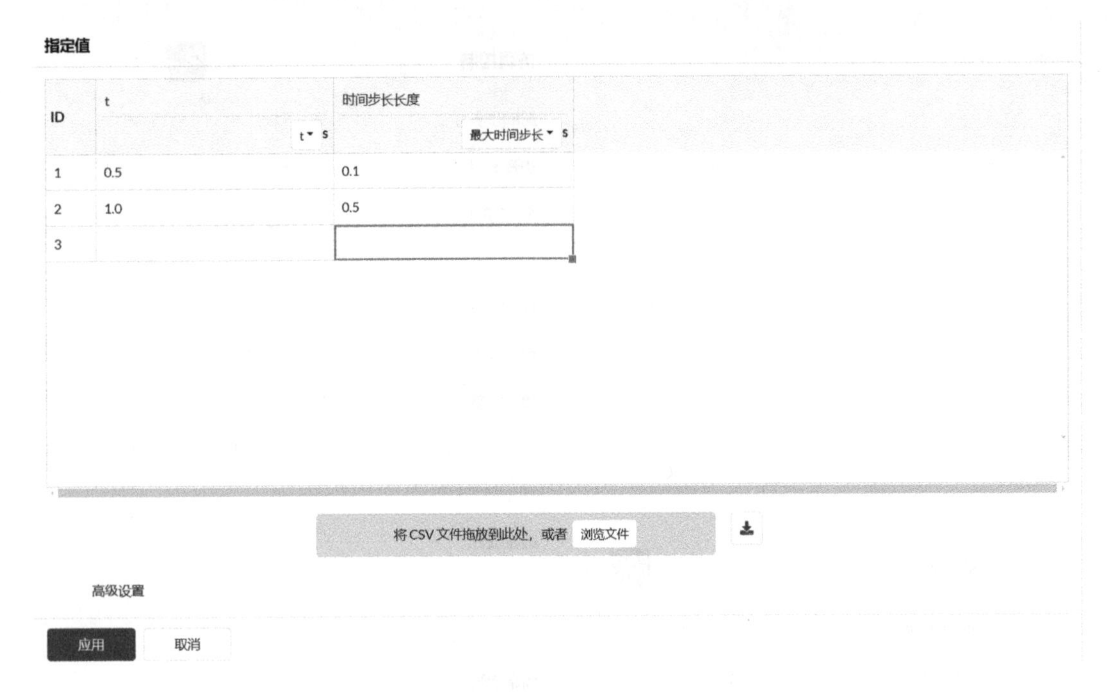

图 4.59　为多个固定时间步长输入指定值

b. 碰撞：物理接触状态从分离到接触的变化。

c. 场变量变化：指定特定场变量变化阈值，如位移 X 分量变化超过 0.1 m。

d. 非单调残差：在三次迭代中残差未能减小，以此提前减小时间步长，以节约计算资源。

⑥ 时间步长计算方法：根据选定的重定时事件，计算较小的时间步长。

a. 手动细分：适用于错误、碰撞和非单调残差事件。根据预设参数，将当前时间步长等比分割。在满足一定条件时，还可根据预设增强参数增加时间步长，以提高计算效率。

- 牛顿迭代附加百分比：当残差单调递减且预计在附加迭代次数内达到阈值时，允许求解器在当前时间步长内继续迭代。附加迭代次数为指定最大牛顿迭代次数的百分比。
- 细分次数：当前时间步长的等分数。
- 最大细分深度：进行细分的最大次数。
- 牛顿迭代阈值：决定何时增强时间步长的标准。若在一个积分步内以低于该阈值的迭代次数实现收敛，则时间步长将增加。
- 时间步长增强百分比：例如，当设置为 100%时，时间步长将翻倍。

b. 牛顿迭代目标：适用于错误、碰撞和非单调残差事件。求解器根据上一时间步长残差的变化趋势，估计达到牛顿迭代目标值所需的时间步长。

c. 场变量变化目标：仅适用于场变量变化事件。求解器根据上一时间步长场变量的变化情况，估计达到目标场变量变化值所需的时间步长。

d. 混合策略：仅适用于场变量变化事件。类似于手动细分方式，先进行固定细分，然后求解器估计满足场变量变化目标所需的时间步长。

⑦ 自动边界条件斜坡：在非线性静态仿真中，通过表格或公式渐变定义位移和载荷是一种良好的实践，有助于仿真更快收敛。当只设置了恒定载荷和/或位移时，启用自动边界条件斜坡选项将导致固定值、远程位移、离心力、从动压力、点力、节点载荷、压力、远程力、表面载

荷、实体载荷及重力等常量在整个非线性静态仿真过程中自动线性递增。另外,如果在材料定义阶段启用了任何蠕变模型,自动边界条件的渐变功能将不再适用。

⑧ 写入控制设定:确定将哪些时间段的输出字段数据记录到结果数据库中,具体选项如下。

a. 写入间隔:通过忽略固定数量的时间步长来选择输出时间节点。具体跳过多少个时间步长由写入间隔数值决定。

b. 所有计算步长:将所有经过计算的时间步长的输出都写入数据库,包括因自适应细分产生的额外时间步长。

c. 初始时间步长:按照设定的最大时间步长进行输出写入。

d. 用户定义:用户可以根据手动时间步长策略中相似的方法来自定义输出写入的时间步长,即赋予用户指定记录结果的具体时间点的权利。

3. 传热分析

在进行传热分析时,无论是采用线性还是非线性模型,通常均默认考虑稳态条件,这意味着无需对时间步长进行计算控制,因为稳态分析的本质在于求解空间上的温度分布而不涉及时间演变过程。

在热分析过程中,非线性唯一的来源是边界条件和材料属性对温度变化的依赖关系。

4. 机械热分析

机械热分析是一个融合了传热分析与结构分析的连续流程,首先要计算温度场分布,然后将温度场转化为热膨胀应变,以进行结构应力分析。在进行此类分析时,可用的仿真控制参数在很大程度上取决于在全局设置下选择的结构分析类型,比如线性静态分析、非线性静态分析或动态分析,以上已对这些类型的参数设置进行了详细说明。

5. 频率分析

在计算固有频率时,有两种控制选项可供选择:一是第一个模式,二是设定频率范围。用于频率分析的仿真控制面板见图 4.60。

图 4.60 用于频率分析的仿真控制面板

特征频率检索模式如下。

① 第一模式:系统将按照频率从低至高的顺序自动搜索并计算首个模态频率。

② 频率范围:在指定的频率区间内,系统会搜索并计算所有存在于该区间的模态频率,这一区间由起始频率和终止频率共同界定。

6. 谐波分析

在计算激励响应时,可以选用两种频率控制选项:单一频率和频率列表。谐波分析的仿真控制面板见图4.61。

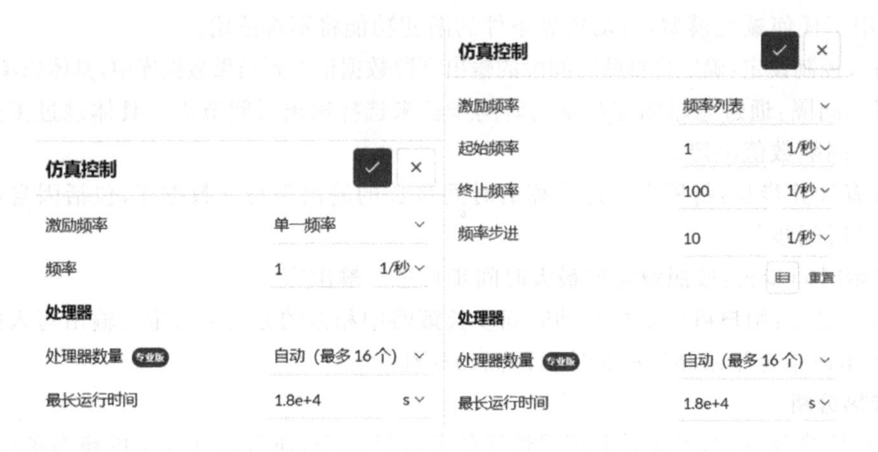

图4.61　谐波分析的仿真控制面板

激励频率设定如下。

① 单一频率：在谐波分析中，可以指定单一的激励频率值。

② 频率列表：定义一个起始频率和结束频率，并通过频率步长确定两者之间的频率范围。若需要非均匀频率间隔，还可以借助表格输入方式，自定义一个具体的频率步进列表，见图4.62。

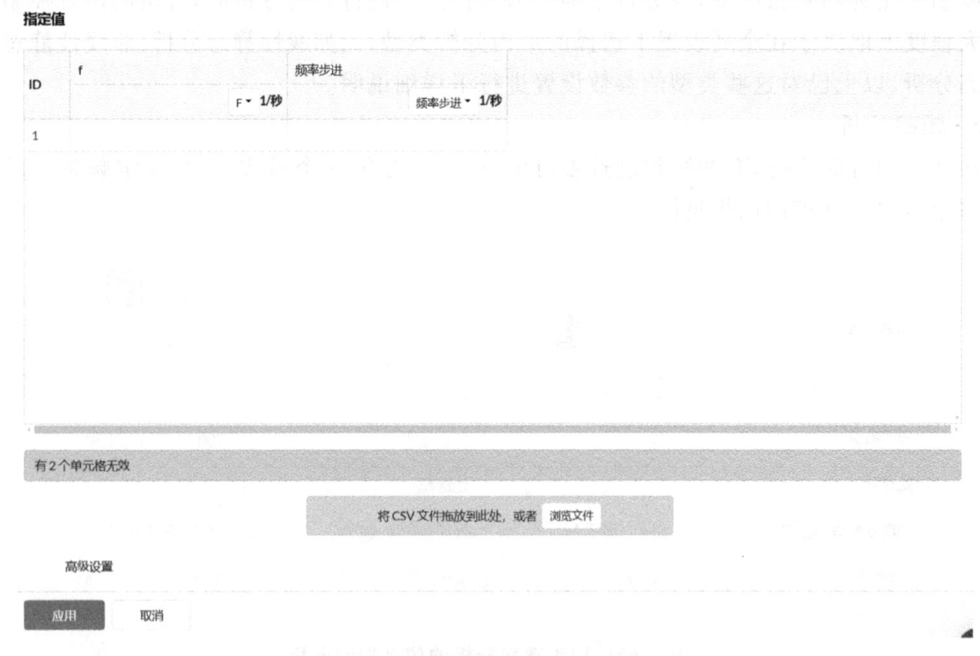

图4.62　指定可变频率步长输入值

若采用表格选项，表格中的每一行都将用于定义一个单独的频率子区间。其中，子区间的终止频率由表格的“f”列指定，而子区间内的频率间隔步进则由“频率步进”列给出。

4.12　结果控制

结果控制功能可以使用户定制额外的仿真输出结果，关注特定的解决方案领域（例如涡旋强度)或结构分析中的高应力区域。

在迭代过程中,变量的初始估计不断更新,我们期望这些变量最终达到稳定状态且不再变化。通过观察结果控制项展示的这些变量随仿真推进而趋于稳定的趋势,可以很好地评估这些变量的收敛性。当仿真结果偏离预期轨迹时,适时终止仿真有益于节省时间和计算资源。

用户可在仿真构建树中找到结果控制项。针对每种分析类型,结果控制设置的一般说明如下所示。

结果控制项作为仿真设置的关键组成部分,应在仿真启动之前预先配置到位。

用户可在基于 OpenFOAM® 的流体动力学分析及亚音速流动分析中找到以下结果控制设置选项,见图 4.63。

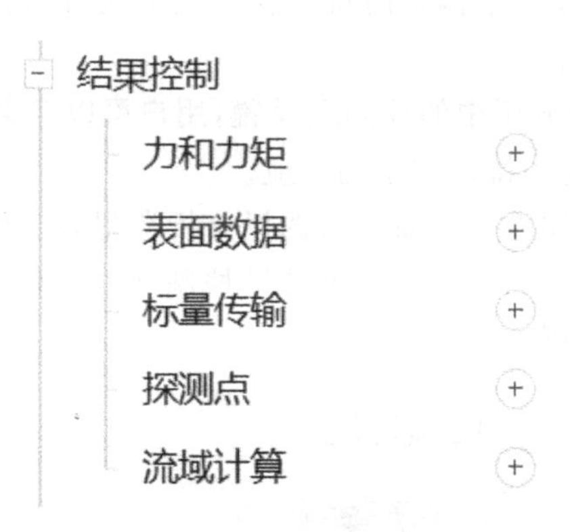

图 4.63　CFD 分析中的结果控制项列表

1. OpenFOAM® 的结果控制设置选项

① 力与力矩计算:用于计算模型特定表面所受到的力和力矩,例如,在空气动力学分析中,若要测定汽车表面的阻力和升力系数,就需要启用这一功能。

② 表面数据提取:用于在指定的表面区域上计算仿真结果的平均值或积分值。

③ 标量传输分析:此结果控制功能允许在模型中引入被动标量以追踪特定现象。除此之外,还需定义几何元素上的扩散系数和标量源。

④ 探测点设置:用户可在模型内部布置用于测量流体变量的虚拟探测点,这些点如同虚拟的热线、皮托管或测压孔。用户可以通过创建点几何元素并为其设定坐标来定义探测点的位置。

⑤ 流域计算:用户可在感兴趣区域内开启额外的计算,以深入研究流动特性,包括但不限于压力场、湍流、涡度、流体平均停留时间及壁面剪切应力等。在此环节,用户还可以设置压力系数等相关结果控制参数。

对于基于 Code_Aster 的结构分析,结果控制设置如图 4.64 所示。

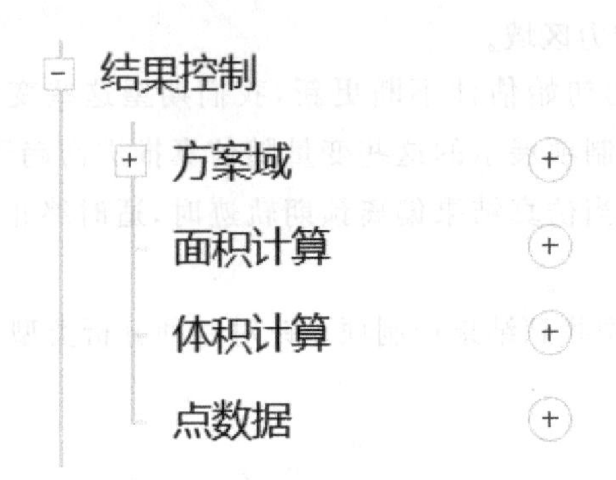

图 4.64　Code_Aster 的结构分析中的结果控制项列表

2. Code_Aster 的结果控制设置

① 方案域：在该选项下，用户可以设置计算位移、应变、应力类型、反作用力等各项指标。

② 面积计算：用于搜集模型中各表面的统计信息，如 Y 轴方向速度的最小值和最大值等。

③ 体积计算：用于汇总模型中体积内特定物理量的统计数据，例如 Z 轴方向或者所有方向上的力和应变总量。

④ 点数据：类似于 CFD 分析中的探测点设置，用户可以定义模型内的点作为仿真过程中的监测点，以记录该点处的流动特性或结构响应。

结构仿真结果控制的具体内容会随着所选择分析类型的变化而变化。所有可供选择的结构分析类型都在“分析类型”页面。尽管各个结果控制项的具体可用性可能有所区别，但一般来说，常见的选项如图 4.65 所示。

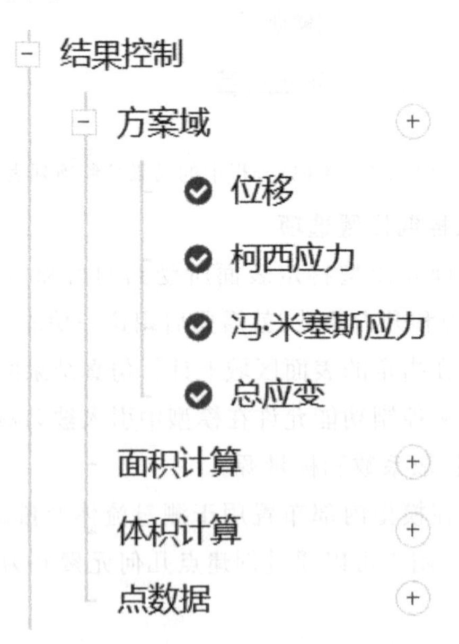

图 4.65　结构仿真的默认结果控制项

3. 结果控制项的需求应用

不同的结果控制项可根据需求应用于采样点、特定几何对象或整个模型几何体，具体如下。

① 方案域：用于获取整个模型几何体上指定字段的详细信息。接下来将进一步提供有关

可选字段及其对应分析类型的详细说明。

② 面积计算:针对指定面集中的所有节点,计算所给定字段的统计数据。

③ 卷计算:对指定体积内的所有节点,统计所给定字段的数据信息。

④ 点数据:针对某一特定位置上的给定字段进行数据采集。既可以通过创建几何点元素,直接输入(X,Y,Z)坐标来指定位置,也可从可视化视图中选择位置。该位置上的场值将通过最近邻网格节点的插值方法来计算得到。

针对"方案域"所输出的字段数据,用户可以通过在线后处理器对其进行可视化和深入分析,亦可选择下载这些数据,以利用本地后处理器工具(如 ParaView)进行处理。而对于统计数据的计算结果,系统会以图形形式呈现,并且还支持用户以表格格式下载这些数据。

下面介绍针对特定几何实体的统计计算功能。

① 极值统计:针对指定几何实体(例如特定面的所有节点)上所有网格节点的指定字段,系统可计算并提供最小值和最大值。对于包含多个分量(如向量或张量)的字段,用户可以通过选择"所有分量"选项来分别获取每个分量的最小值和最大值。

② 平均值计算:系统在属于指定几何体(如边、面或体积)的所有网格节点上计算指定字段的平均值。当字段含有多个分量(如矢量或张量)时,选择"全部分量"选项后,系统会分别报告每个分量的平均值。

③ 总和计算:系统对属于指定几何实体(边、面或体积)的所有网格节点上的指定字段值进行累加求和。同样,如果字段包含多个分量(如向量或张量),用户可选择"全部分量"选项以获得每个分量值的总和。

面积计算结果控件如图 4.66 所示。

图 4.66 面积计算结果控件

根据不同分析类型及其各自定义的解决方案字段,记录下列数据。

4. 静态分析

在静态线性或非线性仿真中,可记录以下解决方案字段及其类别。

(1) 位移

该字段表示模型中每个节点的三维位移(D_X、D_Y、D_Z)。

(2) 作用力

① 反作用力:仅在具有位移边界条件的节点上非零,表现为 *XYZ* 三轴分量。

② 节点力:仅在具有载荷边界条件的节点上非零,表现为 *XYZ* 三轴分量。

(3) 力矩

① 反作用力矩:根据节点反作用力和参考点至节点的杠杆臂计算,表现为 *XYZ* 三轴分量,仅在位移边界条件作用面上非零。

② 节点力矩:基于节点力和参考点至节点的杠杆臂计算,表现为 *XYZ* 三轴分量,仅在载荷边界条件下非零。

(4) 应变

① 总应变:基于小变形理论计算的应变张量,包括轴向(EP_{XX}、EP_{YY}、EP_{ZZ})和剪切分量(EP_{XY}、EP_{XZ}、EP_{YZ})。

② 主应变:包括三个主应变值及对应的主轴方向(PRIN_1 至 PRIN_3),以及每个主轴方向的矢量分量(VECT_1_X 至 VECT_3_Z)。

③ 总非线性应变:大变形理论下的应变张量,包括轴向和剪切分量。

④ 总等效塑性应变(Von Mises 应变):衡量材料进入塑性阶段的程度。

⑤ 非弹性应变(塑性应变):总非线性应变与线性弹性应变之差。

(5) 应力

① 柯西应力:计算出的应力张量,含轴向(SI_{XX}、SI_{YY}、SI_{ZZ})和剪切分量(SI_{XY}、SI_{XZ}、SI_{YZ})。

② 主应力:三个最大主应力值及其方向(PRIN_1 至 PRIN_3),并配有每个主应力方向的矢量分量。

③ Tresca 应力和 Von Mises 应力:衡量材料屈服强度的指标。

④ 符号 Von Mises 应力:用于区分材料处于张力状态还是压力状态。

(6) 接触配合

① 压力:由于接触配合产生的表面压力分布。

② 配合状态:记录配合的性质(如粘附、滑动或互穿)以及配合间隙和配合法向力。

5. 动态分析

在动态仿真中,除了静态分析所涉及的所有解决方案字段外,还有两个关键的解决方案字段。

① 速度:描述模型中每个节点的瞬时速度,可用全局分量 *X*、*Y*、*Z* 表示,揭示了节点在三个坐标轴方向上的运动速度。

② 加速度:量化模型中每个节点的瞬时加速度,同样可用全局分量 *X*、*Y*、*Z* 表示,展现了节点在三维空间中沿各坐标轴方向的加速度变化情况。

6. 传热和机械热分析

在机械热分析中,可用的解决方案字段与静态或动态分析中的类似,具体适用哪些取决于全局分析参数对惯性效应的设定。此外,机械热分析还涉及以下热场参数。

① 温度:模型中每个节点的温度数值,这是一个标量。

② 热通量:模型中每个节点的热通量,它是一个矢量,表示为全局分量 *X*、*Y*、*Z*,并具有单位面积单位时间的能量传输量($J/(s \cdot m^2)$)或功率密度(W/m^2)。

③ 热流:作为一个额外的量,用于面积计算,可以检索通过选定表面离开或进入域的总热

量(J/s)或功率(W)。

7. 频率分析

对于频率分析,唯一可用的解场是节点位移(详细信息请参阅静态分析下的描述)。在这种情况下,计算出的位移幅度没有物理意义,而是彼此相对的,并且要经过归一化在变形最大的分量(X、Y 或 Z)上实现最大值 1 (m)。米位于变形最大的组件(X、Y 或 Z)上。

在振动分析图表和数据表中,我们引入了模态有效质量(Modal Effective Mass, MEM)这一概念及其相关衍生指标,它们对于理解模型的振动行为至关重要。

① 模态有效质量 (MEM):是指在特定自然振动模态下,结构在每个坐标轴上相对于单位振动位移所对应的等效质量。它量化了当模型沿指定方向运动时,能够激发相应模态并可能导致共振的那部分质量。因此,模态有效质量有助于评估在特定振动模式下结构响应的显著性。

② 归一化模态有效质量:模态有效质量相对于整个模型总质量的标准化比例。如果某模态的归一化模态有效质量为 0,则表示在相应方向上该模态对整体振动影响甚微;若为 1,则意味着在基础激励条件下,整个模型的质量将沿该方向全幅振荡。通过对比不同模态的归一化值,可以区分那些影响全局振动行为的主导模态与仅引起局部振动的次要模态。

③ 累积归一化模态有效质量:在振动问题研究中常常需要确定哪些模态对整个模型的动力响应贡献最大。这一问题可通过累加各模态的归一化模态有效质量并按频率升序排列的方式来解决。当累加值趋于 1 时,意味着所考虑的前几个模态已经包含了模型内大部分参与振动的质量。这对于进行基于模态的动态分析(无论是瞬态分析还是谐波分析)极为实用,因为此时可以选择足够多的自然模态,如选取使得累积量超过 80% 阈值的前 n 个模态,以充分代表模型在各个方向上的总体振荡特征。

8. 谐波分析

在谐波分析过程中,下面列举的各项结果是可供选择和解析的,它们的表述方式与静态分析和动态时域分析具有相似之处。

(1) 位移

① 绝对位移:表示物体在谐波激励下的实际最大位移量。

② 相对位移:衡量物体相对于其初始位置的变化,通常用于描述部件间相对运动的程度。

(2) 力

① 反作用力:物体因谐波激励而产生的与外部驱动力平衡的力。

② 节点力:指的是在结构力学中,尤其是在有限元分析中,连接点或节点受到的内部力。

(3) 应变

总应变是指材料在谐波载荷作用下的总变形程度,包括线性应变和剪切应变。

(4) 压力

① 柯西应力:反映材料内部任意一点所有可能存在的正应力和剪应力状态平均效果的量。

② 冯·米塞斯应力(Von Mises 应力):衡量材料在复杂应力状态下接近塑性流动的一个强度指标,特别是在动态加载情况下,对应的是最大等效应力阶段。

(5) 速度

物体在谐波振动过程中的瞬时速度变化。

(6) 加速度

物体因受谐波激励而产生的加速度变化。

在谐波分析中,由于外加激励是以固定频率进行的,因此各个物理量均采用复数相量来建模。分析结果可以通过以下两种互补的方式呈现。

① 幅度和相位:这是一种直观的表示方法,显示了物理量的峰值以及该量与所施加的谐波负载之间的滞后或超前关系,相位差以弧度为单位。

② 实部和虚部:这是一种向量的数学表达形式,尽管直接解释实部和虚部并无直接的物理含义,但在计算和数据分析时具有重要意义。然而,出于工程应用和直观理解的目的,推荐优先使用幅度和相位的方式来解读谐波分析的结果。

注意:在默认情况下,Von Mises 应力的结果控制项输出了在给定频率下计算所得的应力分量峰值,并以此为基础提供了一个保守的 Von Mises 应力峰值估值。而 Von Mises 应力(最大相对相位)结果控制项则着重考虑在给定频率下应力分量随相位角变化时经历的最大 Von Mises 应力值。因此,在仿真设置中,若遇到材料阻尼或应力分量具有非零相位角的情形,使用基于最大相位的结果将是更为恰当的选择。

4.13 网格划分

在解决给定仿真问题的过程中,关键步骤是对模拟区域实施离散化处理,这实质上是将一个大规模问题拆分成一系列较小且易于处理的数学子问题。由于直接一次性解决整个连续域的问题既不可行也不高效,故转而通过求解各个细分后的子域来达成目标。这一离散化过程是有限差分法(Finite Difference Method, FDM)、有限体积法(Finite Volume Method, FVM)以及有限元法(Finite Element Method, FEM)等多种数值分析方法的基础。这些方法旨在将连续性方程转化为离散的代数差分方程组。在这个过程中,会形成一系列离散化的点和相互连接的单元,它们共同构成一个覆盖整个仿真区域的网格结构,确保了对该区域进行完整且细致的数字化模拟。

4.13.1 概述

1. 网格设置

在传统的仿真软件流程中,几何模型导入之后,网格划分通常作为紧随仿真设置之后的关键步骤。然而,我们所采取的方法有所创新,即推迟网格划分至所有前期步骤均已完成之时。这样一来,用户无须过早考虑或等待在网格生成阶段配置设置参数或定义边界条件,这些操作实际上可以直接在原始 CAD 模型层面实现,从而提高效率。设置网格是仿真的最后一部分,用户可以更轻松地构建设置,无须等待网格生成,见图 4.67。

2. 常规网格设置

我们矢志于简化网格划分流程,使得用户仅需专注网格精细化程度(及其对模拟结果精确性的直接影响)与所需计算资源(如分配的处理器数量及相应的时间成本)之间的平衡。

我们的平台整合了多种用于生成三维四面体和六面体网格结构的算法。得益于网格划分算法的高度稳健性与广泛适用性,我们的平台不仅提供了自动化处理方案,还提供了手动微调选项,以满足用户在不同场景下的需求。

针对不同的分析类型,系统会自动生成一套标准网格设置预案,该预案适用于大多数应用场景,能够确保用户快速启动并优化其仿真项目。

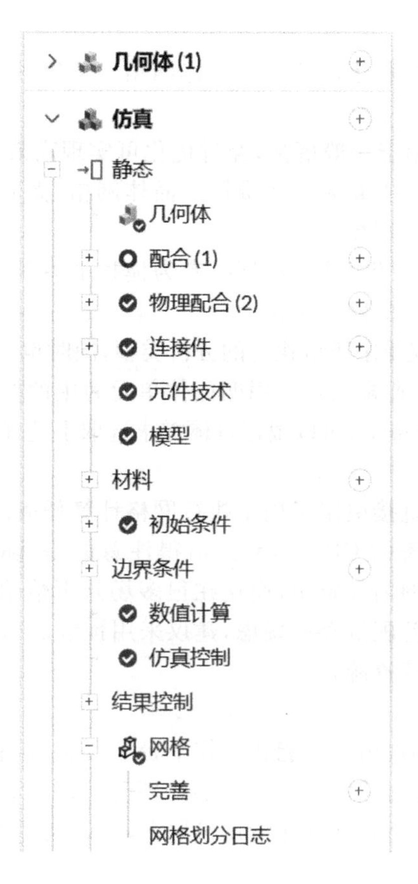

图 4.67　设置网格

网格设置面板如图 4.68 所示。

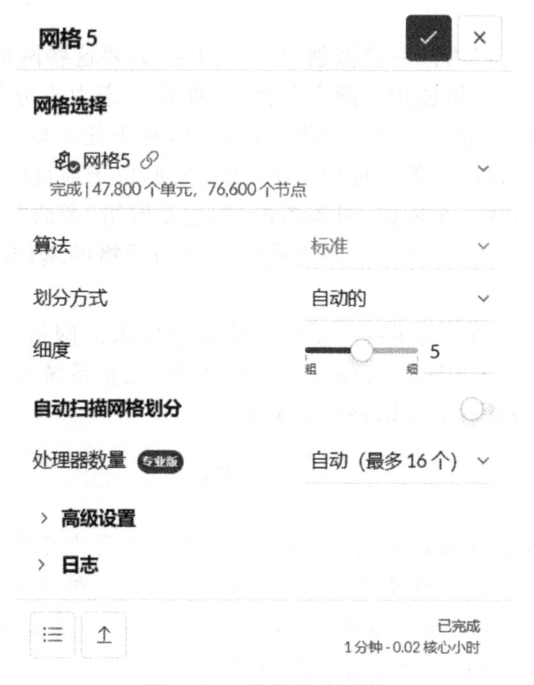

图 4.68　网格设置面板

（1）网格划分算法

平台上的网格配置大多依赖于所选用的具体网格生成算法。目前，我们提供了以下几种定制化的网格划分算法。

① 标准方案（推荐）：适用于一般情况，经过优化可实现高效、稳定的网格生成。

② 六面体主导划分：特别注重构建高质量六面体网格，尤其适合那些对网格结构均匀性和计算稳定度有较高要求的应用场合。

③ 针对亚音速流动分析优化的网格划分：专为模拟亚音速流场而设计，能针对性地生成符合此类流体动力学问题特点的网格结构。

网格划分算法的选择不仅受限于所执行的分析类型，同时也与导入的CAD文件格式紧密相关。例如：在结构力学仿真中，通常限定采用四面体单元为主的标准化网格划分方法；而在大部分计算流体力学（CFD）应用情境下，可以根据具体需求选取上述任一网格划分算法。

（2）处理器数量

处理器核心数量的配置直接决定了用于执行网格计算任务的云计算实例的规模。选定的配置会具体规定计算机所具备的CPU数量。值得注意的是，随着CPU数量的增加，相应的实例通常也会配备容量更大的内存资源，而这在很多场景下恰恰是影响网格划分效率及质量的关键因素。如若对最佳资源配置存有疑虑，建议采用预设的"自动"选项，让系统智能地根据实际需求为您分配合适的计算资源。

（3）网格估计

在正式生成网格结构之前，用户已能在工作平台上预估即将构建的单元格与节点的数量范围，同时也能大致了解所需的总体时间和核心处理时间的消耗情况。这些关键数据均清晰地展示在网格设置面板的顶端和底端（详情请参照图4.68所示的区域）。

（4）网格生成

当所有参数都已设置妥当后，用户可根据个性化需求进一步实施网格细化操作（如图4.67所示），随后只需单击"生成"按钮，即可启动网格生成过程。

3. 网格分配

在同一个项目内，您可以为同一模拟创建多个网格，只要这些网格类型与相应的分析类型相匹配。也就是说，若一个网格适用于静态分析，比如在静态力学分析中构建的标准网格，则同样适用于该项目内的传热分析实例。值得一提的是，对于任一模拟所做的网格方面的修改将自动反映在所有引用了该网格的其他模拟中，无论它们位于项目的哪个部分。

若要在同一仿真中新建一个网格，只需单击"创建新网格"旁的"＋"按钮。另外，您还可以通过选择"从…复制网格设置"选项来复制之前创建过的网格的基础配置，以便快速应用相似的网格参数，具体见图4.69。

在启动仿真运行之前，必不可少的一步是生成符合要求的网格结构，方式有两种：一是用户自行操作，通过简单地单击"生成"按钮实现网格生成；二是系统自动执行网格生成任务，从而确保仿真计算基于最新且有效的网格数据展开。

尽管网格是在特定仿真环境中构建的，但任何生成的网格都具有高度的通用性和可移植性——无论最初在哪种仿真场景下生成，这些网格都能在任何其他仿真配置中被引用和分配。值得注意的是，在复制仿真环境时，系统并不会复制网格本身，而是保持对原始网格对象的引用关系，以确保资源的有效管理和利用。

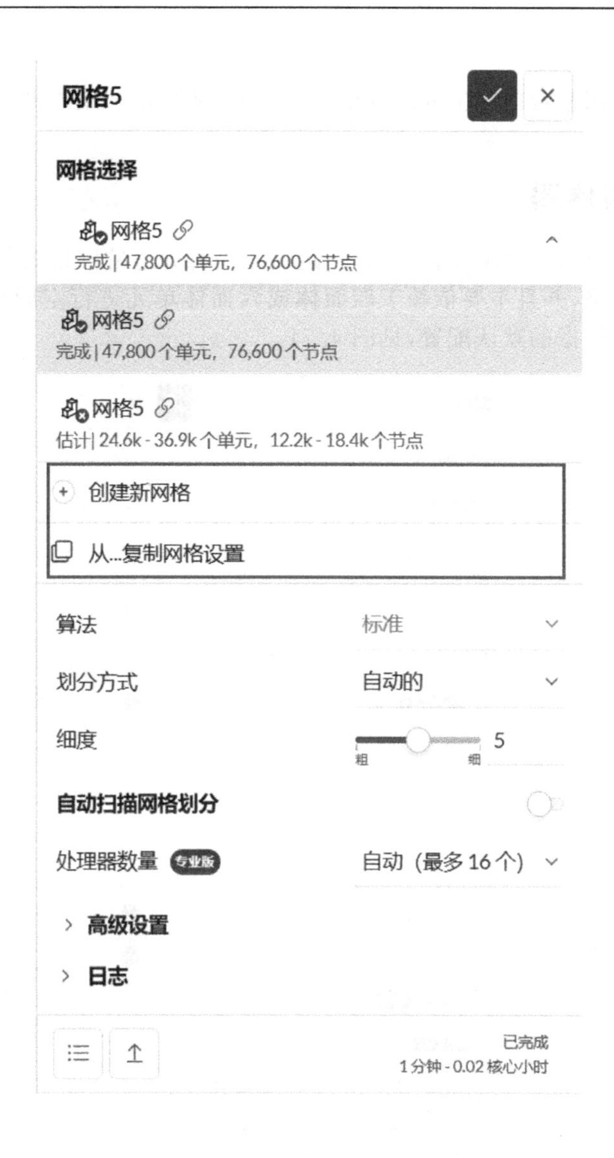

图 4.69　单击“创建新网格”旁边的“＋”按钮并选择“从…复制网格设置”选项

4. 网格质量

如今，我们的平台已实现了可视化检查网格质量的功能，但这仅限于离线环境下的操作。一旦网格生成过程顺利完成，平台便会显示已完成状态符号✔。若要深入了解网格构建的情况，用户只需单击界面上的相关方框选项，即可查阅详细的网格划分日志，见图 4.70。

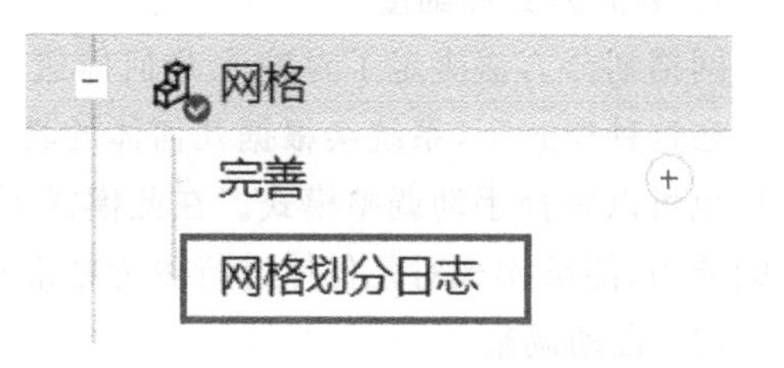

图 4.70　访问网格划分日志

通过网格划分日志，您可以便捷地查阅基础网格信息的各项关键数据，包括但不限于网格的边数、面数、节点数以及棱镜数等核心统计指标(见图 4.69)。

5. 网格上传

除了可以直接使用平台内部生成的网格之外，用户还可以使用外部工具(例如 Salome)创建的网格。

4.13.2 标准网格器

标准网格划分作业采用有限体积法原理，运用了一种先进的网格划分器工具，该工具擅长构建三维非结构化网格，并且主要依赖于四面体或六面体单元进行空间离散化。接下来展示此网格划分器工具所依据的默认配置，见图 4.71。

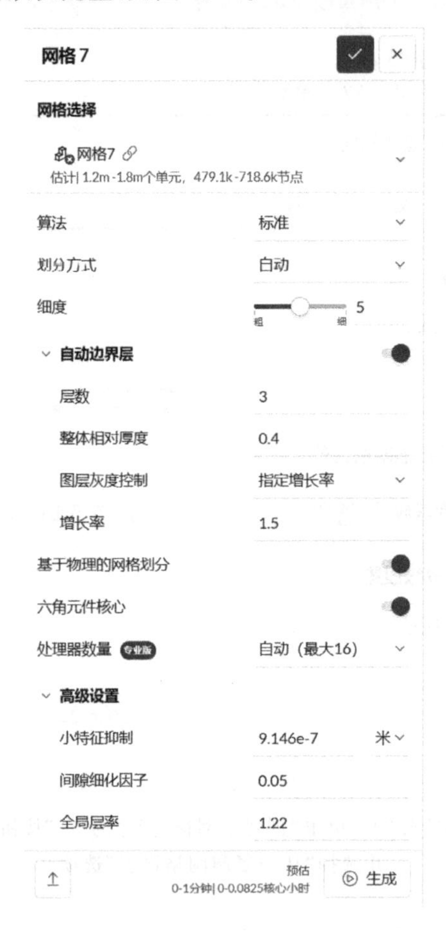

图 4.71 网格设置面板显示标准网格的所有设置选项

1. 划分方式和细度

网格划分方法决定了对输入几何体进行离散化的细致程度。该方法可被配置为自动模式。在这种模式下，系统会根据几何体的具体形态自动优化各个局部区域的离散属性。此外，用户也可以选择手动调整模式。在此模式下，网格划分具备定义网格单元最小和最大边缘长度的能力，能够实现对几何体进行更为精准和个性化的离散化控制。

(1) 自动调整

在采用自动调整模式时，用户仅需设定一个全局网格细度值，系统将依据此参数以及几何特征自动配置其余相关的网格参数。这个全球网格细度值介于 1(非常粗糙)和 10(极其细腻)之间，它决定了组成实体的单元尺寸大小。

采用精细度更高的网格布局有助于提高模型中小尺度几何特征的分辨率，但与此同时，也会增加仿真计算时间和内存需求。一般情况下，推荐初次使用者采用标准设置5（中等），该设置能够在确保仿真结果具有一定准确性的同时控制计算资源的消耗。

在进行网格独立性验证或仿真收敛性研究时，可以进一步细化网格尺寸，以确保仿真结果不受网格尺寸的影响，得到更为精确的结论。

(2) 手动调整

手动调整模式赋予了用户自行设定单元格最大和最小边缘长度的权限，能够使用户精准控制网格尺寸。在调整这两个关键参数后，系统会相应地调整位于二者之间的中间单元尺寸，以保证网格的整体一致性。

对于结构仿真（固体力学）领域，网格的阶数（即机械和热分析时的一阶或二阶精度）在仿真构建流程的“元件技术”设置项中得以明确指定。通过这一设置，用户能够根据仿真需求选择适合的阶数，以确保计算结果的准确性和有效性。

2. 自动边界层

激活此功能后，系统将在CAD模型中应用壁边界条件的表面周围自动生成分层网格单元。这一功能的设置和运作原理与稍后介绍的膨胀边界层功能类似。简而言之，启用该功能有助于在靠近边界条件的区域生成更精细的网格结构，从而提升仿真分析的精确度。

3. 基于物理的网格划分

启用该功能后，系统将依据仿真设置中所提供的关键信息来智能生成网格布局，其中涵盖了材料特性、边界条件以及动量和能量源等额外项目。实质上，在决定网格尺寸分布时，该功能特别重视流体仿真中的核心物理过程。

开启该功能后，实施以下优化措施。

① 在流场入口及出口区域实施精细化网格策略，确保对流体流动的关键界面进行分辨率更高的捕捉。

② 针对壁面附近的边界层进行特殊处理，增强网格分层效果，以准确模拟边界层效应，提高计算精度。

4. 六角形单元核心

在CFD模拟中，默认配置是启用六角形单元核心；而在FEA分析中，默认不启用此功能。一旦激活该功能，网格内部将会采用六面体元素填充，从而实现高效而精确的体积求解。从六面体体积网格向三角形表面网格的平滑过渡则是通过运用金字塔和四面体中间单元来实现的。

在大部分情况下，建议保持当前的默认设置，以确保获得针对不同模拟类型的最优初始配置。

5. 处理器数量

此选项明确了用于构建网格的处理器数量，即核数。通常情况下，大多数网格生成任务都能在配备16核的机器上顺利完成。

6. 高级设置

当高级设置被设为零时，它不会对网格划分过程产生任何影响。然而，在面对极为精细复杂的几何结构时，有三个特定选项显得尤为重要。

(1) 小特征抑制

这一功能旨在忽略网格划分过程中微小的几何表面，实质上是通过对相邻曲面进行合并，以避免在小特征周边进行过度细化。用户可以设定一个最小边长度阈值,只有当几何边长大于该阈值时,网格划分程序才会对诸如细小边缘或狭长面片之类的微小特征进行解析。若将此参数设为 0,意味着系统将尝试对每一个可能导致网格尺寸放大的细节进行精细化处理。

(2) 间隙细化因子

此功能有助于对模型中的小间隙区域进行精确捕捉,例如散热器翅片间的气流区域,甚至是翅片自身的微小间隙结构。

更准确地说,间隙细化因子是指间隙厚度与该间隙内部网格边缘长度之间的比例关系:当该值大于 1 时,它(取整数值)直接对应于跨越间隙的网格单元数量;当该值小于 1 时,它是间隙内单元纵横比的倒数(见图 4.72)。

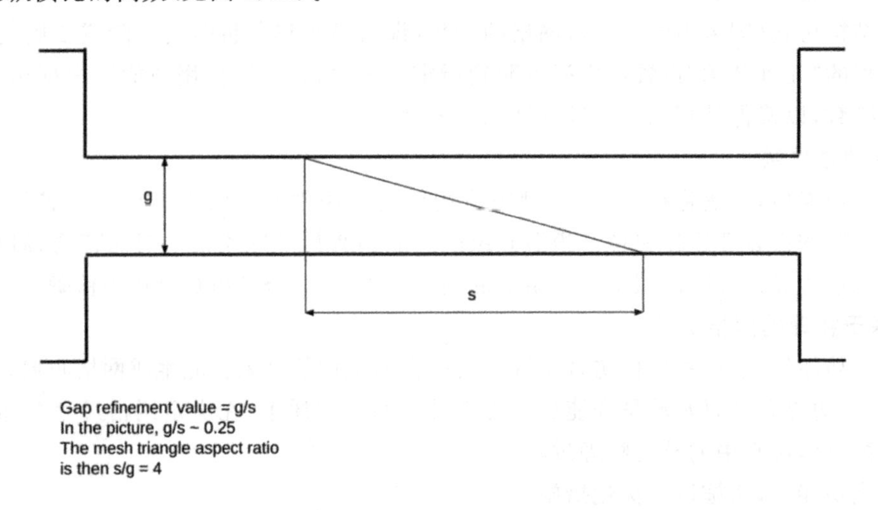

图 4.72　间隙细化因子的示意图

将间隙细化因子默认设置为 0.05 是为了防止在狭窄间隙上生成过于扁平的单元,进而避免因单元质量严重降低而影响计算精度。

然而,该功能并不能严格保证在所有间隙厚度上都恰好生成指定数量的单元格,因为它依赖于算法自动调整,以便在大约相当于设定单元格大小比例的间隙厚度上适当地安排单元格数量。举例来说,当输入值为 1.5 时,理论上会在最窄间隙处形成 1～2 个单元格,但实际上随着间隙厚度的变化,单元格的数量也将随之变化。

以下是一幅稍微倾斜视角下的网格化"间隙"示意图,展示了将间隙细化因子设为 2 时,系统在小间隙厚度中布置单元格的过程,网状"间隙"翅片在其厚度范围内可容纳 2 个单元,见图 4.73。

对于同一网格结构,请关注在保持间隙细化因子恒为 2 的前提下,随着间隙厚度的增加,其间隙内部所包含的单元格数量是如何变化的。正如之前所述,这个细化因子本身并不能保证在任何间隙尺寸下都产生固定数量的单元格,它会受到网格生成器内在约束的影响。为了确保进行均匀且精确的网格划分,必须充分理解和考虑这些内在约束。由图 4.74 可知,随着锥度的增加,将有更多的单元适应不同的厚度。

(3) 全局层率

全局层率是指在计算域内相邻单元尺寸间的比值,它决定了网格从较小单元向较大单元过渡的速率。这一参数可在 1 至 3 之间任意取值,并且其默认值为 1.22。选择此默认值时,能保持单元尺寸平滑过渡与整体网格尺寸之间的平衡。

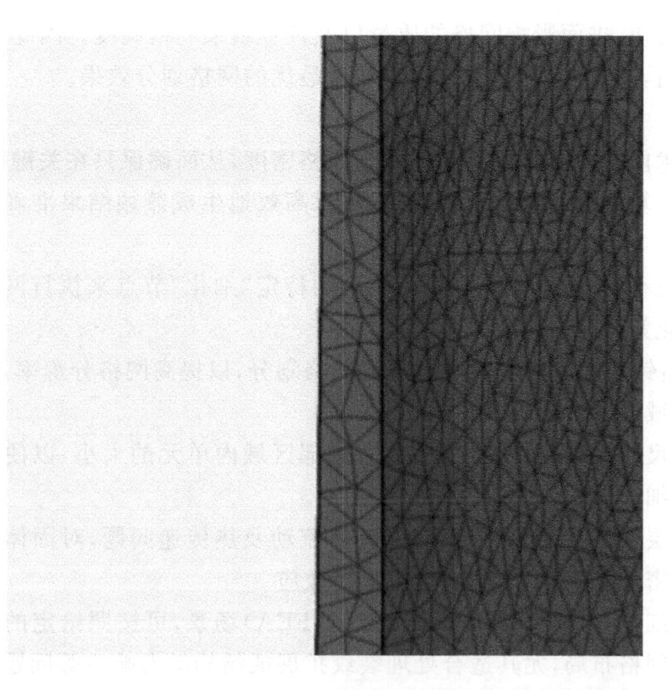

图 4.73 网格化"间隙"示意图

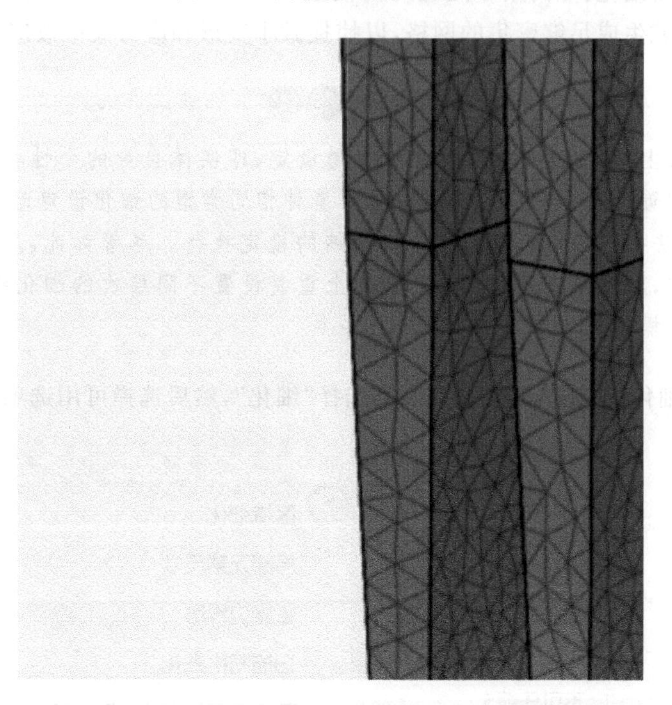

图 4.74 锥度增加后将有更多的单元适应不同的厚度

当全局层率设为 1 时,意味着网格生成过程将会严格保持尺寸上的一致性,从而产生一个全区域内的单元尺寸均相等的、最精细的均匀网格。然而,这样的设置可能会导致最终的网格规模极其庞大。

相反,若选取较大的全局层率值,则会加快网格从小尺寸单元向大尺寸单元转换的过程,即网格尺寸的变化会更快。尽管如此,还是不推荐采用这种做法,因为过大的全局层率可能导致网格尺寸过渡过快,进而影响网格的质量以及计算结果的精确度。因此,在实际应用中应谨慎调整全局层率值,避免出现极端情况,以实现最优的网格划分效果。

7. 网格细化

网格细化技术能够在必要位置局部增强网格密度,从而确保只在关键区域提高计算精度,同时节省整体的计算资源。通过这种方式,可以高效地生成兼顾结果准确性和计算效率的定制化网格结构。

在网格构建流程中,可以在网格树结构中的特定"细化"节点来执行网格细化操作。目前系统支持多种细化策略,具体如下。

- 区域细化:针对指定的空间区域进行网格划分,以提高网格分辨率,满足复杂几何特征或关注区域的高精度要求。
- 局部元素尺寸控制:允许用户自定义局部区域内单元的大小,以便对具有特殊物理性质或重要细节的部位进行针对性细化。
- 膨胀边界层细化:特别适用于模拟流体流动及热传递问题,对固体壁面附近区域自动施加更细密的网格,以准确捕捉边界层效应。
- 扫描网格细化:当前仅限于有限元分析(FEA)场景,可按照给定的扫描路径或特征方向精细化网格布局,尤其适合处理裂纹扩展或结构动态响应等问题。
- 薄截面网格细化:专门用于处理几何模型中存在薄壁或薄片结构的情形,确保在这些薄截面区域生成足够密集的网格,以捕捉微小变形和应力集中效应。

在实体层级上,本地设定始终优先于全局设定,即实体自身的个性化配置会无条件覆盖通用的全局配置。当针对同一实体应用了多种相同类型的细化设定时,即使它们被分配的顺序各异,算法也会自动选取其中最为精细的设定执行。尽管如此,从逻辑清晰和易于管理的角度出发,建议尽量避免在同一实体上重复设置不同层次的细化级别,以免引起混淆或潜在的冗余操作。

要应用网格细化,请在仿真树的网格下选择"细化",然后选择可用选项,见图 4.75。

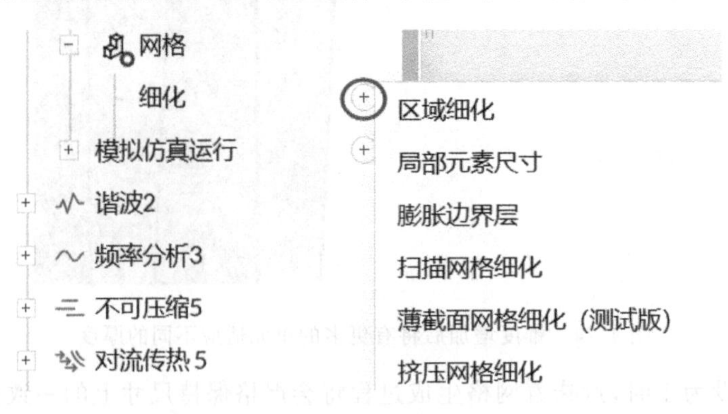

图 4.75 网格细化

(1) 区域细化

区域细化功能旨在对用户指定的一个或多个体积区域内的体积网格进行精细化处理。该功能适用于体积、由拓扑实体组成的体积集合以及几何基元。在标准网格划分器中,区域细化提供了两种主要模式：内部细化和距离细化。

① 内部细化：在选定的体积区域内，将所有体积网格单元统一细化至用户指定的最大单元边缘长度。这意味着在该区域内，网格划分将变得更加密集，这样能确保单元尺寸不超过预设的最大值，从而提高仿真分析的精确度。使用内部细化模式的区域细化设置如图 4.76 所示。

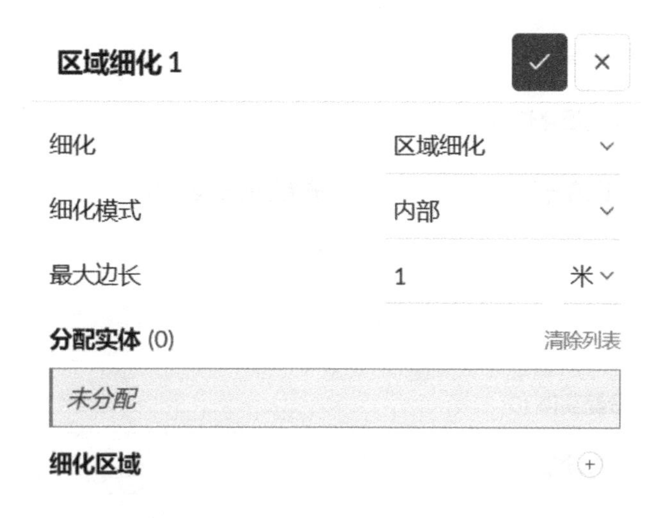

图 4.76 使用内部细化模式的区域细化设置

区域细化功能会对您所选定范围内的所有内容进行精细化处理。因此，在同时指定了体积和几何图元时，需要注意这两者之间的重叠部分。

若所分配的几何图元完全位于所分配的体积内部，则体积范围的细化设置将涵盖这部分几何图元。这意味着，若您仅打算对体积内部的特定区域进行精细化，应当只使用几何基元进行精确指定，而非分配整个体积范围。这种方式能够确保仅针对所需的特定区域进行网格细化操作。

② 距离细化：基于与指定体积表面之间的距离，距离模式能够实现网格单元的逐级细化。该模式支持为多个不同距离设置不同的细化级别。其中的关键在于，距离最近区域的网格单元应当具有最小的最大边长尺寸，换言之，随着距离体积表面越来越远，网格单元的最大边长需相应增大。表格中条目排列的先后顺序不影响最终结果，重要的是确保边缘长度随着距离的增加而有序递增，见图 4.77。

上述提及的两种细化方法均可设定最大边长的参数。网格划分算法经过精心设计和优化，能够确保在 CAD 模型上具有更高细节复杂度的特征区域获得恰如其分的网格尺寸，从而实现精确的模拟和计算。

(2) 局部元素尺寸控制

该算法应用于 CAD 模型的表面区域，通过输入网格元素的最大边长，以实现表面网格的相对均匀分布。当遇到网格质量限制或遇到复杂的几何细节时，该算法会自动应用更为精细的尺寸划分，以确保网格生成的质量和准确性。

区域细化 1
细化 区域细化
细化模式 距离
距离细化长度 米
距离[米] 最大边缘长度[m]
0 1
分配实体 (0) 清除列表
未分配
细化区域

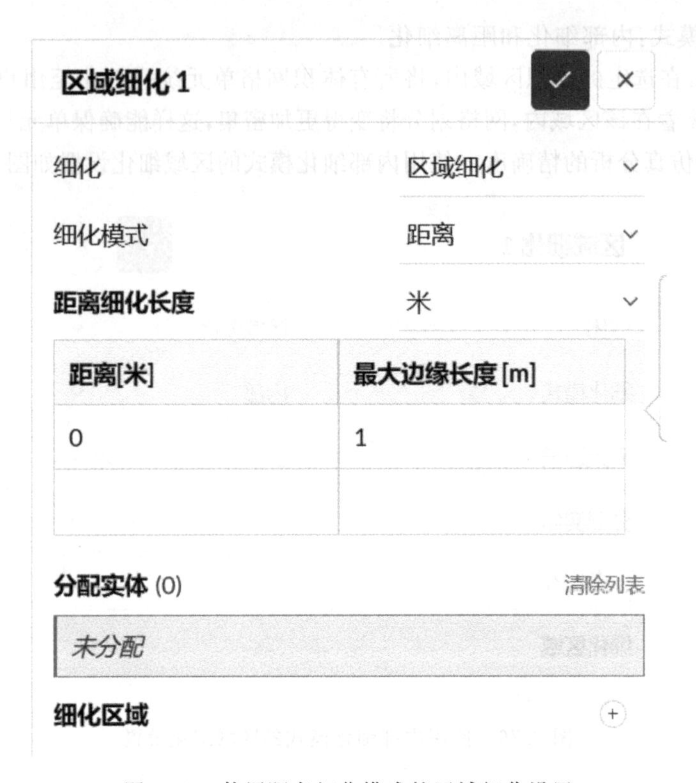

图 4.77 使用距离细化模式的区域细化设置
（最细的单元大小对应细化表中的最小距离）

（3）膨胀边界层细化

该功能旨在构建一个与指定几何面精确对齐的体积网格结构，其中包含棱柱形单元。值得注意的是，该功能只能针对几何域中的特定表面执行细化操作。这一特性特别适用于精细化处理边界层，目的是增强该区域的分辨率和精确度。启用此功能时，需要用户提供四个关键参数作为输入设置，见图 4.78。

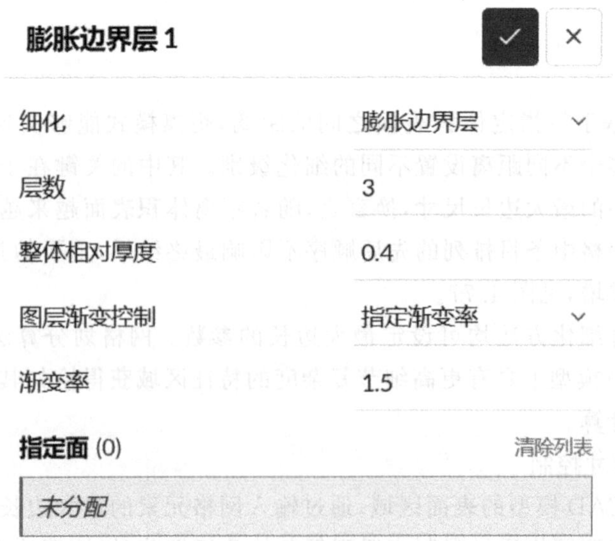

膨胀边界层 1
细化 膨胀边界层
层数 3
整体相对厚度 0.4
图层渐变控制 指定渐变率
渐变率 1.5
指定面 (0) 清除列表
未分配

图 4.78 可以在边界层设置中更改多个选项（建议使用默认值）

① 层数：用于确定将要添加的总层数。

② 整体相对厚度：用于设定与边界层相邻的表面网格单元的厚度以及所有叠加层的总体相对厚度。该值不得低于0.25，以确保足够的分辨率和计算稳定性。整体相对厚度是所有边界层的长度（黑色箭头）和与边界层相邻的第一个单元的尺寸（灰色箭头）之比，见图4.79。

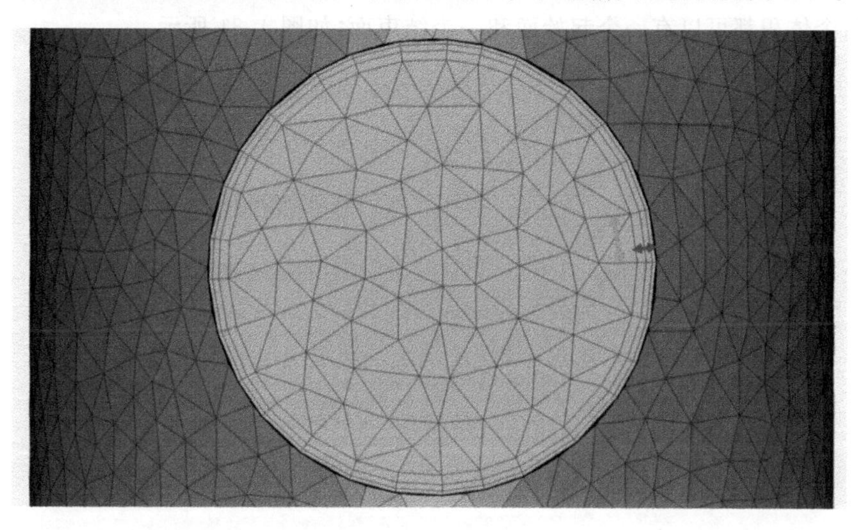

图4.79 整体相对厚度

③ 图层厚度渐变控制参数有渐变率和首层厚度。

- 渐变率设定：用于定义相邻层网格单元尺寸之间的相对增长率。例如，若设置为1.5，则意味着每一层与相邻层相比，厚度将增加50%。
- 首层厚度设定：用于精确指定贴近壁面的第一层网格单元的绝对高度，以确保对边界层起始区域实现精确的尺寸控制。

（4）自动扫描网格划分

此网格划分策略会自动应用结构化网格技术，但仅限于有限元分析（FEA）仿真场景。启用该选项后，将会展开一个初始折叠状态的下拉菜单，其中包含了与扫描网格划分相关的各种设定项。在该菜单中，用户可以设置以下选项。

① 最大层数：限制沿着扫描方向生成的网格层数，上限可自定义设置，默认值为500。

② 最小层数：同样用于限制网格层数，但设置的是下限，默认为2层。

③ 表面元素类型：提供四边形单元（默认选项）或三角形单元供用户选择，用以指定扫描区域内所有起始和结束面上的元素类型。

启用自动扫描网格划分选项的网格设置面板如图4.80所示。

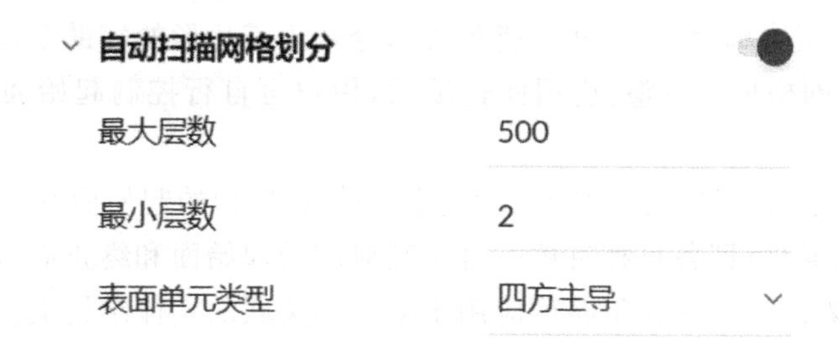

图4.80 启用自动扫描网格划分选项的网格设置面板

(5) 扫描网格细化

当前,这一细化功能专为固体力学分析应用场景设计,通过采用棱柱型层状网格的方式对特定体积区域进行细致划分,从同一几何体积的初始面开始,一直延伸至其终止面。请留意,应用这一功能的前提是所处理的实体必须具备能够被完整地扫掠划分的特性。分配给扫描网格细化的每个体积都可以有一个起始面和一个结束面,如图4.81所示。

图4.81　扫描网格细化

在配置过程中,请按照以下步骤进行具体设定。

① 扫描尺寸配置:用户可选择性地指定沿扫描路径的元素数目或单个元素的厚度,这些参数共同决定了从起始面至终止面之间形成的棱柱层数量。例如,在如图4.81所示的案例中,在y轴方向上已经设置了总计80个连续的棱柱层。

② 表面单元类型选择:通过这一选项,用户可以自定义在起始面和终止面上生成的单元样式。在"三角形模式"下,形成的网格单元是底部为三角形的棱柱体;而在"四边形优先模式"下,网格结构将以六面体单元为主,并可能包含部分基于三角形的辅助单元。

③ 起始与终止网格尺寸调整:启用此选项后,用户可自行控制起始面和终止面上单元格的最大边长。

④ 明确界定起止面:用户需明确指出属于同一物理体积的起始面和终止面。值得注意的是,多个实体若满足条件(即各自拥有单一且相互对应的起始面和终止面),则可共享同一细化过程设置。这意味着同一个细化策略可应用于多个相关联的实体结构上。

(6) 细薄部分网格细化

细薄部分网格细化方法特别适用于几何结构中的局部区域(尤指薄壁结构)。相较于扫描网格划分法,该方法的一大特点在于其起始面和结束面的选取不必严格遵循一对一对应关系,只需保证在薄壁方向上存在相连的线性路径即可。此外,细薄部分网格细化方法更灵活,既可以用于全面填充某一几何区域,也可仅针对特定区域实施部分网格细化处理。

细薄部分网格细化的设置面板如图 4.82 所示。

图 4.82 细薄部分网格细化的设置面板

在设置过程中,可配置以下参数。

① 单元数量:确保分割的网格在起始面与结束面之间等间距分布。

② 表面单元类型:允许用户选择生成纯三角形单元或以四边形为主的面网格结构。

③ 自定义起始/结束网格尺寸:启用此选项后,用户可为特定网格区域设定目标网格尺寸,从而覆盖全局设置。

④ 最大边长限制:用于指定表面细化所追求的目标网格尺寸。

⑤ 起始面与终止面:定义网格细化的边界范围,即挤出操作的限制面。若某一几何区域内存在多个相关的起始面和终止面,用户可以任意选择其中一个组合。

需要注意的是,对于每一个几何区域,仅能进行一次细化网格划分操作。通过细薄部分网格细分进行网格划分的零件如图 4.83 所示。

8. 单元区域

单元区域是一种由相关联单元组成的集合体,它是 CAD 模型内在结构的一部分,在将模型集成到工作平台之前就已存在。单元区域旨在赋予其包含的单元子集特定属性,比如识别

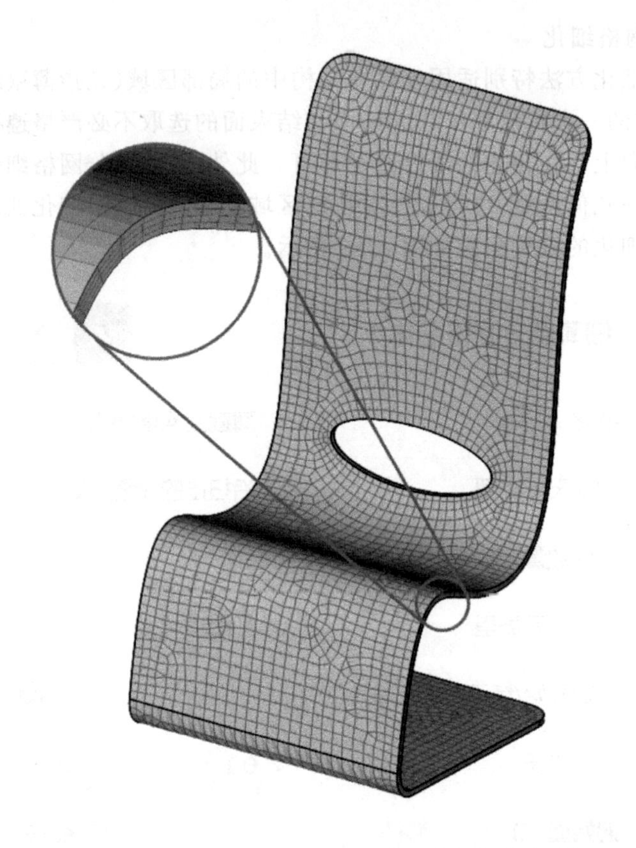

图 4.83　通过细薄部分网格细化进行网格划分的零件

为旋转区域(采用多参考框架技术或任意网格接口),或者定义为动量传递源、能量源、多孔介质流动区域,甚至作为无源标量场的源头。此类针对单元区域属性的精细化设定功能仅在基于物理的网格划分方法被禁用时才得以显现和应用,见图 4.84。

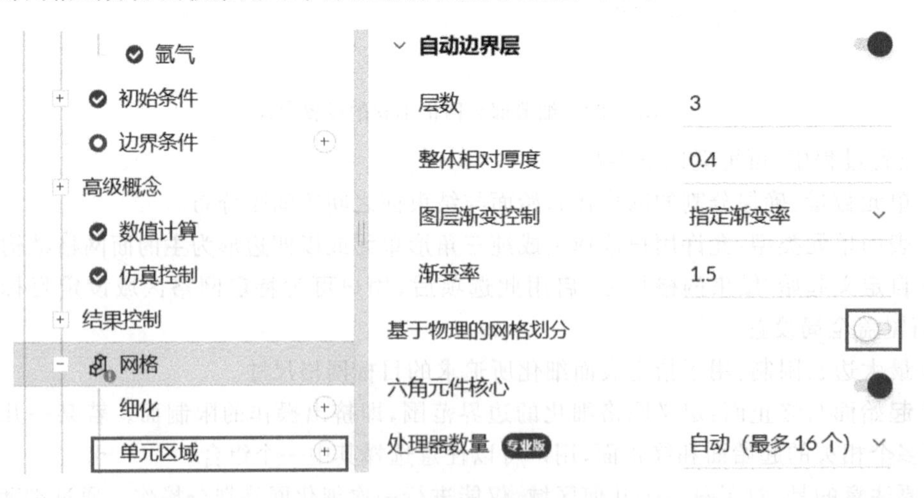

图 4.84　单元区域功能

启用基于物理特性的网格划分功能后,用户无须手动创建独立的单元区域,因为系统会自动完成这一处理过程。这极大地节省了时间,否则用户可能需要耗费大量精力去逐个建立单元区域,特别是在面临需要创建很多单元区域的情况下。通过自动处理机制,用户得以从烦琐的手动操作中解脱出来，提高了工作效率，工作流程更流畅。

4.13.3 六面体主导网格划分

当前主导的六面体主导网格划分操作依托于 SnappyHexMesh 技术，这是 OPENFOAM® 开源 CFD 软件套件中的核心网格生成组件。此工具专门用来构建由标准六面体（Hexahedral）元素及细分六面体（Split-Hexahedral）单元构成的复杂三维非结构化或混合型网格。

在实际应用中，首先要将一个初始的基础网格作为参照框架，将其精准地投射并适配到目标几何体上。值得一提的是，SnappyHexMesh 允许用户在极高的灵活性下对网格细化进行设置，无论是边缘（Edge）、表面（Surface），还是内部（Internal）或外部（External）的体积区域，用户均可依据具体需求来确定不同的网格密度，从而实现对关键几何特征的精确捕捉，并确保最终生成的网格具有良好的性能。此外，SnappyHexMesh 还全面支持并行计算环境下的负载均衡，在每一次迭代过程中都能有效分配计算资源，进而大幅度提高网格划分的效率与准确性。

1. 六面体主导自动

若欲采用六面体主导的自动化网格划分策略，请选择"六面体主导（CFD 专用）"这一选项。该模式专为 CFD 应用设计，通过最大限度简化六面体主导自动参数化过程，将用户需要配置的参数集合减至最少，并智能地根据 CAD 模型域自动填充余下设置，以实现高效网格生成。

利用这种六面体主导自动操作，用户可以迅速得到适用于 CFD 初步分析的快速网格。而对于需要深入分析的情况，六面体主导自动参数操作则提供了调整所有参数的选项，以供用户针对特定问题进行网格优化与微调。

（1）划分方式

网格划分模式决定了网格生成器构建网格的具体方式和位置。在内部网格划分过程中，网格被精确地置于几何主体的内部区域，尤其是在 CAD 模型包含多个相连实体时，网格生成器会力求构造满足共轭传热计算需求的多区域网格结构。例如，在电子冷却模拟中，内部网格划分是首选方案，它通常适用于那些 CAD 几何体已经完整表达目标流体区域的情况。

相比之下，外部网格划分则着重在实体外部生成网格结构，其整体尺寸受到背景网格框架的约束，这个框架可在网格树状结构中作为几何基本元素。外部网格划分常用于空气动力学模拟，例如分析汽车或建筑物周围的气流特征。

此外，为了从复杂的 CAD 几何体中精准界定并提取流体占据的体积区域，还有一种有效途径是运用流体体积提取功能，这种方法能够自动识别并分离出流体域边界，以便进行后续的网格划分与仿真分析。

一般而言，对于流动分析，推荐设置上游区域的长度至少为对象参考长度的 2～3 倍，而下游区域的长度则设置为对象参考长度的 6～8 倍。同时，横向范围也应当保持在参考长度的 2～3 倍，以确保充分涵盖可能影响流动特性的空间尺度。

在网格生成设置中，"材质点"选项用于指示在计算域内部何处布置网格节点，这些节点将作为构建网格结构的基础。网格将自这些材质点开始向外扩展，直至覆盖整个主体边界。在网格树结构的"材质点几何体"元素中，用户可以对材质点的具体位置进行定义和调整，从而实现对网格布局的精细控制。

(2) 尺寸和细度

尺寸在流体动力学模拟或其他数值模拟中起到了关键作用,它决定了对输入几何模型进行离散化的精细程度。尺寸控制具有两种主要模式:自动调节与手动调节。

对于自动调节模式,系统可以根据几何形状的内在特征自动估算并适应局部网格尺寸,用户仅需设定一个全局网格细化级别。该级别将作为一个基准,决定整体上各个实体的基本特征元素尺寸,其取值范围通常是从1(表示非常粗糙)到5(表示非常精细)。采用较高的精细等级将能更好地捕捉微小几何特征,但也会相应地增加仿真运算所需的时间及内存资源。默认设置为2(粗略),这一设置在多数情况下能够实现较好的平衡,兼顾了模拟结果的准确性与计算资源的合理利用,适合初步试验阶段。若需要进行网格无关性或收敛性验证研究,则可在后续步骤中进一步细化尺寸设置。

手动调节模式赋予了用户全面掌控网格单元尺寸分配的权限。在这一模式下,用户可精确指定网格单元的全局最小和最大边长限制,这为精细化模拟提供了灵活且具有针对性的定制手段。通过细致的手动调整,用户能够针对具体问题的关键区域进行更精准的网格划分,从而优化整体的模拟效果。

2. 高级设置(参数)

除了自动执行的六面体主导(仅适用于CFD)网格生成算法之外,还有一种称为六面体主导参数化(同样仅适用于CFD)的方法可供选择。这种参数化方法借鉴了OpenFOAM软件中的原生工具"SnappyHexMesh",向用户开放了一系列底层参数,以便用户对网格划分过程进行更加精密的操控。在该参数化模式下,您可以为任何复杂的几何形态创建高品质的六面体主导型网格结构,并且可以选择性地对边界层进行细化处理。

① 六面体主导参数的核心配置:这部分深入阐述了用户在进行网格划分时必须配置的一系列关键参数。这些基础设置直接关系到网格生成的整体质量及效率,通常普通用户仅需关注和调整这些基本参数即可。

② 六面体主导参数的高级选项:这部分对高级设置进行了简要说明。对于一般用户而言,建议保持默认值,因为默认设置通常是经过优化的最佳实践。然而,在特定的网格构建任务中,特别是当面临特殊要求或挑战时,用户可根据实际需求调整这些高级参数,以实现更为精细的网格定制。

请注意,所有使用SnappyHexMesh工具实施的操作均会产生混合型多面体网格结构,这类网格包含了各种非正则形状的单元元素。正因为此特性,此类网格构造不适用于有限元法(Finite Element Analysis,FEA),而是专门为采用有限体积法(Finite Volume Method,FVM)的求解器设计,如著名的OPENFOAM® 软件。换句话说,SnappyHexMesh生成的网格专门针对像OPENFOAM这样的基于有限体积法的CFD求解器,而不适用于那些依赖于规则网格结构的有限元分析。

3. 网格细化

网格细化技术可针对性地实现局部网格的精细化或粗化处理,确保仅在实际需求的关键区域增加网格密度。这一技术兼顾了计算结果的精确度和计算资源的合理利用,有助于构建高效能的网格布局。

要应用网格细化功能，可通过网格树结构中的“细化”节点来加以配置。当前系统支持多种细化类型，包括但不限于特征细化、区域细化、表面细化、层细化等。

对于细化设置，本地层级上的具体配置优先于全局设定，即它将覆盖实体所对应的任何全局细化属性。值得注意的是，若在同一实体区域内重复定义了相同类型的多个细化操作，则可能导致相互矛盾和冲突，故在实际操作时应当尽量避免此类情况发生。

(1) 特征细化

特征细化是一种专门针对几何体关键特征边缘的细化方法，其作用对象是那些相连曲面法线夹角小于150°的所有边缘，这些边缘会被识别并选取进行精细化处理。

细化过程涉及两个核心参数：距离和长度。在细化过程中，系统会逐渐细化边缘及其邻近表面网格，直至达到与所提取边缘在全方位上的预设最小距离标准为止。同时，长度参数则用来规定细化后单元边缘的理想尺寸。

当采用六角形自动网格划分方式时，系统默认包含了特征细化机制。用户可以通过调整细化设置来满足特定需求，从而对默认的特征细化行为进行优化和个性化定制。

(2) 区域细化

区域细化功能专为细化用户指定的一个或多个体积区域内的体积网格而设计，适用对象包括CAD实体以及用户自定义的几何基元。在此功能中，用户可选用以下三种细化模式之一。

① 内部细化：针对选定的体积内部的所有体积网格单元，将其细化至预设的单元边缘长度。

② 外部细化：对选定体积周围的外部体积网格单元进行细化，使之达到指定的单元边缘长度。

③ 距离细化：根据网格单元到指定体积表面的实际距离来进行分级细化。此模式允许用户针对多个距离层级设置不同的细化级别，注意，需按照由近至远的降序方式设置距离参数。

(3) 表面细化

表面细化技术专门针对几何体特定表面的网格单元进行精细化处理，用户可以选择对特定几何面或者整个实体进行细化操作。一旦选择了实体，细化将自动应用于该实体的所有表面。此外，表面细化还能实现将相关单元组合成单元区域的功能。

在进行表面细化时，需要设定两个细化级别参数，分别是最小单元边缘长度和最大单元边缘长度。首先，系统将在所有指定的表面上应用最大长度的细化标准；然后，只有在法线夹角大于30°的区域，才会进一步细化至最小单元边缘长度。因此，在以下情况下，系统只会执行第一步的细化：平坦表面；法线夹角小于30°的曲面。

建议根据最小表面尺寸设置适宜的最大细化水平，以确保单元尺寸的合理性。

默认情况下，创建单元区域的功能是未激活的。若要创建单元区域，需要将封闭实体分配给表面细化，并启用单元区域选项。若操作成功，该实体所包围的所有单元将被归类到同一个单元区域。

在创建的单元区域中，还需要为每个单元子集分配特定属性，如定义为旋转区域(如多参考框架或任意网格接口)，或者动量源、热源、被动标量源等。在面对STL格式的几何体时，用户还可以通过分配闭合实体面的列表来创建单元区域。

表面细化功能在遇到几何边缘特征细化时，将受到特征细化的优先覆盖，直至达到特征细化所指定的距离为止。这意味着在几何体边缘特征细化范围内，表面细化的效果将被暂时替代，以确保在特征区域得到更为精确的网格划分。

(4) 层细化

层细化功能将在所有指定的几何表面添加实体网格，其中单元格与表面保持对齐。该功能仅适用于对几何域中的特定表面进行细化操作。进行层细化时，需提供以下四个关键参数。

① 层数：要添加的总层数。

② 膨胀率：各连续层之间的增量的增长幅度，数值越大，相邻层之间的高度差异越大。

③ 最小厚度：所有层叠加起来的最小厚度。如果累积厚度低于此设定值，那么在未达到最小厚度的区域将不再添加新的层。

④ 第一层厚度：紧贴表面的第一层网格的厚度(高度)，这一厚度是相对于细化后相邻实体单元尺寸进行设定的。

在实施层细化时，新的层网格将插到表面与首个实体单元层之间。为了确保网格扭曲程度较小，建议总的层网格厚度不超过首层实体单元层厚度的一定比例，以维持网格质量及计算稳定性。

4.13.4 网格质量

下面探讨网格质量的含义及其在仿真计算中的地位。由于网格仅是实际几何形状的近似模拟，所以其密度和品质对仿真结果的精确度和稳定性具有决定性的作用。

网格质量评估旨在量化离散化计算域(即网格)对于特定仿真的适宜程度。通常认为，若一个网格在提高收敛速度、稳定性或精度方面表现较好，而对其他相关因素并无负面效应，则认为该网格质量较高。简而言之，优质的网格应能在确保计算效果的同时，有效地平衡各项性能指标，从而使仿真结果达到最优。

1. 网格质量指标

我们可以借助一系列指标来评价网格的质量，这些指标揭示了网格单元形态与理想单元形态间的偏离程度。接下来，我们详细介绍一些常用的衡量网格质量的指标。

(1) 纵横比

简而言之，纵横比衡量的是网格单元最长边与其最短边之间的长度比例关系。理想的纵横比应为1，此时单元呈完美的正方形或立方体形态。纵横比的计算方法会因单元类型的差异而有所不同，具体如下。

对于六面体单元，其纵横比指的是单元体中最长边与最短边之间的长度比例关系。具体地，六面体单元的纵横比是指该单元内部任意选取的最长边与最短边的比值：

$$\text{Aspect Ratio}=\frac{\max(x_1,x_2,\cdots,x_{12})}{\min(x_1,x_2,\cdots,x_{12})}$$

四面体单元的纵横比与该单元内部能容纳的最大球体的直径和半径密切相关。具体而言，四面体单元的纵横比是其内部嵌入的最大球体的直径与该球体的半径的比值：

$$\text{Aspect Ratio}=\frac{\max(x_1,x_2,\cdots,x_6)}{2\cdot\sqrt{6}\cdot r}$$

不同单元类型的纵横比如图4.85所示。

(2) 非正交性

非正交性度量的是两个相邻单元中心连线与它们共享界面的法线之间的夹角。非正交性指夹角在0°(理想状况)到90°(最劣状况)之间浮动。若非正交性为0°，则表明网格是正交的，即所有单元完全垂直。例如，两块完全对齐且相互平行的完美六边形单元之间的非正交性即

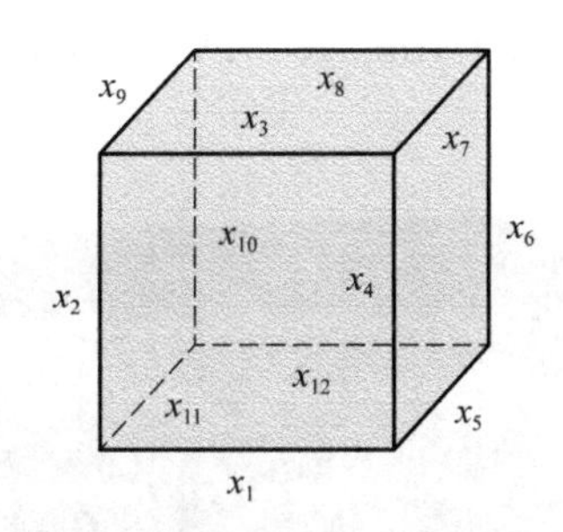

(a) 纵横比为1的六面体单元

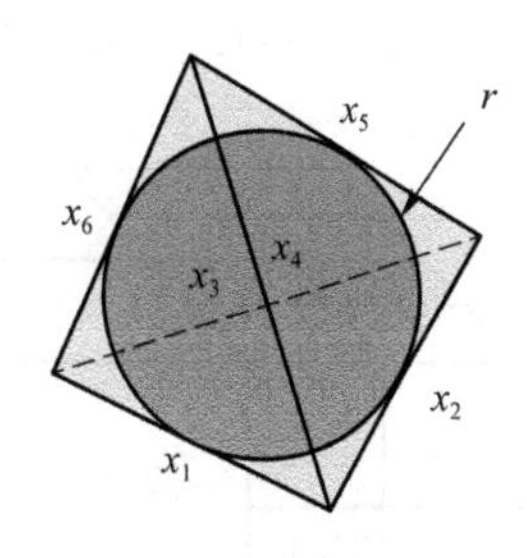

(b) 纵横比为1的四面体单元

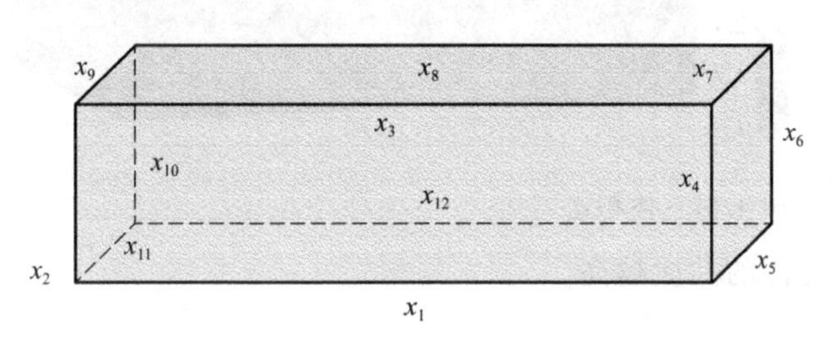

(c) 纵横比为4的六面体单元

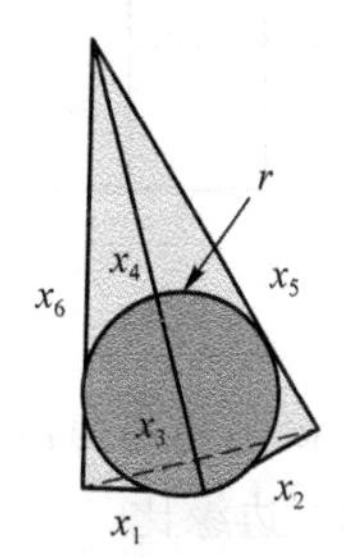

(d) 纵横比为4的四面体单元

图 4.85　不同单元类型的纵横比

为 0°。基于单元质心和共享单元面的非正交网格质量度量的表示如图 4.86 所示。

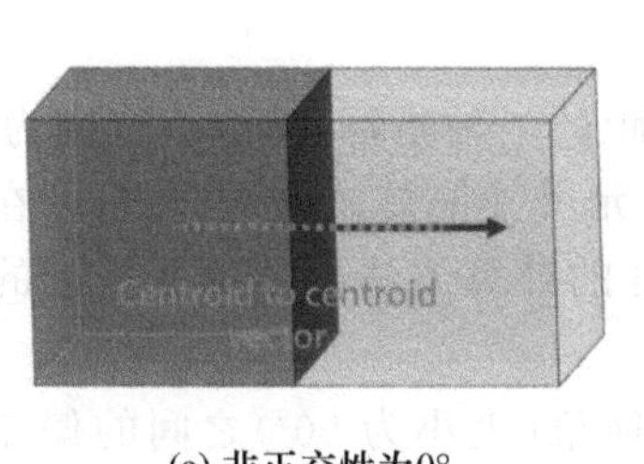

(a) 非正交性为0°

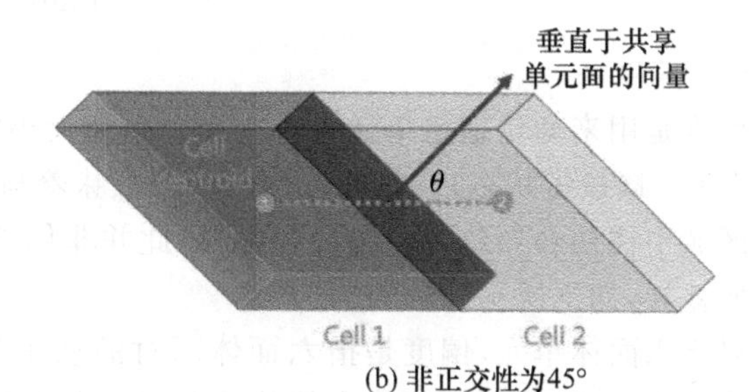

(b) 非正交性为45°

图 4.86　基于单元质心和共享单元面的非正交网格质量度量的表示

应极力避免高水平的非正交性，因为它往往会导致数值计算不稳定。在这种情况下，收敛时间会明显延长，甚至有可能完全无法收敛。

建议将非正交性控制在 70°以下，以维持计算的可靠性和稳定性。当非正交性超过 80°时，应考虑优化和改进网格结构。值得注意的是，若网格的最大非正交性超过了 85°，模拟结果很可能会出现较大偏差，甚至无法准确反映实际情况。

(3) 体积比

体积比是一个用于衡量相邻单元体之间体积差异的重要指标。考虑体积为 V_1 和 V_2 的两个相邻单元，体积比计算如下：

$$\text{Volume Ratio}=\frac{\max(V_1,V_2)}{\min(V_1,V_2)}$$

实际上，单个单位被多个相邻单位包围。由于体积比有多个，所以我们将最大体积比视为单元的体积比。体积比是相邻单元尺寸的函数，如图 4.87 所示。

$$\text{Volume Ratio}_i = \max(\text{Volume Ratio}_{j=1}, \text{Volume Ratio}_{j=2}, \cdots, \text{Volume Ratio}_{j=n})$$

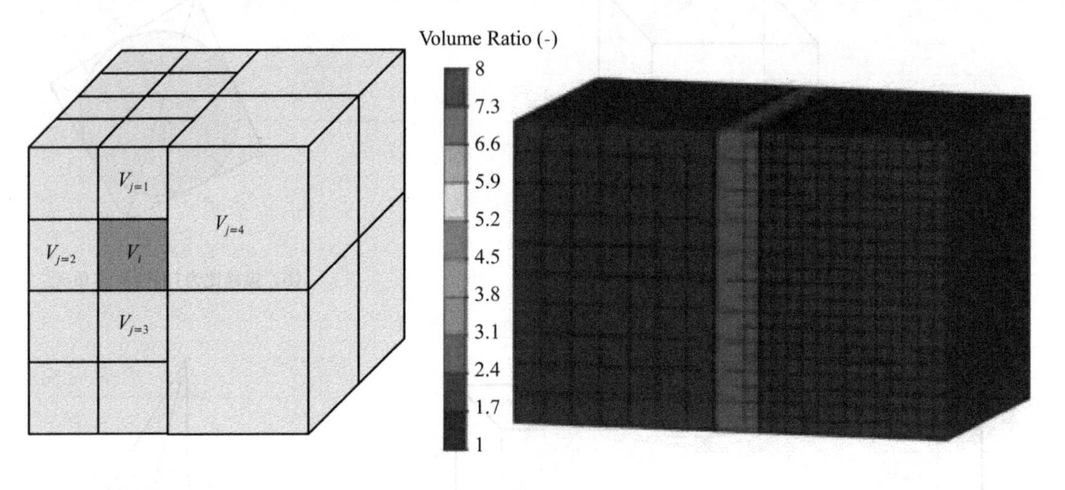

图 4.87　体积比

体积比的理想值为 1，且值越小，元件的品质越高。

(4) 边缘比

四面体单元的边缘比是衡量其内部最长边与最短边之间长度比例的网格质量指标，仅适用于四面体单元。用 x 表示单元的边缘长度，则边缘比计算如下：

$$\text{Tetedge Ratio} = \frac{\max(x_1, x_2, \cdots, x_6)}{\min(x_1, x_2, \cdots, x_6)}$$

(5) 偏度

偏度是用来衡量理想单元大小与实际单元大小之间差距的一种指标，其取值范围为 0(理想状态)到 1(最劣状态)。偏度较高的单元意味着与理想单元尺寸偏差较大，这类单元在插值计算区域中往往会导致计算精度较低，因此并非优选。偏度的计算方法会因单元类型的不同而有所差异，如下所示。

对于六面体单元，偏度是指六面体面对的顶角与理想顶角(大小为 90°)之间的偏差。若要计算偏度，只需找到六面体内部的最大和最小角并按以下等式进行分配：

$$\text{Skewness} = \max\left(\frac{\theta_{\max} - 90°}{180° - 90°}, \frac{90° - \theta_{\min}}{90°}\right)$$

对于四面体单元，偏度是指理想实体与细胞实体相对于理想实体之间的偏差之比。四面体单元的理想实体计算如下：

$$V_{\text{ideal}} = \frac{8 \cdot \sqrt{3} \cdot R^3}{27}$$

它与单元外部的最大边缘长度和半径相关。

$$\text{Skewness} = \frac{V_{\text{ideal}} - V_{\text{cell}}}{V_{\text{ideal}}}$$

不同单元类型的偏度如图 4.88 所示。

建议将偏度保持在 0.5 以下。如果平均偏度高于 0.33 或最大偏度高于 0.85，请考虑细化网格。

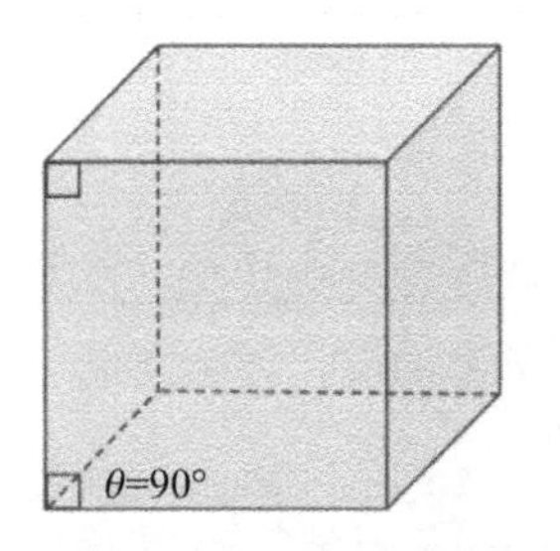

(a) 偏度为0的六面体单元

R

(b) 偏度为0的四面体单元

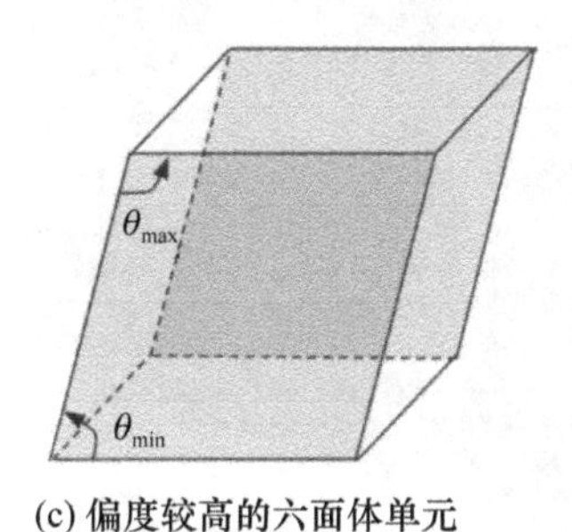

(c) 偏度较高的六面体单元

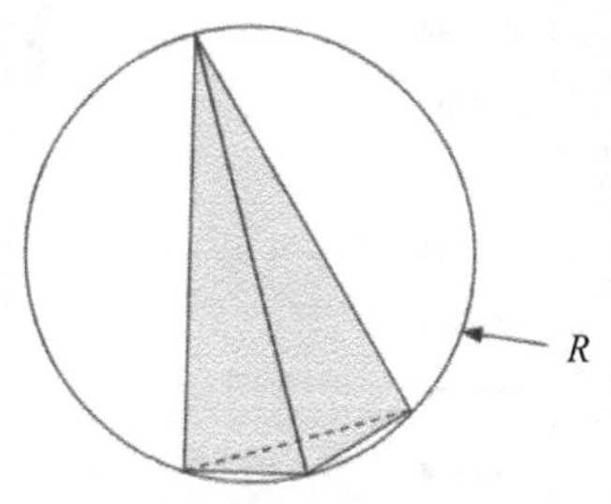

(d) 偏度较高的四面体单元

图 4.88 不同单元类型的偏度

“四边形最大角度”(QuadMaxAngle)这个概念实际上是在描述三维空间中的六面体单元格结构中,两个相邻四边形面之间的最大夹角。这一参数表明了六面体单元内部几何形状的扭曲程度,四边形面之间的理想角度为 90°,而最差情况下可能会达到 180°,形成一个平面。通常建议角度保持在 90°到 135°之间,以确保较好的数值模拟质量。

“三角最大角度”(TriMaxAngle)特指在三维四面体单元中,任意两个相邻边所构成的最大内角。理想状态下,四面体单元内的每个三角面的角度都应该接近 60°(等边三角形),然而最大角度可以变差至 180°,这时相邻两边近乎共线。合理的最大角度范围一般为 60°至 180°。

此外,还有一个相关的参数是“三角最小角度”(TriMinAngle),它同样适用于三维四面体单元,指的是组成单元的任何三角面中相邻边所形成的最小内角。理论上,最小角度的理想值为 60°,而实践中如果该角度逼近 0°,则说明四面体严重退化,可能导致数值解的质量急剧下降。因此,最小角度的正常范围是 0°(仅在极端退化情况下出现)至 60°。

2. 网格质量评估

网格质量评估主要服务于两大应用场景:仿真启动之前和仿真过程中。

仿真启动之前的评估至关重要,旨在验证网格是否完全适用于即将开展的仿真计算。CFD 领域的资深专家可以通过对网格质量进行仔细评估来确保网格质量达标。而经验尚浅的用户一般可以信赖默认设置提供的网格划分。

在仿真过程中,如果仿真结果出现偏差甚至导致仿真失败,网格质量评估便成为一种强有力的故障排查手段。它可以帮助用户识别潜在的问题,如几何模型处理的不恰当之处或网格划分的不合理之处。通过调整 CAD 模型或在特定区域细化网格,可以有针对性地解决问题,从而提高仿真结果的准确性和可靠性。

图 4.89 为网格质量评估的结果。

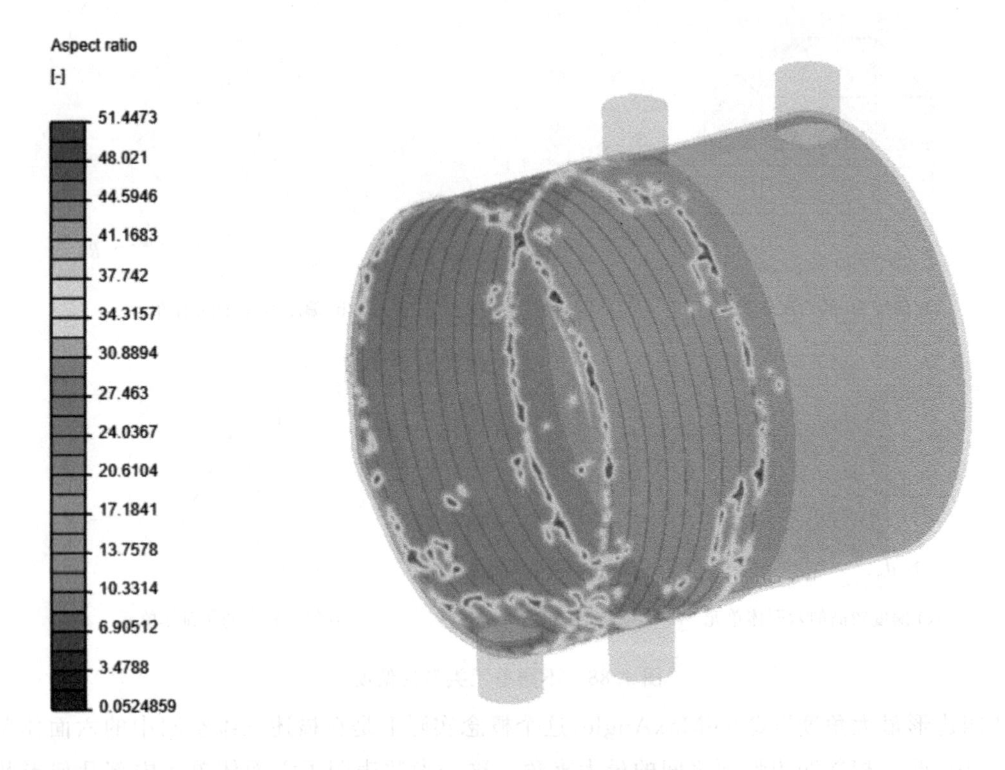

图 4.89　CAD 模型的网格质量纵横比

(1) 网格划分日志

网格质量评估依赖于一系列衡量标准，这些标准主要关注网格单元本身的几何属性（例如纵横比）以及与其他单元间相互联系的特性（例如非正交性）。由于网格质量不仅受单元自身特性影响，还与仿真所涉及的物理场特性、所采用的仿真求解器以及几何模型的复杂性紧密相关，因此，各类质量指标只能作为判断网格是否适合特定仿真设置的参考依据，而不能作为唯一的评判标准。网格划分日志如图 4.90 所示。

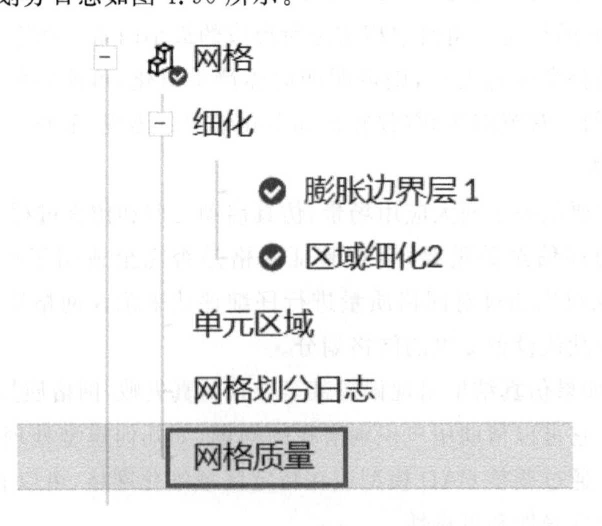

图 4.90　网格划分日志

表 4.9 列举了基于行业最佳实践的网格质量指标的合理区间。这里的“最大值”表示仿真

运行时允许的网格质量指标阈值，通常情况下，只要不超过这个阈值，求解器就不太可能出现与网格质量相关的发散问题。"推荐值"则代表了确保网格质量的推荐阈值，适用于 CFD(计算流体动力学)和 FEA(有限元分析)求解器。

务必注意，表 4.9 中的数值仅供参考，而非绝对标准。例如，尽管非正交性高于 85°时，约 80%的 CFD 仿真可能会出现问题，但这并不意味所有非正交性超过 85°的网格都会导致仿真失败，也不意味着非正交性低于 85°的网格一定能确保仿真成功。然而，质量差的网格确实会显著增加出现数值错误的可能性，进而可能导致仿真失败或所得结果不可信。

表 4.9 网格质量指标的最大值和推荐值

网格质量指标	最大值(CFD)	推荐值(CFD)	最大值(有限元分析)	推荐值(有限元分析)
纵横比	20	10	80	4
非正交性	85°	60°	90°	60°
边缘比	100	10	100	10
体积比	80	10	100	30
偏度	0.85	0.25	0.85	0.25

在网格划分过程中，体积比和非正交性这两个网格质量指标是针对每个单元面进行定义和考量的。

(2) 网格可视化

网格划分完成后，可以在" 网格"下的仿真树中访问网格质量指标，见图 4.91。

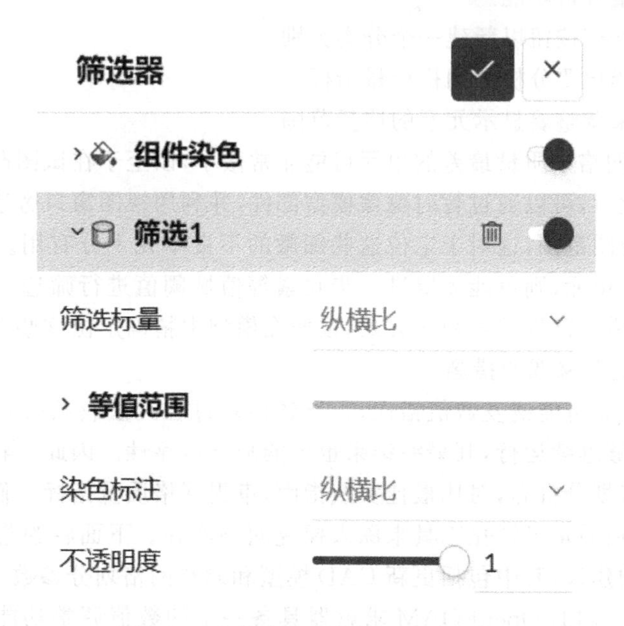

图 4.91 在仿真树中查找网格质量指标

后处理查看器能够实时加载网格数据并实时计算网格质量，但对于包含超过千万个单元的大规模网格模型，这一过程可能耗时数分钟。与展示仿真结果相似，用户同样能够以可视化的方式来展示不同的网格质量指标。

(3) 根据网格质量指标筛选单元

尽管所有显示过滤器都适用于网格质量字段，但等值域筛选器在鉴别低质量单元时尤为便捷。通过此筛选器，用户可以灵活地将最小或最大阈值调整至所需范围，从而突出显示质量不佳的单元。图 4.92 将进一步展示如何设置并应用这一筛选器。

松弛方式	自动
松弛因子	
(P) 压力场	0.7
(T*) 无源标量方程	0.8
(U) 速度方程	0.01
(k)动能方程	0.01
(ω) 比耗散率方程	0.01
流体方程时代	0.8

图 4.92　使用等实体隔离不良元素

过程如下。

① 启用网格质量分析功能。

② 单击右侧的"+"按钮以新建一个分类类别。

③ 从列表中选择想要分析的网格质量指标。

④ 利用滑动条来调整要显示元素的质量范围。

在某些情况下，网格中质量最差的单元可能非常微小，以至于在试图凸显它们时难以察觉甚至完全不可见。此时，可以通过暂时隐藏模型部件，并利用视图窗口旁边的方向控件或主视图按钮来放大当前视图范围，这对于定位这些细微的不良单元十分有用。若模型中多个部分都含有微小的低质量单元，则可能需要进一步收紧等值域阈值进行筛选。在成功放大显示不良单元后，可以使用模型部件的可视化方式，以便在模型中精确定位这些单元。

3. 网格质量低时应采取的措施

网格质量低下极有可能诱发数值错误，并导致仿真过程无法收敛(即仿真失败)。在某些情况下，即便仿真能够继续运行，其最终结果也可能缺乏可靠性。因此，当遇到此类问题时，首要之举便是查阅网格划分日志，对比最佳实践指南，审视网格质量指标。倘若数据显示网格质量欠佳，建议利用网格质量可视化工具来深入探究问题所在。下面将为您提供一系列切实可行的提高网格质量的建议，其中包括更新 CAD 模型和调整网格划分参数。

值得强调的是，我们的 OpenFOAM 求解器具备一定的数值调整功能。在遇到网格质量问题引起的数值误差时，除了可以优化网格以外，还可以尝试通过调整求解器内部的数值参数来弥补这一缺陷。

(1) 松弛方式

您可以将松弛方式设置为“自动”,见图 4.93。关于松弛因子的更多介绍请参阅《CFD 数值计算:松弛因子》。

松弛方式	自动
松弛因子	
(P) 压力场	0.7
(T*) 无源标量方程	0.8
(U) 速度方程	0.01
(k)动能方程	0.01
(ω) 比耗散率方程	0.01
流体方程时代	0.8

图 4.93 推荐的自动松弛类型

(2) 非正交校正器

非正交校正器的主要功能是通过多次压力迭代过程校正流场方向上的通量,以此来应对非正交网格所带来的影响。然而,这样做会不可避免地加重计算负担。我们应根据最大非正交性适度调整非正交校正器的数量。

① 当最大非正交性小于 75°时,无须使用非正交校正器。

② 若最大非正交性不小于 75°且不大于 82°,则建议使用 1 个非正交校正器。

③ 若最大非正交性大于 82°且小于等于 85°,则推荐使用 2 个非正交校正器。

然而,若最大非正交性超过 85°,单纯增加非正交校正器的数量可能不再是提高网格质量的有效策略。此时,应优先考虑改进网格质量,而非过度依赖非正交校正器。

(3) 梯度

单元限制策略旨在设立一个梯度限制准则,确保在通过计算梯度将单元内的值外推至面上时,所得到的面值不超出周围单元内数值的合理范围。

在底层算法中,可以通过指定一个限制系数来实现这一限制作用,其中 1 代表完全实施限制以确保数值稳定性,0 则表示不施加任何限制,可能有利于提高计算精度。但在实际应用中,通常要根据具体情况权衡稳定性和精度,选择合适的限制系数。

① 当非正交性在 75°和 80°之间时,建议采用单元限制最小二乘法,并将限制系数设置为 1.0。

② 若非正交性超过 80°,则建议采用单元限制线性法,并同样将限制系数设置为 1.0,以增强数值稳定性。

高质量网格(左)和低质量网格(右)的推荐梯度设置如图 4.94 所示。

(4) 散度

散度方案作为对流项离散化的方法,其核心在于对精度和收敛性进行权衡。简单来说,一阶方案在收敛性方面表现较好,而二阶方案则能提供更高的计算精度。

梯度		梯度	
默认	单元有限最小二乘法	默认	单元有限高斯线性
限制系数	1	限制系数	1
梯度(p)	单元有限最小二乘法	梯度(p)	单元有限高斯线性
限制系数	1	限制系数	1
梯度(U)	单元有限最小二乘法	梯度(U)	单元有限高斯线性
限制系数	1	限制系数	1

图 4.94　高质量网格(左)和低质量网格(右)的推荐梯度设置

① 当非正交性在 75°和 80°之间时，建议采用二阶离散化方案，如高斯线性迎风(Gauss Linear Upwind)或高斯有限线性(Gauss Limited Linear)方法。

② 若非正交性超过了 80°，为了保证数值稳定性，建议改用一阶离散化方案，如迎风有界高斯(Upwind-Bounded Gauss)方法。

高质量网格(左)和低质量网格(右)的推荐散度设置如图 4.95 所示。

散度		散度	
默认	高斯线性	默认	高斯线性
div(phi,U)	高斯线性迎风	div(phi,U)	迎风有界高斯
div(phi,k)	高斯有限线性 1	div(phi,k)	迎风有界高斯
div(phi,omega)	高斯有限线性 1	div(phi,omega)	迎风有界高斯
div(phi,T*)	高斯有限线性 1	div(phi,T*)	迎风有界高斯

图 4.95　高质量网格(左)和低质量网格(右)的推荐散度设置

(5) 拉普拉斯算子

拉普拉斯算子是一种基于标量函数梯度和散度的微分算子，在许多领域(如动量方程中的扩散项)均有应用。限制器系数介于 0 和 1 之间，用于调控计算的校正程度和有界性。

① 当限制器系数设为 0 时，意味着不进行校正处理，适用于低质量网格，计算结果可能具有较强的有界性，但可能表现出一阶精度和非保守特性。

② 当限制器系数设为 1 时，则表示进行了完全校正，适用于高质量网格，此时计算结果具有无界校正、二阶精度和保守等特性。

依据非正交性选择拉普拉斯方案的推荐实践如下。

① 若非正交性小于 70°，建议采用高斯线性校正或高斯线性有限校正方案，并将限制器系数设为 1。

② 当非正交性在 75°至 80°之间时，推荐使用高斯线性有限校正方案，并将限制器系数设为 0.5。

③ 若非正交性大于 80°，则建议选择高斯线性未校正或高斯线性有限校正方案，并将限制

器系数设为 0.333。

高质量网格(左)和低质量网格(右)的推荐拉普拉斯设置如图 4.96 所示。

拉普拉斯算子	
默认	高斯线性有限校正
限制系数	1
拉普拉斯(nuEff,U)	高斯线性有限校正
限制系数	1
拉普拉斯((1|A(U)),p)	高斯线性有限校正
限制系数	1
拉普拉斯(no,U)	高斯线性有限校正
限制系数	1
拉普拉斯(DT, T)	高斯线性有限校正
限制系数	1

拉普拉斯算子	
默认	高斯线性有限校正
限制系数	0.333
拉普拉斯(nuEff,U)	高斯线性有限校正
限制系数	0.333
拉普拉斯((1|A(U)),p)	高斯线性有限校正
限制系数	0.333
拉普拉斯(no,U)	高斯线性有限校正
限制系数	0.333
拉普拉斯(DT, T)	高斯线性有限校正
限制系数	0.333

图 4.96　高质量网格(左)和低质量网格(右)的推荐拉普拉斯设置

(6) 表面法线梯度

对于涉及表面法线梯度的情况,可以参照相似的原则采取以下优化策略。

① 当表面元素间的非正交性小于 70°时,建议采用高斯线性校正或者高斯线性有限校正方法,并将限制器系数设为 1,从而在最大程度上确保校正效果。

② 当非正交性在 75°和 80°之间时,建议使用高斯线性有限校正方法,并将限制器系数降至 0.5,以平衡校正程度和数值稳定性。

③ 若非正交性大于 80°,建议使用高斯线性未经校正的方法或结合高斯线性有限校正方法,同时将限制器系数调整为 0.333,以应对较为严重的非正交问题并保持一定的精确度和稳定性。

第5章 后期处理

5.1 引　　言

针对集成工业软件三维仿真模拟产生的大量结果数据，有多种有效的后处理手段可以帮助研究者们深入剖析并提炼关键信息。

- 可视化图表生成：通过仿真过程中预设的结果控制参数生成一系列动态或静态图像，如流线图、等值面图、矢量图等，直观地展示流体流动特性、温度分布、应力变化等物理现象随时间和空间的变化情况。
- 特定结果数据分析：系统可自动整理输出对应的图表，以便用户详尽分析特定指标，如振动频率、风环境舒适度、能量传递效率等，这些指标通常会以易于理解的定量形式呈现。
- 三维可视化后处理：利用 CFD-Post 或其他专业三维可视化工具，能够立体化展现仿真结果，使用户得以全方位观察复杂几何结构内部及其周围的流动状态和物理变量分布。
- 本地数据下载与深度挖掘：用户可以选择下载完整的仿真结果数据库，在本地使用高级数据分析软件进一步细化后处理操作，包括定制化绘图、统计分析以及与其他数据集整合对比等。

在 CFD-Post 等后处理模块中，用户可通过展开仿真运行的层级结构树来逐一查看并提取所需的具体结果数据节点，如图 5.1 所示。这些数据的具体内容与范围完全取决于所建模的对象特征以及在仿真设置阶段定义的各种结果变量和监控点。

在当前实例中，仿真的核心起点被定义为“静态分析”类别，这一基本设定构成了整个仿真过程的基础框架。

针对仿真得到的空间数据进行三维可视化处理的功能，可通过解析解决方案域内的相关属性字段实现访问与操控，从而获得直观、立体的可视化表现。

各类结果数据的精细化管理依赖于预先设定的结果控制项，每一项均以其独特的类型标签加以标识，确保了用户能够在后处理阶段准确无误地识别并提取所需的特定仿真结果信息。

1. 结果控制项目

当仿真配置整合了结果控制选项时，对应的仿真运行过程中将会自动生成一系列相关联的子菜单项，如同一棵具有分支结构的目录树，以便用户探索和操作。这些树状条目旨在支持数据集的直观化展示及便捷下载功能。比如，我们可以参照如图 5.1 所示的实例，其中包含了针对区域面计算所得的数据及其配套生成的图表。

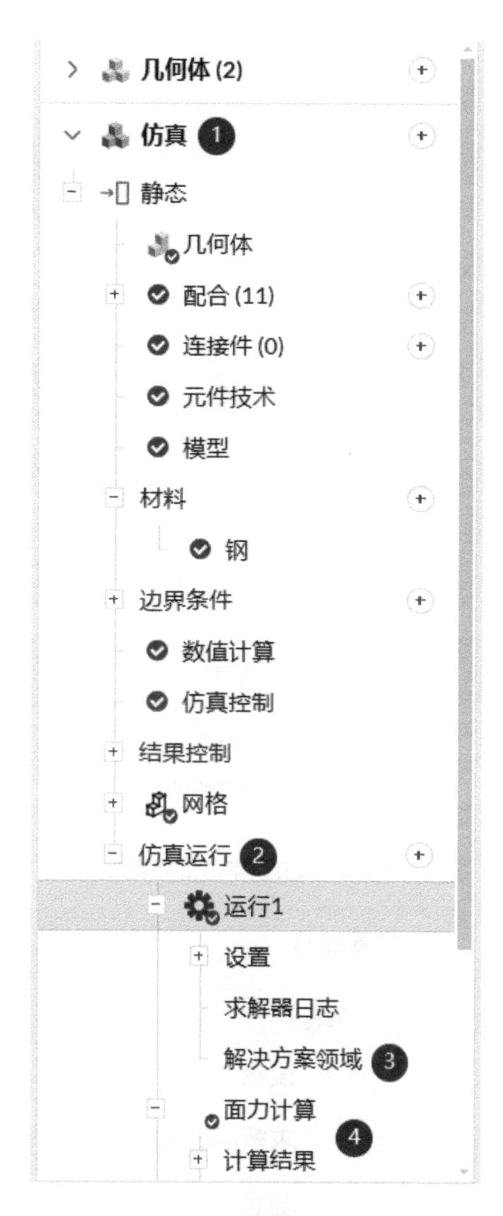

图 5.1 仿真树显示与访问后处理结果相关的部分

数据图形在图 5.2 中清晰展现，并具备曲线动态探测等交互性功能，使得用户能够实时获取具体数据点的相关信息。另外，值得注意的是，图 5.2 右上角的醒目位置设有菜单按钮，用户可以通过单击该按钮来选择下载不同格式的数据文件，从而在本地环境中进行个性化的绘图与深度分析。

2. 表格和图

对于特定类型的仿真任务，系统会针对性地向用户展示独特而重要的结果数据。尤其是在执行频率分析仿真时，其将以丰富的形式呈现结果，包括但不限于使用详尽的数据表格以及直观的图表，为用户深入理解和解析模拟结果提供关键依据。

频率分析仿真输出结果的表格和图如图 5.3 所示。

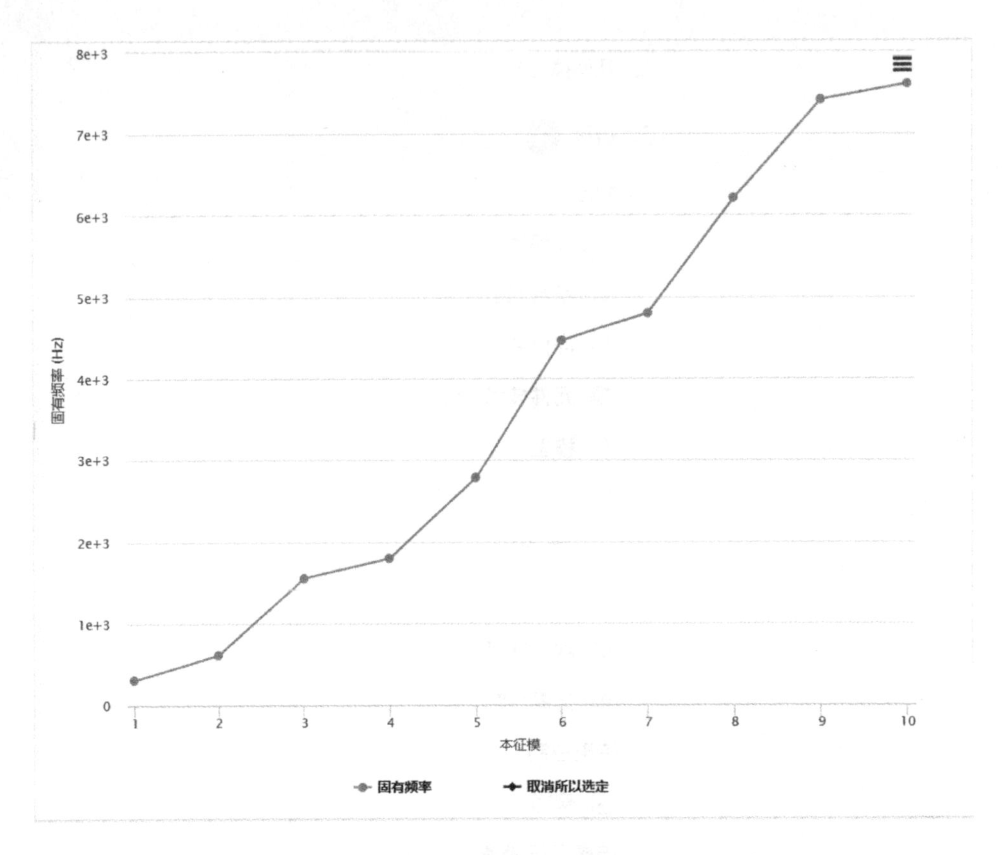

图 5.2　固有频率的结果线图

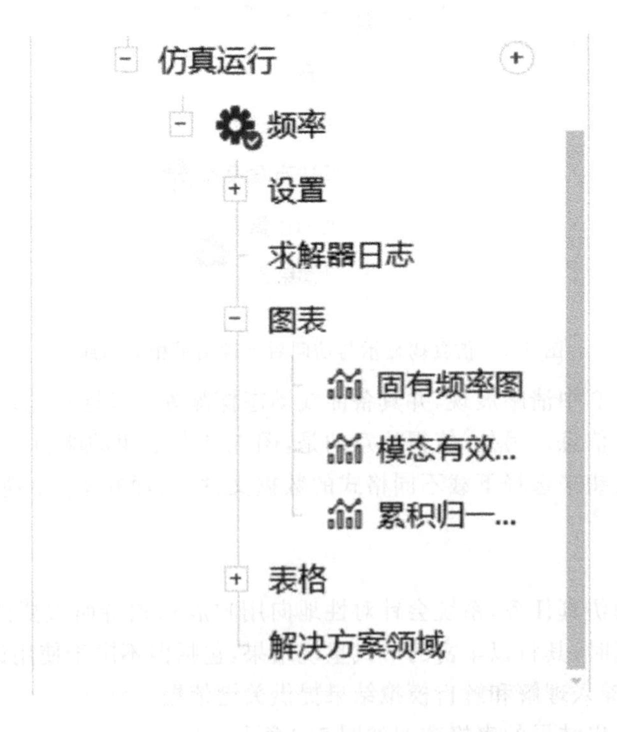

图 5.3　频率分析仿真输出结果的表格和图

通过访问并开启相应的仿真项目，我们能够实现对结果数据的全面检索、可视化及便捷下载。例如，图 5.4 呈现的就是一个包含核心频率数据的表格，注意，左上角设有下载按钮。

本征模	固有频率（赫兹）	模态有效质量 (MEM) - DX（kg）	模态有效质量 (MEM) - DY（kg）	模态有效质量 (MEM) - DZ（kg）	标准化 MEM - DX	归一化 MEM - DY	归一化 MEM - DZ	累积归一化 MEM - DX	累积归一化 MEM - DY	累积归一化 MEM - DZ
1.0	306.378	2.89902E-11	1.10968E-13	0.423241	2.80295E-11	1.0729E-13	0.409215	2.80295E-11	1.0729E-13	0.409215
2.0	609.842	0.390759	5.72085E-13	1.76047E-11	0.377809	5.53126E-13	1.70213E-11	0.377809	6.60416E-13	0.409215
3.0	1552.78	4.50742E-12	7.03802E-12	4.82298E-10	4.35804E-12	6.80478E-12	4.66315E-10	0.377809	7.465196E-12	0.409215
4.0	1795.93	5.92213E-11	9.62487E-12	0.173089	5.72587E-11	9.3059E-12	0.167353	0.377809	1.67711E-11	0.576568
5.0	2783.7	0.113094	9.42691E-11	1.98714E-10	0.109346	9.1145E-11	1.92129E-10	0.487155	1.079161E-10	0.576568
6.0	4460.92	2.93254E-10	6.1525E-9	0.114902	2.83536E-10	5.9486E-9	0.111094	0.487155	6.056516E-9	0.687662
7.0	4799.62	1.95977E-9	0.617792	1.51662E-9	1.89482E-9	0.597318	1.46636E-9	0.487155	0.597318	0.687662
8.0	6209.23	0.139697	1.23393E-8	1.42913E-9	0.135067	1.19304E-8	1.38177E-9	0.622222	0.597318	0.687662
9.0	7415.17	2.71793E-9	1.3211E-8	0.0932278	2.62785E-9	1.27732E-8	0.0901382	0.622222	0.597318	0.7778002
10.0	7607.15	2.53034E-12	1.41785E-9	1.30431E-7	2.44648E-12	1.37086E-9	1.26108E-7	0.622222	0.597318	0.7778003

图 5.4　频率分析的统计数据表

3. 集成工业软件中的 3D 在线后处理

集成工业软件配备了一个先进的集成式后处理模块。该模块因其卓越的性能而著称，能够对结果字段进行三维立体可视化，参见图 5.5 中的示例。利用这一强大的工具，用户能够灵活地在几何模型上以多样化的方式展现所求解的数据结果。具体应用案例包括但不限于：

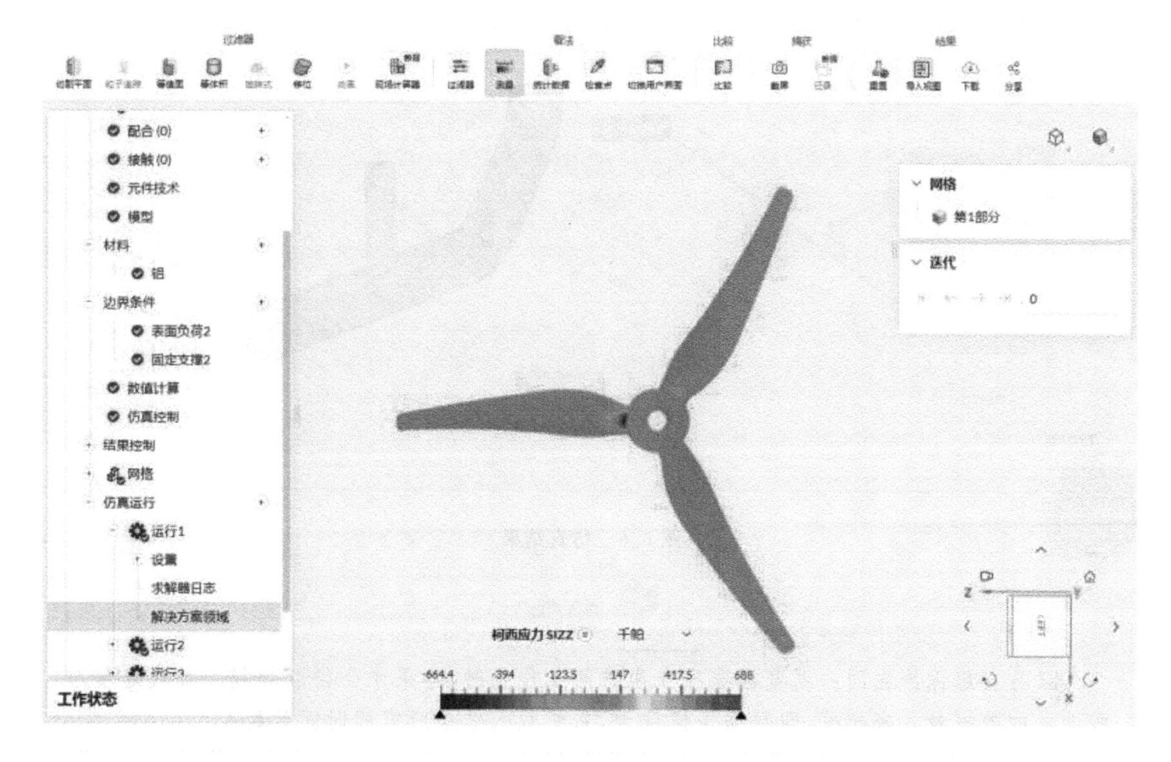

图 5.5　螺旋桨在集成工业软件中的在线后处理器中可视化

① 结构力学分析中的形变形态可视化；

② 利用压力等值线图来渲染 CFD 模拟中部件与流体区域的颜色分布特性；

③ 在选定切面展示速度分布情况；

④ 对流动粒子轨迹进行追踪分析；

⑤ 对热传导模拟产生的温度梯度进行轮廓描绘；

⑥ 通过创建动画来演示不同类型仿真结果的动态演变过程，从而全方位揭示复杂系统的内在行为。

5.2 集成后处理器

集成工业软件内置的在线后处理平台具备高度兼容性，无缝衔接所有新创建和既有的项目及其仿真数据。为了更好地展现后处理器如何与实际仿真数据相互作用，并将其转化为直观易懂的可视化结果，我们给出了一个生动的实例——模拟流体在管道系统中的流动行为。

5.2.1 后期处理

当仿真运算顺利完成且结果已生成时，运行对话框中将显示“后处理结果”按钮。用户只需单击此按钮，或在仿真树结构中直接选择“解决方案字段”，系统便会立即在集成的在线后处理器中打开并展示相应的仿真结果，见图 5.6。

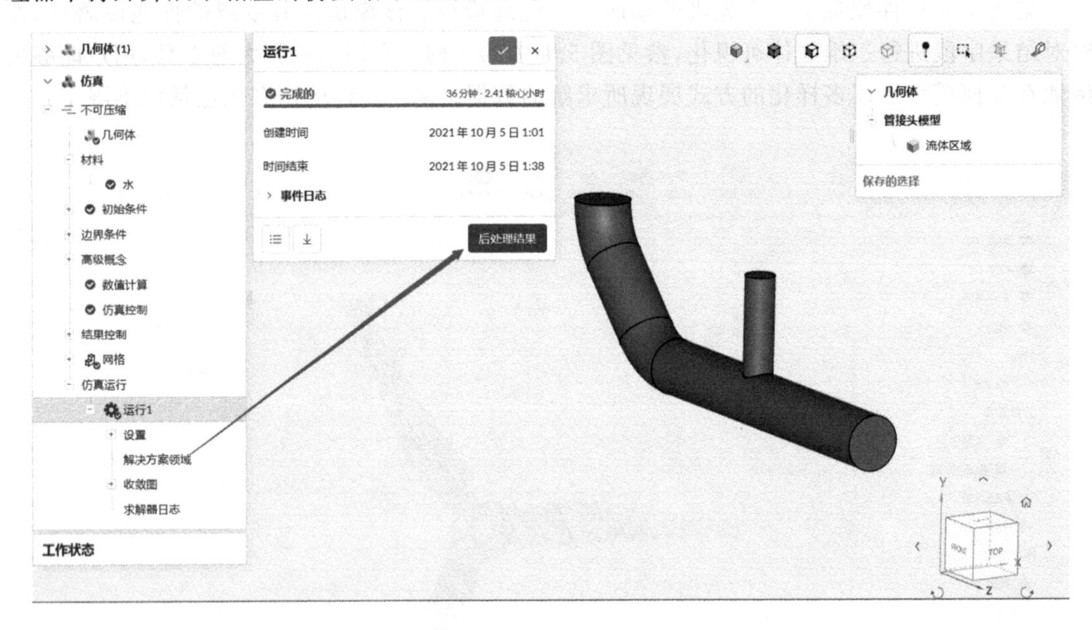

图 5.6　仿真结果

只有当您保持在同一浏览器选项卡内访问工作台时，结果才会得以加载。加载速度与所涉及的数据量紧密相关，即数据规模越大，系统载入结果所需的时间就越长。

后处理环境内整合了一系列强大且多样化的功能与过滤器，旨在帮助用户实现仿真结果的可视化。图 5.7 将呈现后处理器的整体架构。

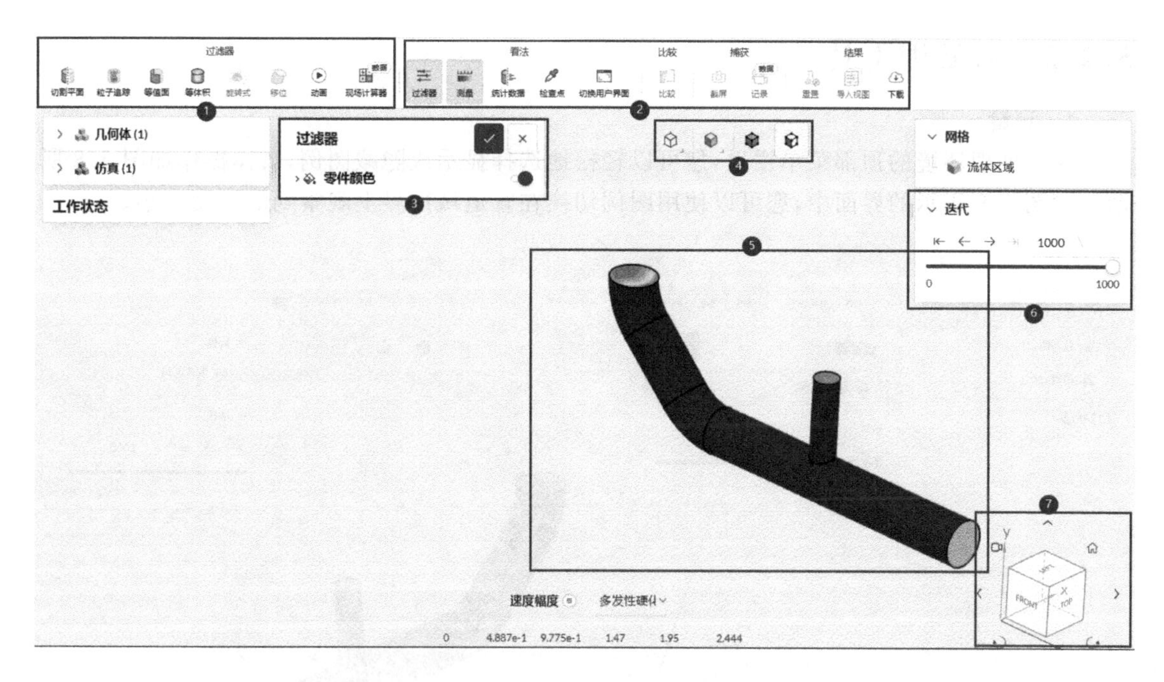

图 5.7 后处理器的整体架构

① 滤镜创作工具箱：后处理环境中集成了诸多滤镜功能，如切割平面和粒子追踪等，它们有助于对模拟结果进行深层次的解读与洞察。

② 辅助工具栏：在滤镜工具箱右侧，用户可以找到一系列实用性工具，如屏幕截图功能和检查点设定功能等，同时还支持图例的开启和关闭切换操作。

③ 已创建过滤器列表：一旦创建了滤镜，它们就会出现在“过滤器”列表框中。在此列表中，用户能够对每个滤镜进行配置，同时还能复制滤镜设置以及删除现有的无效或不再需要的滤镜。

④ 可视化和选择模式工具箱：这里允许用户从左至右依次切换几何体的视图和渲染模式，并在“选择体积”和“选择面”两种选择模式之间自由切换。

⑤ 结果查看面板：此区域用于实时展示经过处理后的结果。在查看器中右键单击，可以快速访问一系列选择和导航工具。

⑥ 帧选择控制区：在瞬态仿真的后处理环节中，这部分功能尤为重要。它允许用户轻松浏览并切换仿真过程中各个时间节点保存下来的不同结果集。

⑦ 视角导航控制：右下角的方向立方体有助于用户精确调整相机视角。同时，主页图标功能能够自动调整和缩放模型大小，使其恰当地在屏幕中显示。

用户在使用“过滤器”面板框时，需留意以下要点：若单击面板框上的“X”按钮，则可撤销当前对过滤器所做的更改并关闭面板框，恢复至先前的状态；若单击“√”确认按钮，则会保存当前滤镜设置及三维模型的状态，包括单个零件的颜色设定、零件的可见性状态等诸多细节。

5.2.2 后处理工具

1. 测量

在后处理环境的顶部菜单栏里，您可以轻松地选择显示或隐藏图例，具体操作如图 5.8 所示。在图 5.8 所示的界面中，您可以使用图例切换在管道域边界上观察到的速度大小。

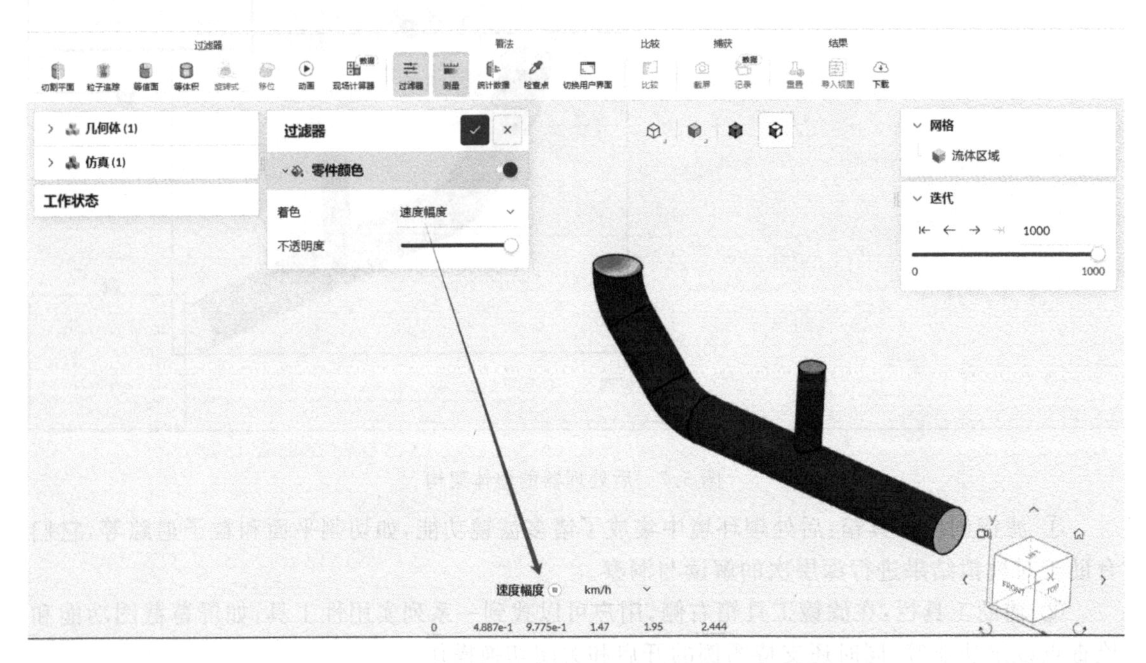

图 5.8 使用图例切换在管道域边界上观察到的速度大小

在后处理阶段，系统会逐个检查过滤器列表中所分析的各项参数，并确保仅显示与之相关的图例。例如，在图 5.8 所示的情境中，唯一被过滤器分析的参数即为速度大小。当您更改过滤器上的字段时，图例也会随之同步变更以匹配新的分析内容。

此外，图例的比例尺具有高度的可定制性，涵盖了显示范围、单位标注以及刻度间隔等设置选项。图 5.9 对此类信息进行了详细展示。

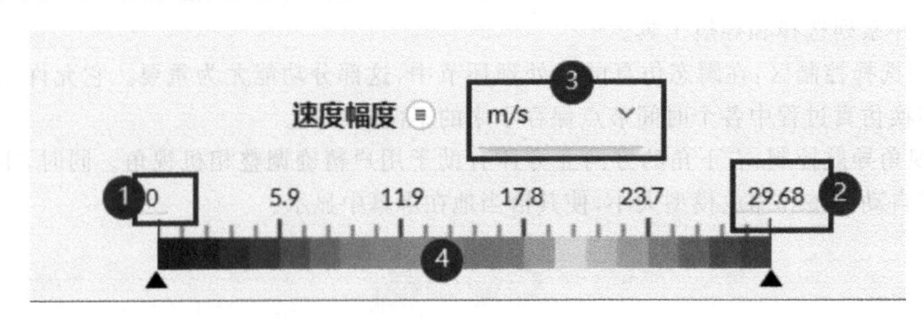

图 5.9 图例功能

由图 5.9 可知，用户可以通过单击比例尺范围中的最小值来设定个性化的数值界限。同理，用户也可以灵活调整比例尺范围的最大值。在参数名称旁边的下拉菜单中，用户可选择更改刻度上所显示的单位类型。若右键单击比例尺，将弹出一系列选项，包括但不限于更换配色方案、设置比例尺分割数目、将比例尺恢复至完整范围、启用连续比例尺等功能。

默认情况下，比例尺的刻度分段数量设置为 20。若需调整刻度分段数目，只需右键单击比例尺，随后根据需求进行相应的改动即可，见图 5.10。

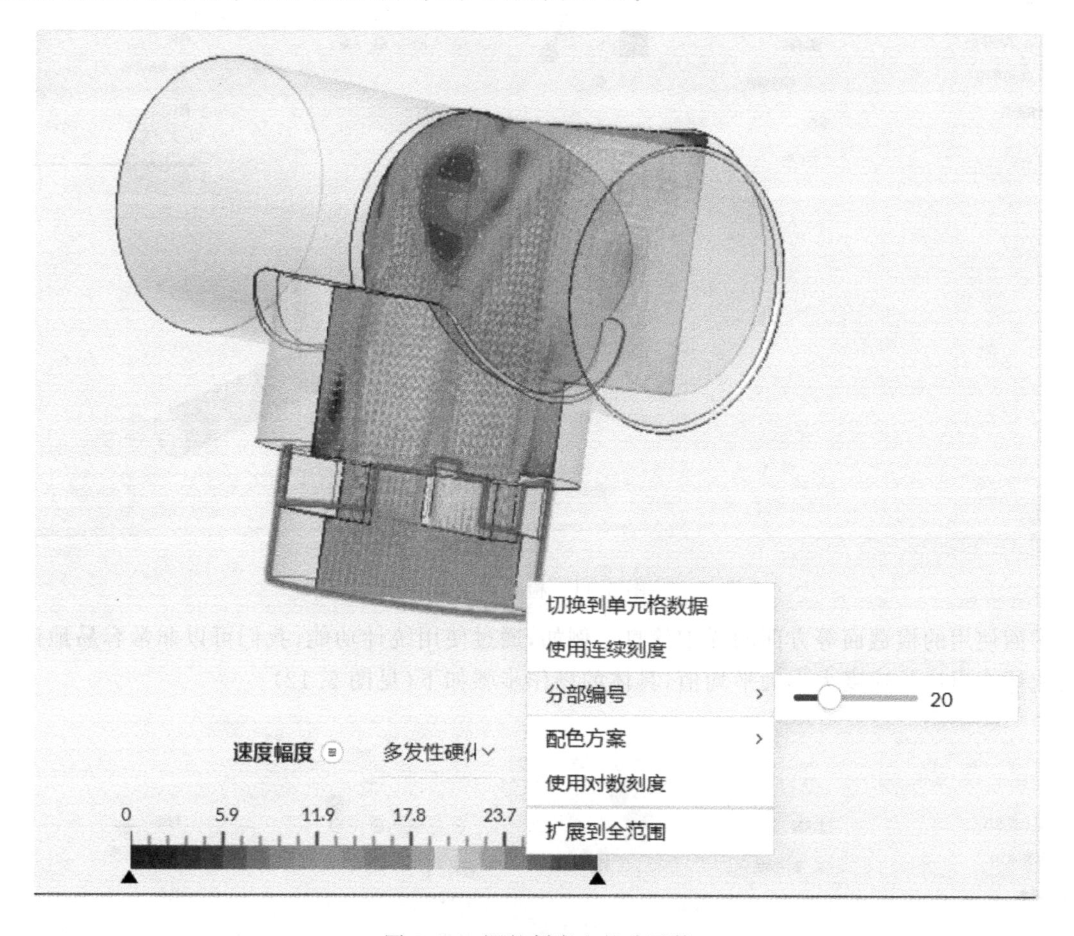

图 5.10　调整刻度上的分区数

当您主动修改图例的最小值和最大值设定后，新的数值区间将会被永久保留。也就是说，在后续操作过程中，无论您是在运行动画、建立新的过滤条件、对部件进行隐藏与展示操作，还是退出并重新进入了后处理环境，之前手工设定的最小值和最大值限制依然有效。

若想恢复到自动适应的全数据范围显示，只需在图例上右键单击，然后选择如图 5.10 所示的“扩展到全范围”选项即可。

2. 统计数据及检查点

检查点功能在精确获取表面特定位置的测量数据方面极为实用。比如，若需核实流体在顶部入口处的速度大小，这一功能就能发挥重要作用。

您可以使用检查点功能自由单击域中的任意位置并查看物理量，如图 5.11 所示。首先，启用顶部工具栏中的检查点功能。然后，在顶部入口面的任意位置单击鼠标，以选取检测点。由于此处的入口面是由预设的边界条件确定的，所以其速度值恒为 1 m/s。

另一个极具价值的选项是“统计数据”。启用该选项后，用户能够获取面、体积以及结合切

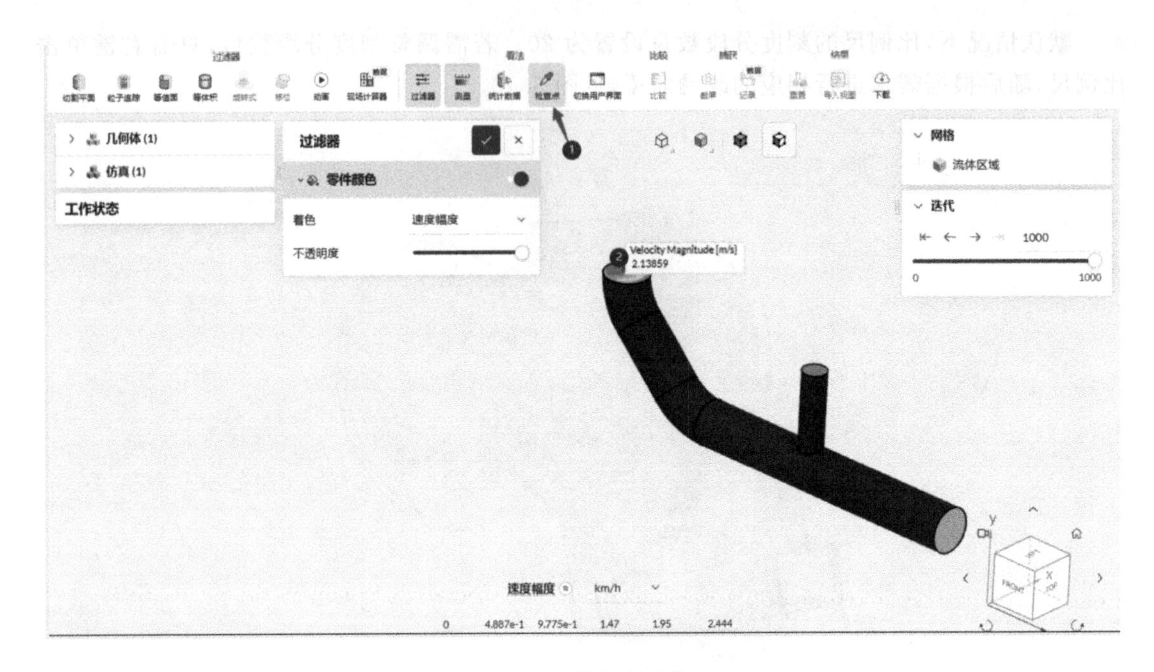

图 5.11　检查点功能

割平面使用的横截面等方面的详细信息。例如，通过使用统计功能，我们可以非常容易地计算出流体在出口处速度大小的平均值，具体的操作步骤如下(见图 5.12)。

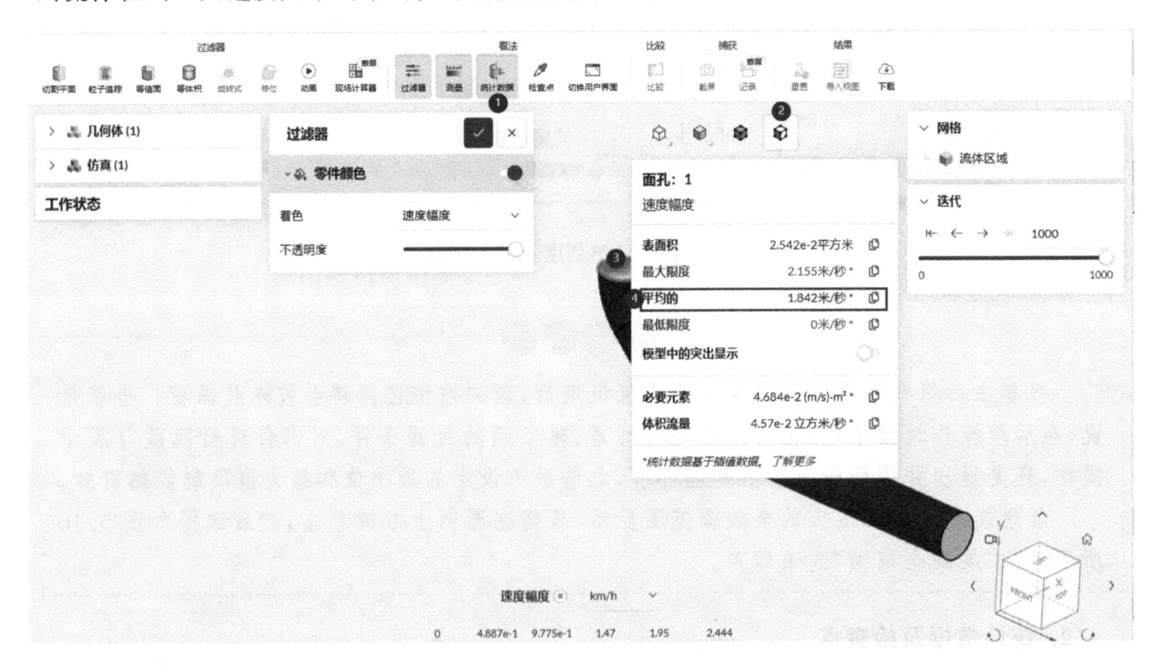

图 5.12　使用统计功能计算平均值

① 请确保统计功能已被激活。

② 启用“选择面”选项。请注意，如果此前开启了检查点功能，此时需要暂时关闭，以便进行面的选择操作。

③ 单击并选择出口面，此时在查看器中将弹出一个信息框，其中包含了所选参数的最小

值、最大值、平均值、积分及其他关联信息。

④ 开启“模型中的突出显示”功能，这样系统将自动标识出最大值和最小值所在的点，从而帮助您更好地理解分析结果。

请注意，统计过滤器所展示的数据信息具有动态响应特性。用户可以根据需求选择不同的面进行分析，并且可以随时更改正在考察的参数指标。若要移除信息框，只需关闭统计功能即可。

3. 可视化和选择模式

选择模式旨在实现对几何体可视化的快速选取与调整。用户只需在查看器中右键单击，即可访问众多快速选择功能。其中，“隐藏选择”等可视化选项可用于临时隐藏所选部件。在对外部空气动力学模拟等场景中的特定兴趣区域进行聚焦分析时，隐藏选择功能尤为实用。若要重新显示之前隐藏的部件，只需在查看器中再次右键单击，并选择“显示全部”选项即可，见图 5.13。

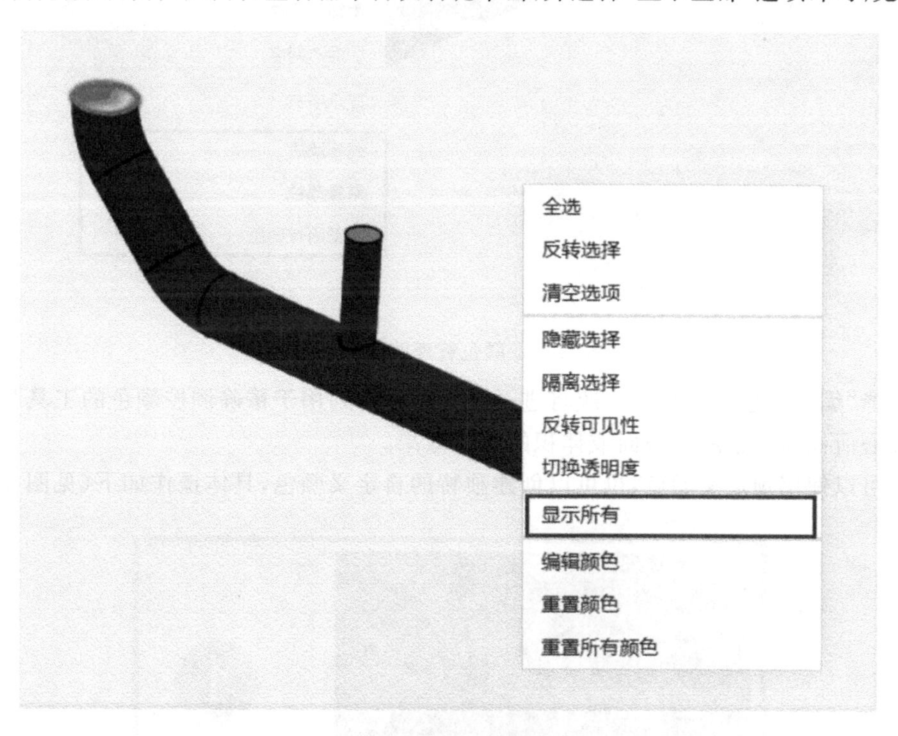

图 5.13 可视化和选择模式

4. 着色

在集成工业软件中，用户能够为独立的表面或体积元素定制个性化颜色，从而替代当前活动场函数的默认颜色配置。这极大地增强了结果的可视化效果，同时也有利于创建极具表现力和吸引力的演示及市场推广图像。

依据当前激活的选择模式，您可以灵活地为单个或多个表面及体积定制颜色。具体操作步骤如下：选定所需的表面或体积；在查看器界面中右键点击，此时会弹出选择面板；在此面板的选项清单末端，您会发现一组专门针对颜色管理的选项（见图 5.14）。

① 编辑颜色：此选项允许您为已选中的表面或体积指定自定义颜色。

② 重置颜色：利用该选项，用户可将选定表面或体积的颜色恢复至原样，即取消自定义颜色。

③ 重置所有颜色：若需全部恢复至初始状态，可使用此选项一次性撤销所有表面或体积的自定义颜色设定。

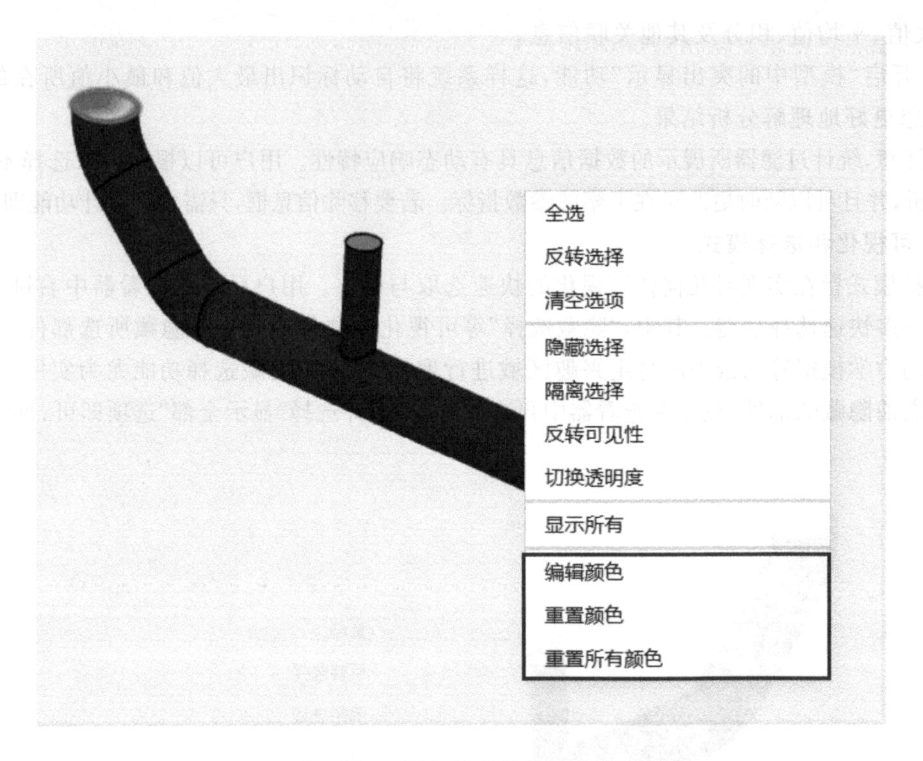

图 5.14　颜色管理的相关选项

当选择“编辑颜色”选项时，系统将进一步呈现一系列用于精确调控颜色的工具与设置，让您能够随心所欲地调整所选表面或体积的视觉效果。

您既可以使用预定义颜色，也可以创建独特的自定义颜色，具体操作如下(见图 5.15)。

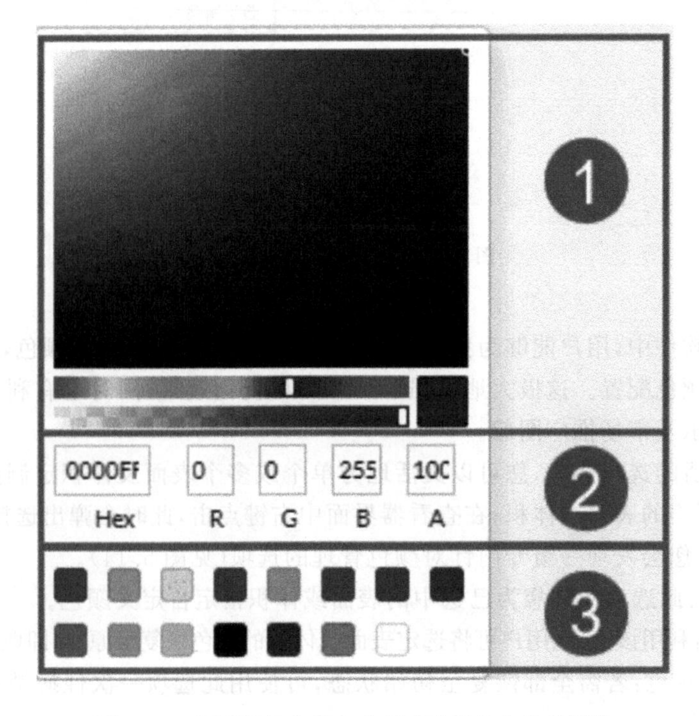

图 5.15　使用预定义颜色或创建独特的自定义颜色

① 在调色板中挑选自定义颜色，并通过滑动控制器调整颜色的饱和度及透明度。

② 直接输入十六进制颜色代码，或者分别设定红、绿、蓝和透明度通道的具体数值。

③ 从预设的一系列颜色选项中直接选取所需颜色。

所有可见颜色皆可通过红、绿、蓝三原色的不同组合来生成。现代显示器正是采用了由无数微型红、绿、蓝 LED 组成的像素矩阵。每颗 LED 的亮度均可通过一个介于 0 和 255 之间的字节值进行调控。因此，通过独立设定红色、绿色和蓝色 LED 的亮度值，便可精准调配出所需展示的颜色。

5. 切割平面

借助切割平面过滤器，您可以对三维数据域进行切片操作，并实现所选平面上特定参数的可视化展示。此外，切割平面过滤器还支持附加功能，如描绘流体速度场的速度矢量图等。若要新建这样一个过滤器，请在过滤器工具集中找到符合您需求的选项，见图 5.16。

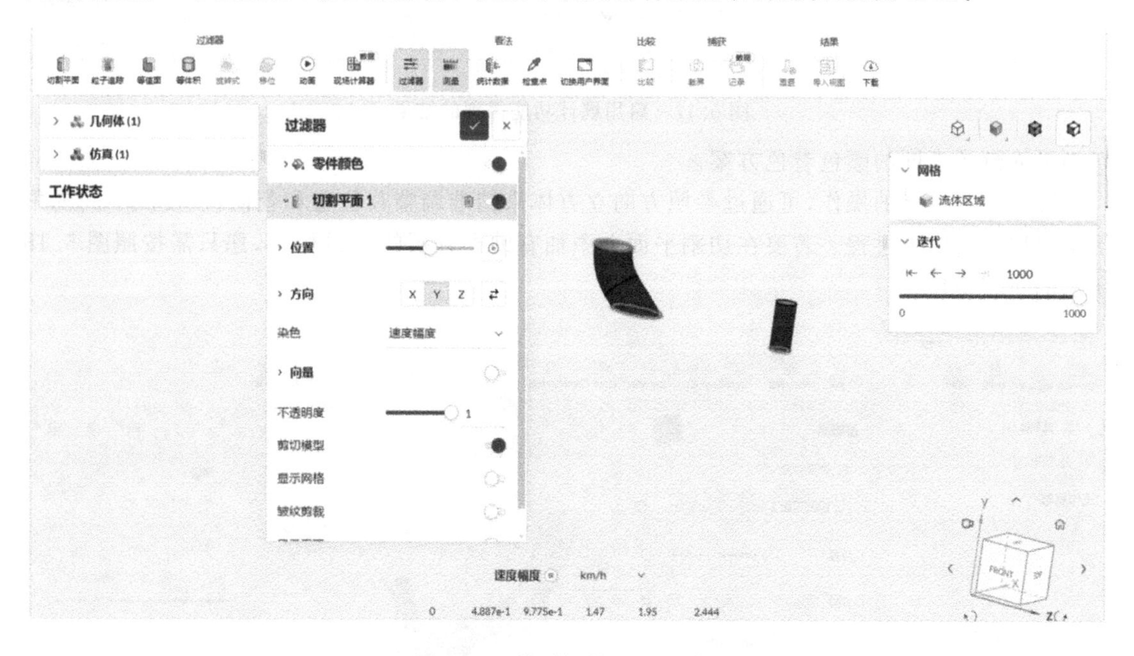

图 5.16　找到切割平面过滤器

用户可以将切割平面功能与统计功能有效地结合起来，当激活统计功能时，系统将呈现切割平面上及各个细分区域内的关键统计指标，包括但不限于平均值、最小值和最大值。比如，在图 5.16 所示的图形实例中，切割平面在划分数据域的过程中形成了两个独立的分区。一旦启用统计功能，我们会观察到如图 5.17 所示的结果。结合剖切面，统计数据显示了剖切面及其每个子区域的结果摘要。

用户能够将各个分隔出来的子区域的数据导出为.csv 文件格式，其中包含了详尽的数值数据以及各个子区域重心的具体坐标。统计功能在需要同时并行对比多个数据通道的结果时显得尤为实用。若想暂时移除统计信息显示框，仅需关闭统计功能即可。

切割平面工具具备高度灵活性，用户可以根据需要自由配置。例如，您可以自定义切割平面的方向和位置、调整其透明度设置、勾选是否在平面上绘制辅助矢量，并且可以选择性地为

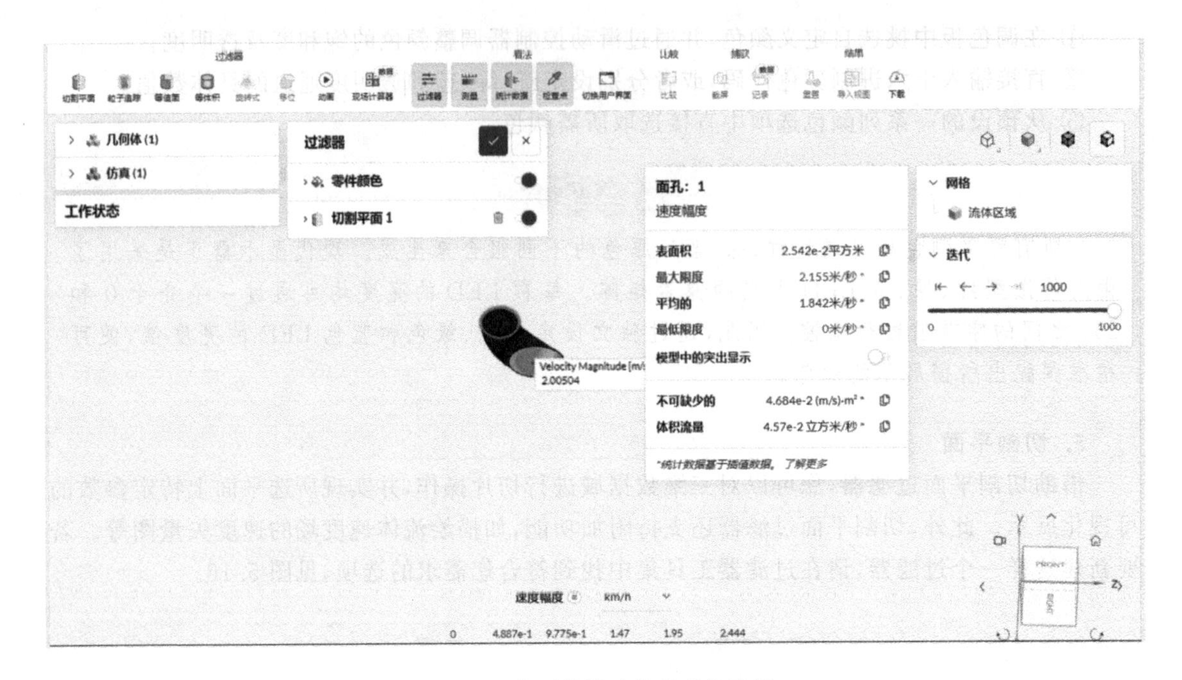

图 5.17　启用统计功能得到的结果

切割平面赋予不同的颜色着色方案。

针对切割平面的操作，可通过参照方向立方体来精准调整其位置和朝向，以便从不同视角揭示深层次的仿真过程。若要在切割平面上添加有助于分析的矢量标注，您只需按照图 5.18 所示的步骤操作。

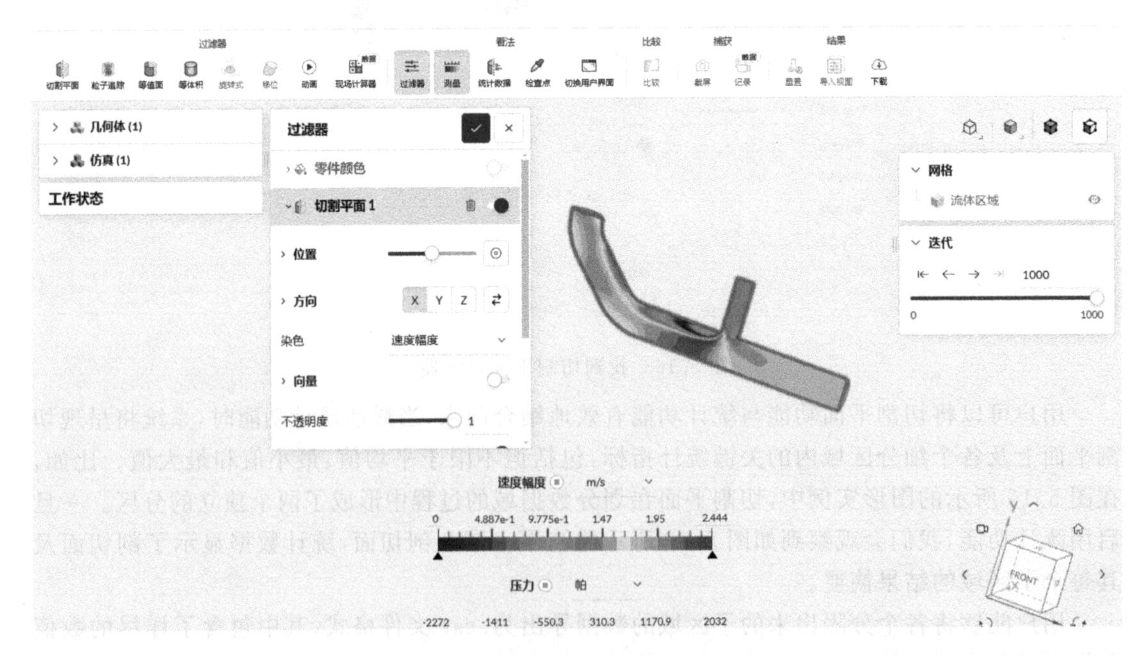

图 5.18　在切割平面上添加矢量标注

6. 等值面和等体积

等值面过滤器是一种强大的工具，它能够帮助用户可视化与特定变量数值精确匹配的三维空间中的网格单元。例如，为了展示速度场中速度大小正好等于 1 m/s 的等值面，我们可以做出如下设定(见图 5.19)。

通过等值面过滤器技术，用户能够创建一个过滤条件，聚焦于速度值刚好为 1 m/s 的那些表面。换句话说，用户可以构建一个 Iso 表面滤波器实例，用于突出显示流体动力学模拟或其他类似场景中速度精确为 1 m/s 的所有点所构成的连续曲面。这样的配置不仅直观地呈现了速度分布的结构特征，还便于用户对复杂流动模式进行深入理解和分析。

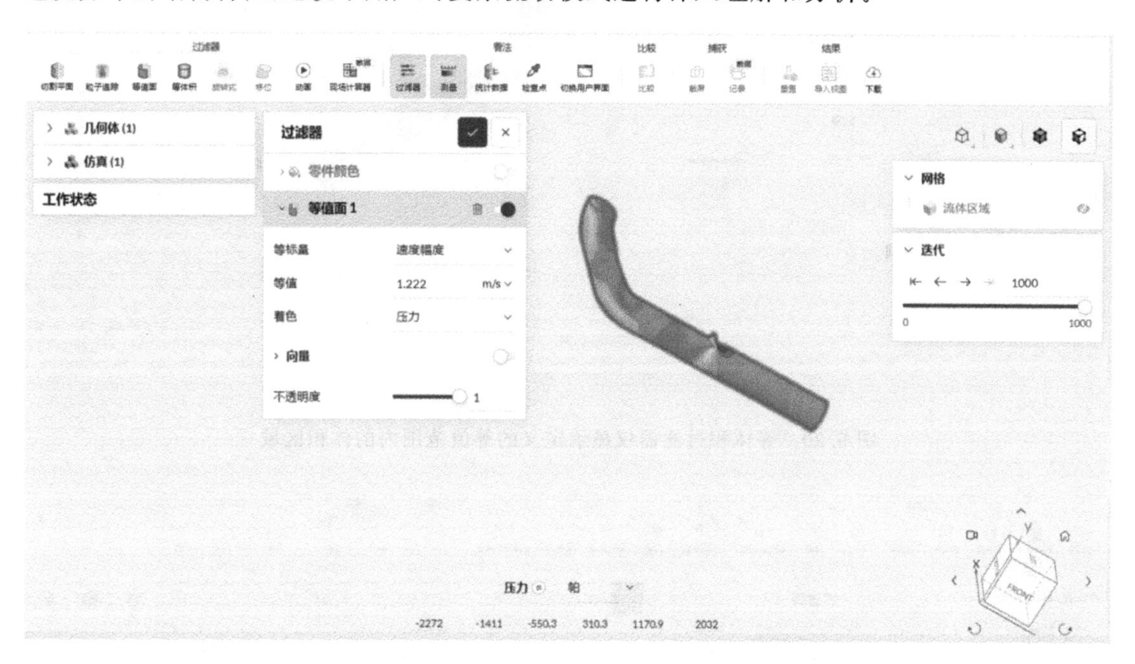

图 5.19　等值面过滤器仅显示具有相同等值面的区域

在等值面过滤器和等体积过滤器的应用中，用户可根据自身需求设定突出显示单元格的标准阈值。通过“着色”功能，您可以为符合条件的单元格选择特定参数对应的颜色，以便区分和解读。

等体积过滤器的工作原理与等值面过滤器相似，不过它并不着眼于单一等值，而是让用户设定一个连续的等值范围，以便突出显示在此范围内的所有单元格。

举例来说，如果想要突出显示表压在－2 000 Pa 到－100 Pa 之间的区域，请遵循如图 5.20 所示的步骤进行操作。

7. 粒子追踪

粒子追踪过滤器通过从预设的种子面出发模拟流体或粒子的运动路径，从而生成可视化的流线图，这对于识别流体中的循环流动特征及整体流动模式至关重要。

设置粒子追踪过滤器的过程相当直观。在成功建立过滤器之后，用户需首先指定一个起始的种子面，该面用于发射虚拟粒子以追踪流体路径。理想的种子面常常包括系统的输入和输出部分。值得注意的是，在确定种子面的位置以及流线间的距离时，其单位由新建项目时所选定的度量体系而定，可以是公制单位米，也可以是英制单位英寸。

当启用“拾取位置”功能后，用户能够在三维模型环境中直接选取一个输入位置作为粒子发射面，这一操作过程如图 5.21 所示，进一步增强了对复杂流场分析的精确控制与可视化效果。

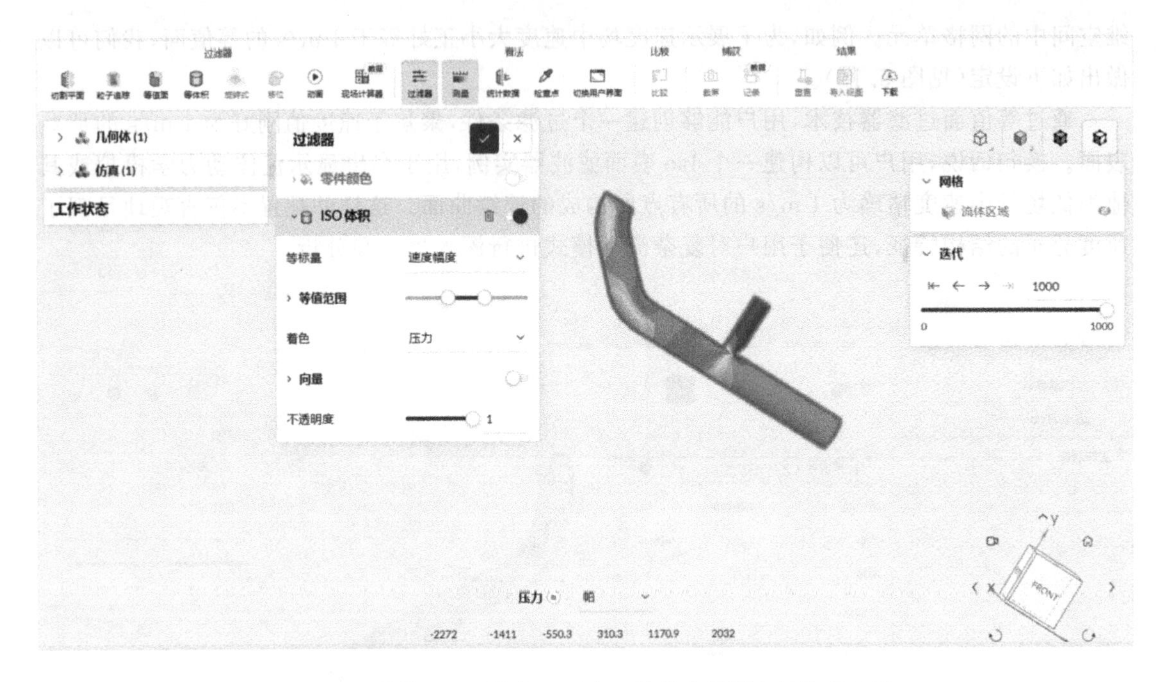

图 5.20　等体积过滤器仅显示定义的等值范围内的体积区域

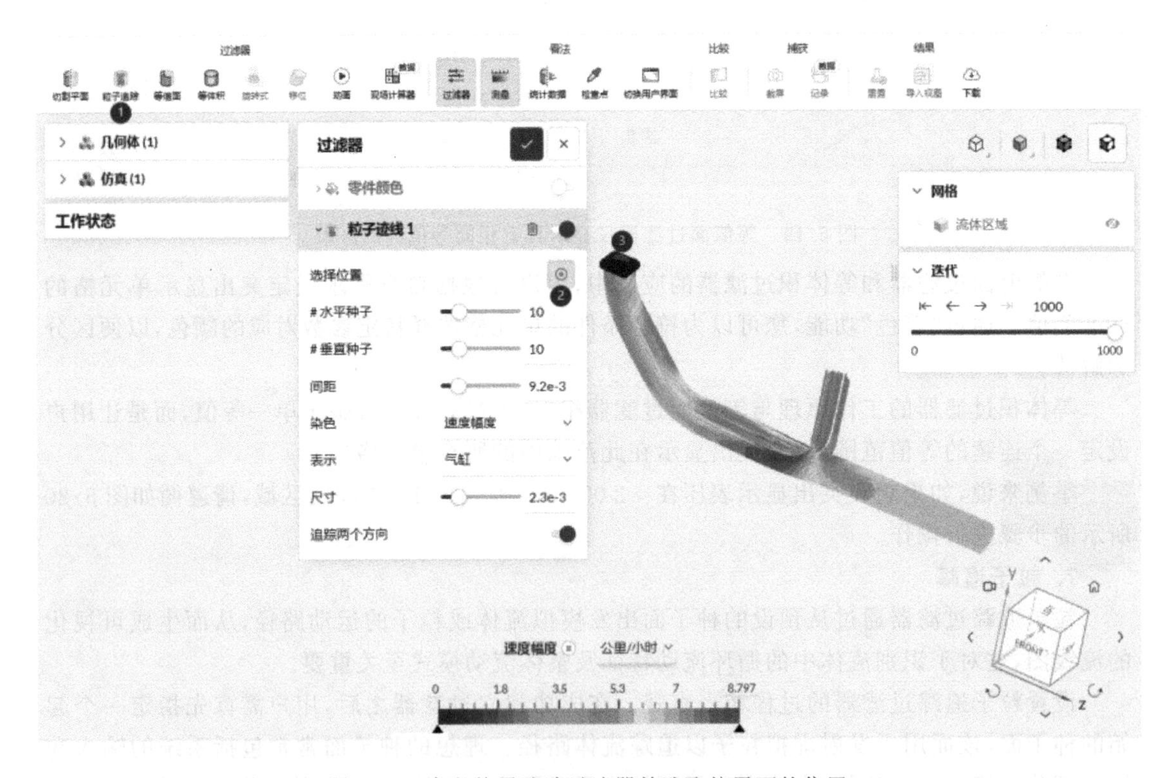

图 5.21　定义粒子追踪过滤器并选取粒子面的位置

8. 旋转视图

旋转视图功能赋予了用户一种强大的手段，使其能通过构建连续叶片到叶片的透视画面来深入探究旋转区域内的流动特性，这对于他们理解相邻叶片间复杂的流体行为大有用处。此外，该功能还支持将旋转区域内圆柱形或圆形断面的三维信息转换成便于分析的二维展开矩形视图。

若要实现这一功能，需要添加一个新的旋转过滤器。在此过程中，用户可以根据需求灵活切换在圆形或圆柱形表面展示数据。对于圆形表面的情况，用户需精准设定截面所在的位置及其径向范围，以便在旋转几何结构的特定剖切点上形成可视化的截面视图。与此同时，用户还可以选择性地展示矢量图、剪切率分布或者在选定的圆形/圆柱形表面上呈现生成的网格细节。

当选用圆柱视图模式时，系统将以与旋转区域主轴完美对齐的圆柱形截面呈现场函数分布情况。用户可以自由调节圆柱的半径尺寸以及其沿轴向的垂直位置，确保能够获取最贴合分析需求的详尽视图。这种高度定制化的能力极大地提升了对复杂旋转区域内流体特性的可视化探索和定量分析水平。

粒子追踪过滤器具备高度灵活性和个性化配置选项，用户可根据实际需求对其进行调整。

- 用户可自定义在水平和垂直维度播种的粒子(种子)数量，以适应不同的空间分辨率要求。
- 用户能够精确设定流线在种子面上任意两点间的距离，从而控制流线的疏密程度。
- 着色方案的选择多样化，用户既可以基于任一参数值进行动态着色，亦可采用统一的纯色来展现流线。
- 在视觉表现形式上，旋转视图提供了三种不同类型的迹线表示方式供用户选择，包括圆柱体(Cylinders)、彗星状(Comets)和球体(Spheres)。
- 用户可以根据研究需要自由调整迹线的尺寸大小，以优化可视化效果。
- 通过启用双向追踪功能，用户不仅能在种子面下游生成流线，还能追溯至上游区域，全面揭示流体运动的整体路径。
- 针对特定的迹线类型(如球体和彗星形态)，用户可进一步配置脉冲数，以此反映在指定时间间隔内粒子集合的行为变化。
- 特别地，对于彗星形态的迹线，用户还可自定义相对彗星长度，这意味着每条彗星轨迹的长短都与其速度成一定比例关系。

9. 动画

动画滤镜在以下两个主要应用场景中发挥着显著作用。

① 与粒子系统交互：动画滤镜能够有效地与微观粒子过滤器相互融合，通过对动态粒子集的实时处理与渲染，增强视觉效果，比如模拟水流波动、烟雾扩散、火花飞溅等复杂场景，营造出逼真的动态视觉体验。

② 动态展示瞬态过程：在科学计算、工程设计及创意媒体领域中，动画滤镜能够以动画形式生动演示瞬态分析的结果。它可以将随时间演变的数据集转换为连贯流畅的动画序列，以便观察者直观理解那些在连续时间内变化的复杂系统行为和特性。例如，在流体力学中展示气流或液流的流动变化，或是在建筑设计中模拟光照随时间推移产生的光影变化效果。

创建多个粒子轨迹的动画，确保动画类型设置为粒子追踪，如图 5.22 所示。

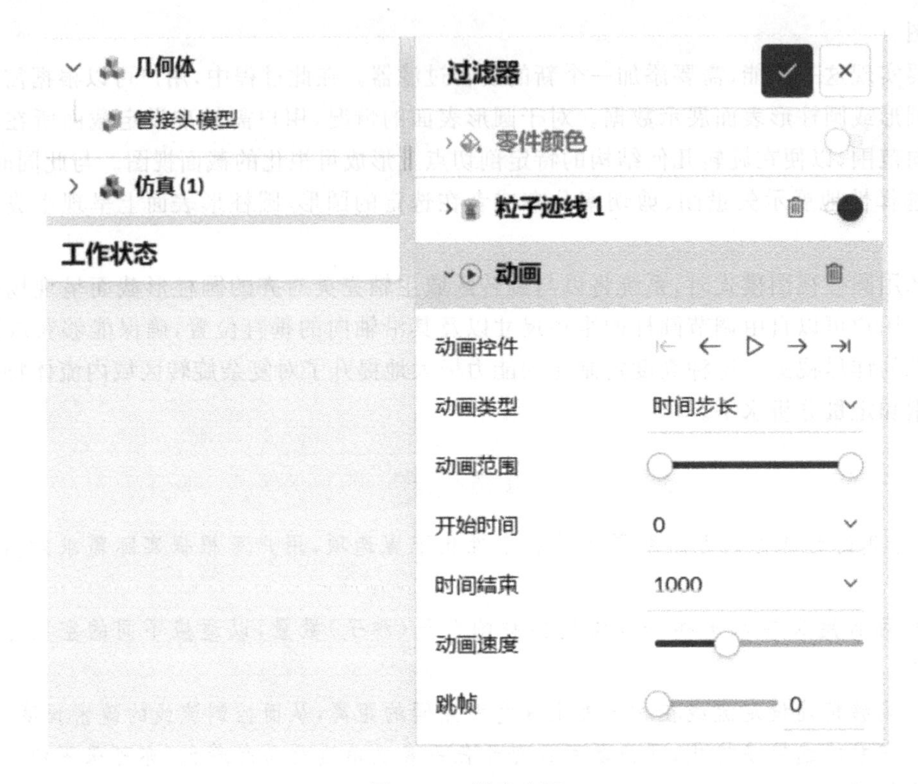

图 5.22 创建动画

当我们将动画模式选定为“粒子追踪”后，只需轻点一下“播放”控件，系统便会自动生成表现粒子轨迹运动的流线型动画。同时，请留意，您完全可根据需求调整动画的步数设定，从而实现对整个动画帧频密度的精细化控制，确保其能精确反映粒子动态行为的变化过程。

10. 自定义相机位置

在进行仿真项目并精心编制专业报告时，常常需要从一致的角度对所有视觉输出进行再现，并采集相应的屏幕截图。为了充分利用动画与静态图像间的一致性效果，建议采用自定义相机位置功能。您可在界面中方向立方体的左上角区域找到这一功能并加以配置，重现同一视角下的多种场景展示，确保视觉叙事的连贯性和准确性。

11. 导入视图

类似于比较功能的应用方式，在涉及多个仿真的项目情境下，“导入视图”功能显得尤为实用。通过这一功能，用户能够将来自不同仿真实例的后处理设置及结果状态无缝迁移至当前正在操作的后处理器中，从而实现高效的数据整合与分析复用，如图 5.23 所示。

一键复制以下各项配置：

① 适用的过滤器设置；

② 存在的字段参数；

③ 视图(摄像机)配置信息；

④ 全局色彩方案；

⑤ 部件可见性设置，确保与原始拓扑结构相匹配。

5.2.3 故障排除

若后处理器发生异常，可尝试将其恢复至初始默认设置，目前的实现途径有以下两种。

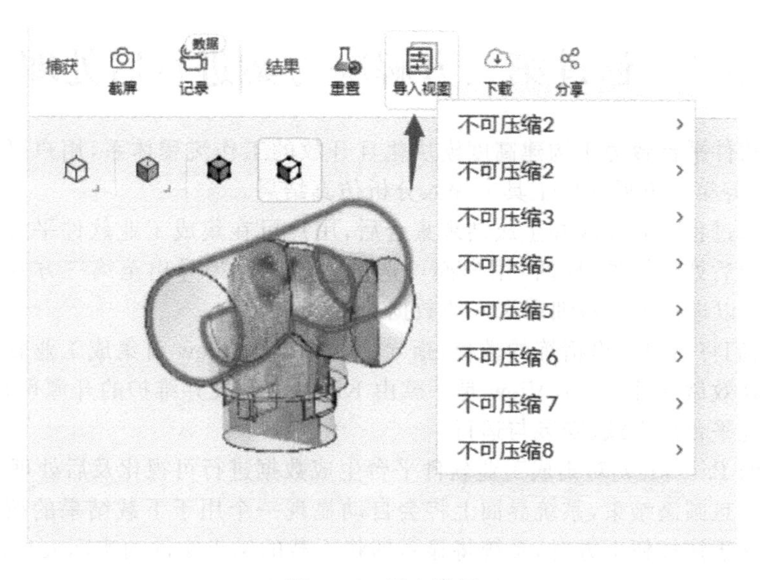

图 5.23　导入视图

① 在仿真结构树中，首先定位到“解决方案领域”，然后单击该选项，最后在下拉选项中选择“重置为默认”选项来进行重置操作，见图 5.24。

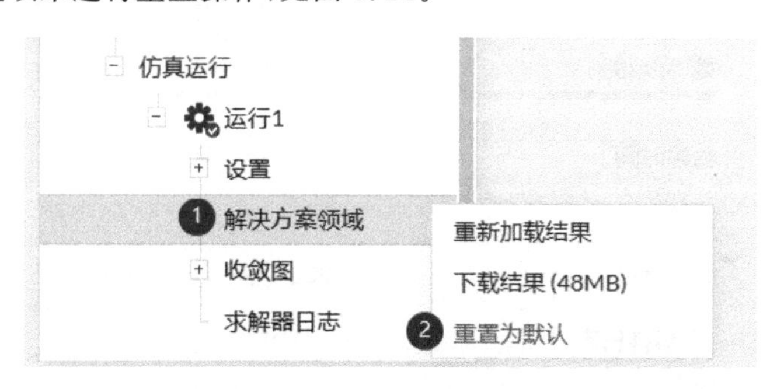

图 5.24　从仿真树中将后处理器恢复至初始默认设置

② 您也可以直接在在线后处理器界面内操作，只需单击“重置”按钮，即可将后处理器恢复至初始默认设置，见图 5.25。

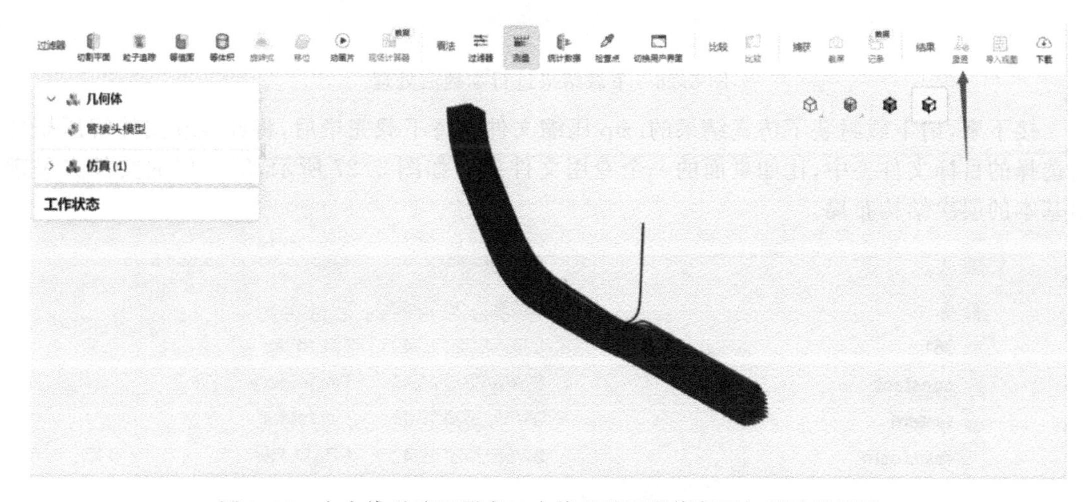

图 5.25　在在线后处理器窗口中将后处理器恢复至初始默认设置

5.3 通过第三方解决方案进行后处理

集成工业软件平台致力于构建高度模块化且开放的工作流程体系，用户可借此机会运用诸如 ParaView 等第三方后处理工具来深入分析仿真结果。

当仿真运算过程顺利完成并生成结果集合后，用户可在集成工业软件平台内直接对这些结果进行初步的后处理操作；同时，用户亦可选择将这些结果导出至第三方专业后处理软件(如 ParaView)，以进行更为精细和深入的数据分析。

在此处，我们将给出一份精炼的教程，指导您利用 ParaView 对集成工业软件平台产生的仿真结果进行高效后处理。ParaView 是一款由 Kitware 开发并维护的开源可视化工具，支持跨多种操作系统平台的下载、安装与运行。

以下是借助 ParaView 对集成工业软件平台生成数据进行可视化及后处理的具体步骤。

仿真运行一旦圆满结束，系统界面上将会自动显现一个用于下载结果的按钮。当您把鼠标光标轻轻悬浮于该按钮上方时，系统将显示即将下载的结果文件的实际大小，以便您预估下载所需的时间和存储空间。下载结果的界面如图 5.26 所示。

图 5.26 下载结果进行本地后处理

接下来，请下载封装了仿真结果的.zip 压缩文件。待下载完毕后，将此.zip 文件解压至您所选择的目标文件夹中，比如桌面的一个专用文件夹。如图 5.27 所示，解压后的文件夹呈现出基本的层次结构布局。

Name	Date modified	Type	Size
0	09/06/2020 16:44	File folder	
361	09/06/2020 16:44	File folder	
constant	09/06/2020 16:44	File folder	
system	09/06/2020 16:44	File folder	
case.foam	09/06/2020 19:42	FOAM File	0 K

图 5.27 包含 CFD 仿真结果的文件夹

对于 OPENFOAM 模拟项目，应当在 ParaView 软件中加载的主文件是 case. foam。而在处理 CodeAster 模拟案例时，需要在 ParaView 中打开的对应文件名则为 case. pvd。

集成工业软件仿真结果已经准备就绪，接下来便要启动 ParaView 应用程序并单击“打开”按钮。接下来，请导航至存放集成工业软件仿真结果的文件夹，然后选择相应的文件，即对于 OPENFOAM 模拟项目选择 case. foam 文件，对于 CodeAster 项目则选择 case. pvd 文件。在 ParaView 上打开 case. foam 文件以加载结果集，如图 5.28 所示。

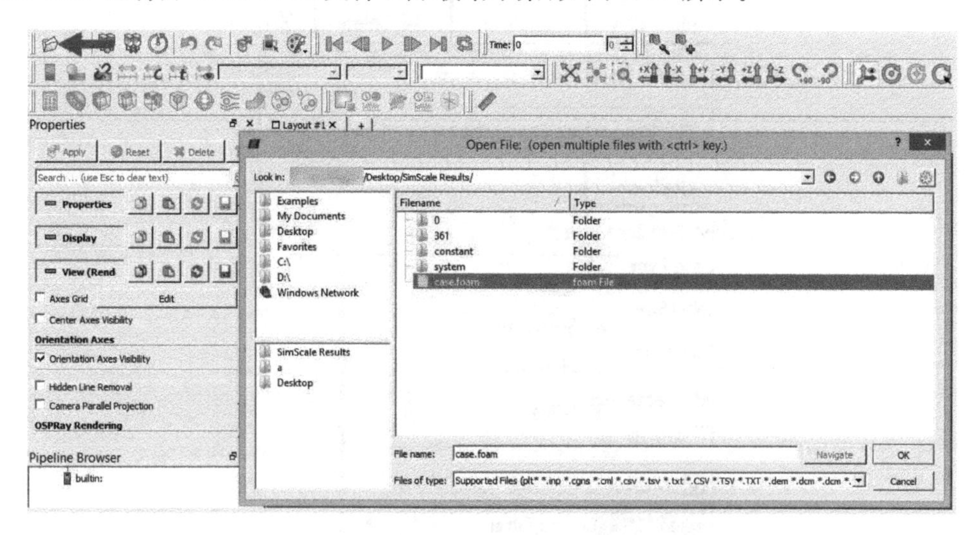

图 5.28 在 ParaView 上打开 case. foam 文件以加载结果集

当前阶段，在 ParaView 的属性面板中，您可以自主选择需要加载的数据集的特定部分，步骤如下(见图 5.29)。

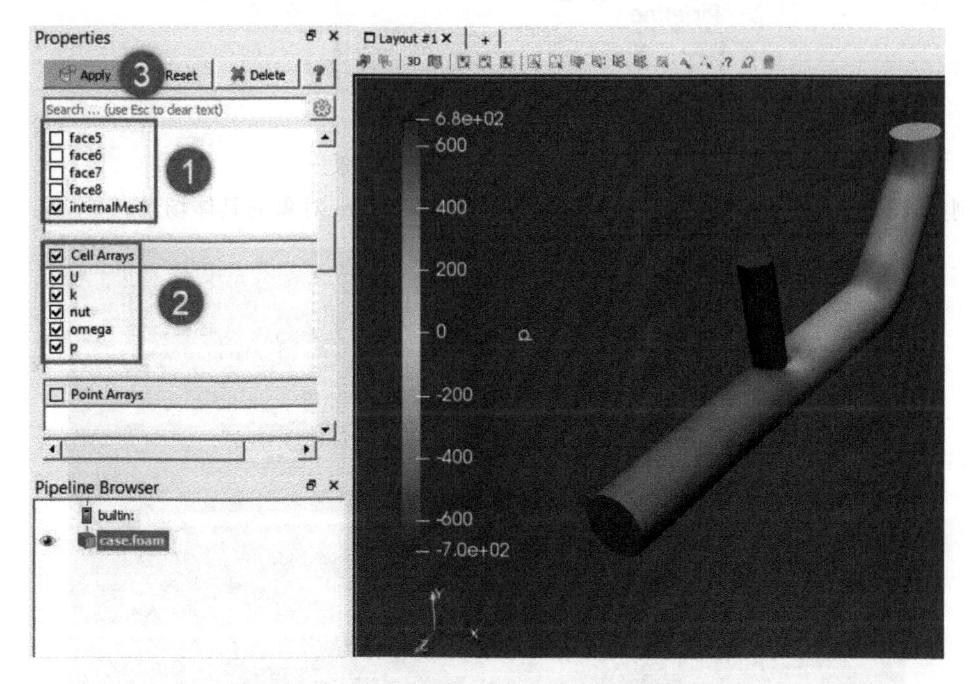

图 5.29 在 ParaView 中加载并配置结果集

- 在“internalMesh”区域选项卡中，明确选择您希望加载至 ParaView 中的网格组件或部分。
- 进入“Cell Arrays”选项卡，界定应导入至 ParaView 进行分析的具体参数。

• 完成以上选择后，单击“Apply”按钮，从而成功加载并展现仿真结果。

在 ParaView 软件中，用户可以利用多种内置滤波器对数据进行深入的后处理操作。为了应用这些滤波器，您只需在管道浏览器(Pipeline Browser)中右击目标对象，然后在弹出的菜单中选取所需的滤波器即可，如图 5.30 所示。

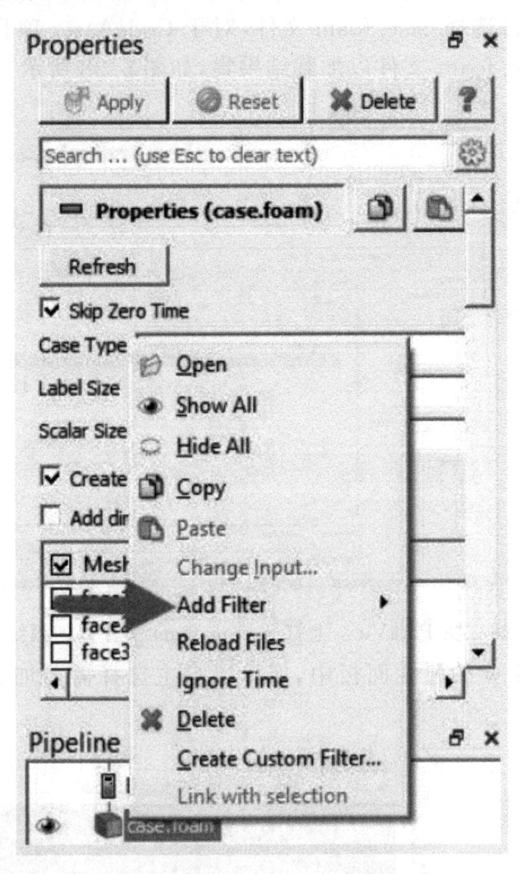

图 5.30　将过滤器应用于对象

例如，图 5.31 展示了切片滤波器成功应用于 case.foam 对象的具体场景。

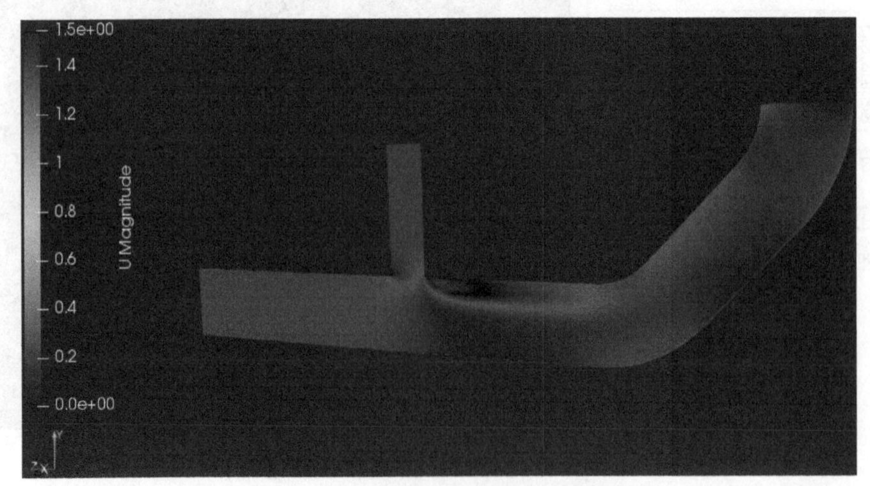

图 5.31　应用于数据集的切片过滤器

第6章　帮助和支持

初次涉足工程仿真的世界难免面临挑战。为此，集成工业软件始终致力于为您提供全方位的帮助和支持。您可以充分利用以下资源。

- 新手入门教程：专为初学者打造，逐步引导您熟悉平台的基本操作和功能。
- 高级教程：针对有一定基础的用户，涵盖更深层次的技术应用和高级功能。
- 标准文档：提供了详尽的产品说明书和技术手册，确保用户对集成工业软件的各项功能有全面的理解。
- 知识库文章：包括技术类文章、常见问题解答和实际案例，能够帮助您解决在使用过程中可能遇到的各类问题。

通过上述资源，集成工业软件力求让每一位用户都能顺利开展工程仿真工作，并不断提升仿真技能。

6.1　集成工业软件 CAE 论坛

集成工业软件 CAE 论坛是围绕计算机辅助工程(CAE)开展互动交流的理想平台。在这里，您可以按自己的兴趣搜索相关主题、提出疑问，或参与讨论、分享个人见解与实践经验，您还可以与同行及仿真领域的专家进行充分的沟通和交流，共同进步。

集成工业软件论坛如图 6.1 所示。

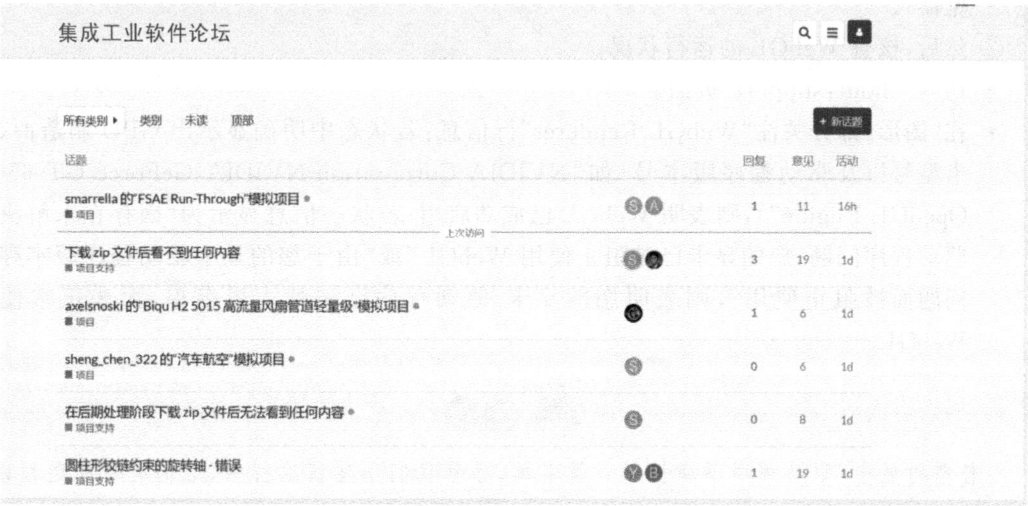

集成工业软件论坛

话题	回复	意见	活动
smarrella 的"FSAE Run-Through"模拟项目 (项目)	1	11	16h
下载 zip 文件后看不到任何内容 (项目支持)	3	19	1d
axelsnoski 的"Biqu H2 5015 高流量风扇管道轻量级"模拟项目 (项目)	1	6	1d
sheng_chen_322 的"汽车航空"模拟项目 (项目)	0	6	1d
在后期处理阶段下载 zip 文件后无法看到任何内容 (项目支持)	0	8	1d
圆柱形铰链约束的旋转轴 - 错误 (项目支持)	1	19	1d

图 6.1　集成工业软件论坛

6.2 故障排除

在进行仿真作业时，如若在工作台中遇到任何错误提示，请及时查阅我们专设的警告与错误解析部分，以寻求解决方案。然而，针对平台内发生的各类问题，您同样可以参考下面列出的应对措施。

我们汇总了针对集成工业软件工作台上可能出现的各类问题的一系列解决方案，旨在帮助您一站式解决多种故障排查需求。

1. 工作台错误

如果您在集成工业软件工作台上遇到问题并且希望对该问题进行深入探究，只需查阅我们专门为警告和错误设立的专项内容即可。

2. 浏览器支持

集成工业软件系统全面支持各大主流浏览器的最新版本，其中包括谷歌 Chrome 和 Mozilla Fircfox 等。为了使用起来更顺畅，您的设备应具有不低于 1 366×768 的屏幕分辨率，并接入稳定的宽带网络。此外，我们建议您将浏览器的缩放比例设置为 100%并使用默认字体，以获得最佳用户体验。

3. WebGL 未启用

若 WebGL 未能从我方服务器成功接收到数据，则可能存在 WebGL 被禁用或已失效的情况。首先，请尝试清理本地缓存文件并重启浏览器。如问题依旧存在，请按照以下步骤操作，以重置 WebGL 设置(以 Firefox 浏览器为例)。

① 首先，请确保 WebGL 已启用。

- 导航至“about:config”页面。
- 在搜索栏中查找“webgl. disabled”设置项。
- 确认该设置的值已更改为 false(请注意，任何更改都将立即生效，无须重启 Firefox 浏览器)。

② 然后，核查 WebGL 的运行状况。

- 访问“about:support”页面。
- 在“图形”部分关注“WebGL Renderer”行信息：若状态中明确显示出 GPU 制造商、显卡型号以及驱动程序版本号(如“NVIDIA Corporation-NVIDIA GeForce GT 650M OpenGL Engine”)，则表明 WebGL 已成功启用；若状态信息显示为“因存在未解决的驱动程序问题，您的显卡已被阻止使用 WebGL”或“由于您的显卡驱动程序版本存在问题而被阻止使用”，则表明您的显卡/驱动程序已被列入黑名单，无法正常使用 WebGL。

若您的显卡/驱动程序不幸被列入黑名单，尽管我们不建议这样做，但仍有可能通过以下步骤暂时绕过黑名单限制：进入“about:config”页面；搜索“webgl. force-enabled”选项；将其值设置为“true”以强制启用 WebGL。

与 Chrome 浏览器相似，Firefox 浏览器同样提供了一个“当可用时使用硬件加速”的复选框。然而，不同于 Chrome 浏览器，即便未在 Firefox 浏览器中勾选此复选框，WebGL 功能仍有可能正常运作。

4. 后处理器问题

集成工业软件的在线后处理组件依赖于安全的 WebSocket 技术。为了确保顺利使用基于 Web 的后处理器，请务必检查您的浏览器是否已支持安全 WebSocket 协议。

当前，大部分主流浏览器均已支持安全 WebSocket 协议，包括但不限于 Firefox 11 及后续版本、Chrome 16 及以上版本、Safari 6 及以上版本、Opera 12.10 及以上版本，以及 Internet Explorer 10 及以上版本。

系统会自动检测您的浏览器是否支持 WebSocket 功能，并将结果告知您，以便您据此进行相应的判断和操作。

5. JavaScript (JS) 问题

若 WebGL 测试结果显示您的浏览器尚未启用 JavaScript，请参阅后续相关部分以获取解决方案。若在尝试了所有推荐措施后问题仍未解决，且您不具备系统管理权限，请及时联系您的系统管理员以获取帮助。在此基础上，请您务必执行以下基本操作(以 Firefox 浏览器为例)。

- 确认您的浏览器已更新至最新版本。在浏览器的"帮助"菜单中，选择"检查更新"选项，并根据提示完成必要的更新。
- 检查并确保您没有安装任何阻止 JavaScript 运行的插件或扩展程序，如"No-Script"或"QuickJava"。
- 在浏览器地址栏内输入"about:config"，然后按回车键。
- 单击警告中的"我接受可能的风险"按钮。
- 在搜索栏中查找"javascript.enabled"设置项。
- 查看名为"javascript.enabled"的配置项，确保其值已设为"true"。若尚未启用，请右击此项并选择"切换"，以开启 JavaScript 功能。

若按照以上步骤操作后仍然无法解决问题，请考虑改用其他浏览器，如 Google Chrome。

6. 浏览器缓存问题

若浏览器在加载大规模网格或 CAD 模型时崩溃，可能是因为缓存容量有限。为了确保与集成工业软件平台上的三维模型实现快速响应的交互体验，部分模型数据会被暂时加载至浏览器缓存中。然而，某些浏览器对缓存大小设有上限，一旦超出这个上限，应用程序就有可能崩溃。为解决此类问题，首要之举便是管理和优化浏览器缓存：对于 Google Chrome 浏览器，执行缓存清理操作；对于 Mozilla Firefox 浏览器，进行缓存数据的清除工作。

若在使用过程中遇到意料之外的情况(例如，某些操作未能执行或者收到了预料之外的错误提示)，同样建议按照上述方法清理浏览器缓存，这或许能有效解决问题。

7. 操作系统支持

集成工业软件能够在 Windows、Linux(例如 Ubuntu 发行版)以及 macOS 等多个操作系统平台上实现跨平台运行。然而，为了确保良好的运行效果，您的图形硬件及配套驱动程序必须对 WebGL 提供充分支持。为此，请务必确保已安装了显卡驱动程序的最新版本。

8. 第三方软件

集成工业软件平台的构建基于一系列业界领先的数值仿真软件工具，其中包括但不限于 Code_Aster 和 OpenFOAM® 等。

6.3 联系支持人员

当前,您可以通过工作台内部嵌入的聊天功能享受实时在线支持服务。除此之外,您还可以通过打电话与我们取得联系。欢迎您随时联系集成工业软件的技术支持团队。正式的服务时段为每天上午 9 点至晚上 11 点,但即使在这段时间之外,我们也鼓励您随时提交您的疑问和需求。我们将竭诚努力,以最快的速度为您提供必要的帮助与支持。

在工作台右下角或者工作区界面中,您会发现一个用于启动聊天对话框的图标。我们经验丰富的工程师时刻准备为您提供项目方面的支持。如若当时所有工程师都在忙碌中,我们会尽快通过电子邮件回复您。

若您的项目设置为私密状态,同时希望得到我们的帮助,您很可能需要同我们的支持人员共享该项目。这样,他们才能够深入了解问题并给予针对性的帮助。

此外,在聊天窗口中,您不仅可以发起新的聊天,还可以回顾或重新开启之前的聊天记录。

若您计划更改电子邮件地址,您将无法继续通过原有账户访问以往的聊天记录。然而,若您仍有意愿查阅过往的聊天内容,欢迎随时联系我们的支持团队。我们的客户服务工程师很乐意以文本格式将历史聊天记录发送给您。

第7章 协 作

网络化仿真平台的一大核心优势在于其项目共享与实时协作功能，这对于最大化仿真在工程设计流程中所贡献的价值至关重要。当前，集成工业软件平台提供了多元化的协作选项，旨在促进团队内部、跨组织乃至与集成工业软件专业技术支持团队之间的项目分享与协作。以下将进一步探讨相关详情。

共享功能的访问入口位于项目的概览页面之中，您可以从单个项目页面共享项目，如图 7.1 所示。

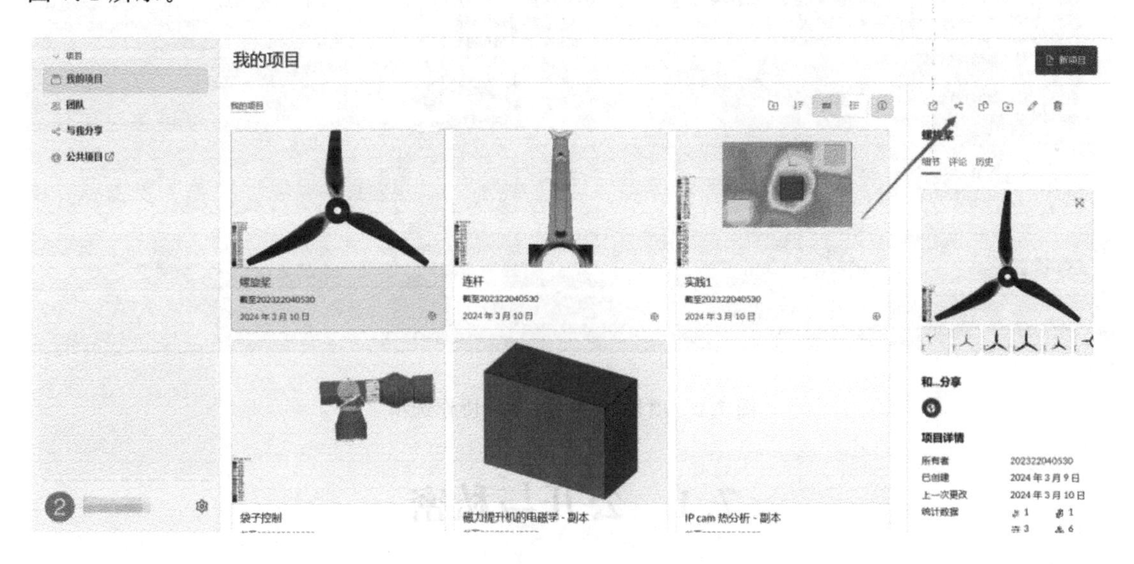

图 7.1　可以从单个项目页面共享项目

共享功能同样可以直接在工作台界面中获取。共享窗口内含多项可供选择的设置选项，如图 7.2 所示。

- 通过点击工作台内的共享图标，您可以迅速直达共享功能界面。
- 在此界面中，您可以输入其他集成工业软件平台用户的用户名或电子邮箱地址，实现项目共享。
- 对于专业用户而言，项目可以被设定为公开或私密状态。请注意，公开项目意味着所有集成工业软件平台用户均有权限查看、复制并下载其中的 CAD 模型及仿真结果。

在将项目共享给其他用户时，获准访问权限的用户会接收到一封由集成工业软件发出的电子邮件，邮件中包含了访问该项目的专属链接。

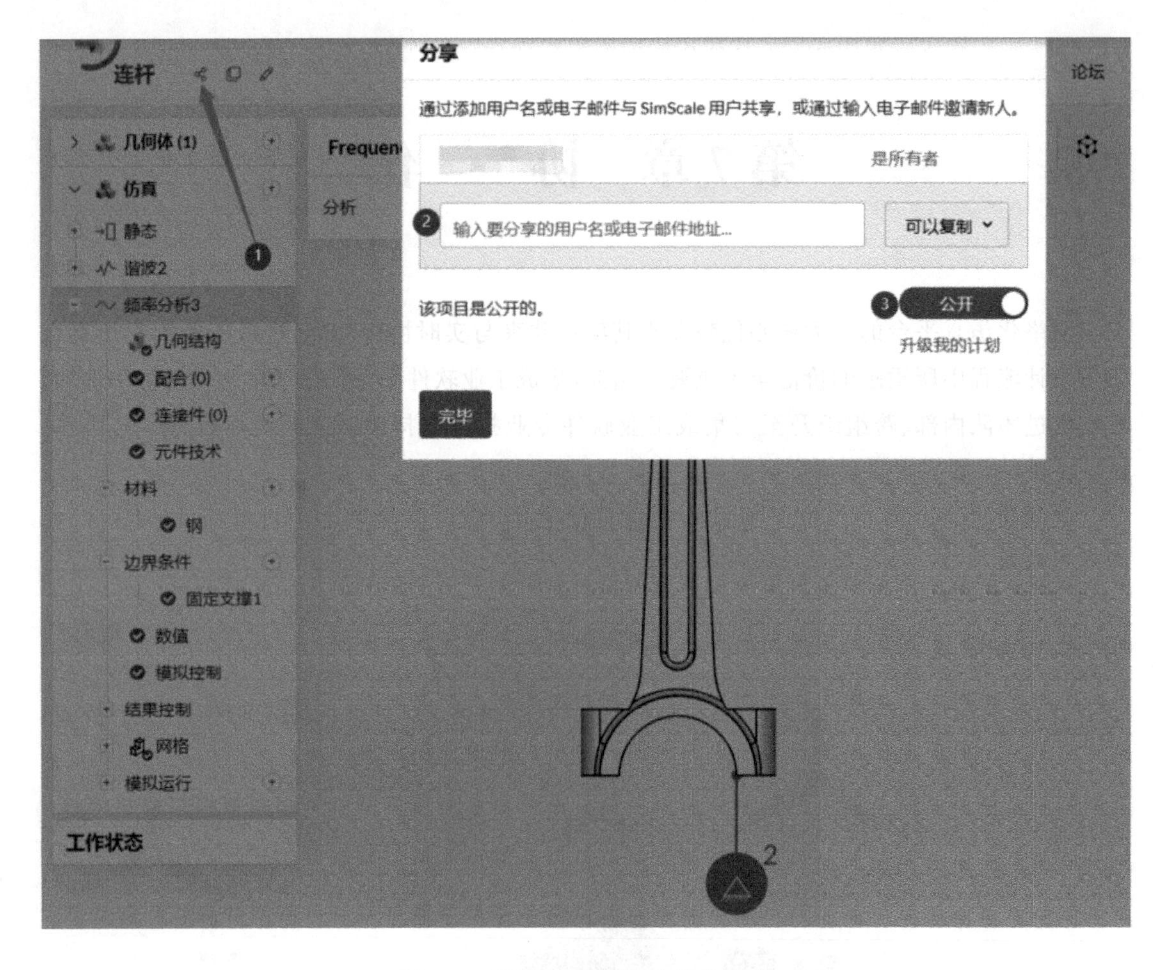

图 7.2　项目可用的共享和协作选项

7.1　公开与私密

公开项目面向所有人开放，任何用户都可查看并复制其内容；相反，私密项目则仅限于创建项目的用户本人可见，这意味着唯有项目创建者有权访问，其他人无从查看。

拥有专业账户的用户所创建的项目，在默认状态下均具有私密性质。而在社区计划下，用户只能创建公开的项目。

7.2　共享权限

在共享项目的过程中，您可以灵活设置不同的访问权限等级，具体如下。

- 查看权限：允许用户打开并浏览整个项目，包括所有设置和结果，但他们无法复制项目或对其进行任何形式的修改。
- 复制权限：在查看权限的基础上增加了用户复制项目的权限，除查看功能外，他们还可以基于原始项目创建副本（此为默认设置）。

- 编辑权限：在复制权限的基础上，进一步赋予用户对共享项目实例进行修改和编辑的权限，让他们能够在原有的基础上进行更新和完善。

请注意，当接收者复制您的项目时，生成的副本实质上是对您项目在复制时刻状态的一次快照，它并不会自动反映您此后对原始项目所做的任何更新和改动。为获取最新的项目进展，最终用户需要再次制作副本，这样才能确保新副本包含了原始项目的所有最新变更。